btb

Andrés Cota Hiriart

Die ewige Jugend des Axolotls

Aus dem Spanischen
von Anja Rüdiger

btb

Die spanische Originalausgabe erschien 2022 unter dem Titel
»Fieras Familiares« bei Libros del Asteroide, Barcelona.

Zitate S. 9, S. 25 aus Konrad Lorenz: »Er redete mit dem Vieh, den Vögeln
und den Fischen«, dtv, München 1983, S. 21, S. 131.

Zitat S. 183 aus Werner Herzog: »Die Eroberung des Nutzlosen«,
Hanser Verlag, München 2004, S.7.

MIX
Papier | Fördert gute Waldnutzung
FSC® C014496
FSC www.fsc.org

Penguin Random House Verlagsgruppe FSC® N001967

1. Auflage
Deutsche Erstausgabe Juni 2025
btb Verlag in der Penguin Random House Verlagsgruppe GmbH,
Neumarkter Straße 28, 81673 München

produktsicherheit@penguinrandomhouse.de
(Vorstehende Angaben sind zugleich Pflichtinformationen nach GPSR)

Umschlaggestaltung: semper smile, München
Satz: Uhl + Massopust, Aalen
Druck und Einband: GGP Media GmbH, Pößneck
ls · Herstellung: han
Printed in Germany
ISBN 978-3-442-77463-0

www.btb-verlag.de
www.facebook.com/penguinbuecher

Im Januar 2021 wurde das Projekt »Fieras familiares« von Andrés Cota Hiriart zum Finalisten um den von Libros del Asteroide vergebenen Sachbuchpreis »Premio de No Ficción« gewählt. Mitglieder der Jury waren Jordi Amat, Daniel Capó, Daniel Gascón, Leila Guerriero und der Verleger Luis Solano.

Für Marcia,
dafür, dass sie mir so viele Jahre über erlaubt hat,
das Haus mit meinen Tieren heimzusuchen.

Und für Álvaro,
dafür, dass er jedes Mal, wenn es nötig war,
riskiert hat, einen Finger zu verlieren.

Der Käscher hatte die Lupe im Gefolge, diese wiederum ein bescheidenes Mikroskop, und damit war mein Schicksal unwandelbar bestimmt. Denn wer die Schönheit angeschaut mit Augen, ist nicht dem Tod anheimgegeben, wie Platen meint, wohl aber, so er die Schönheit der Natur angeschaut, dieser Natur. Und hat er wirklich Augen, wird er unweigerlich Naturforscher.

KONRAD LORENZ,
Er redete mit dem Vieh, den Vögeln und den Fischen

Inhaltsverzeichnis

Saaltext: Beginn der Ausstellung

Manchmal denke ich, dass ich in einer anderen Epoche hätte geboren werden sollen. In der Zeit der großen Naturforscher zum Beispiel. In jenem umtriebigen neunzehnten Jahrhundert mit all den unerforschten Gebieten voller Tiere, die es noch zu entdecken gab. Oder vielleicht hätte ich ein Eingeborener im herrlichen Regenwald Papuas sein können, ein Mensch des Dschungels, vollständig eins mit dem ihn umgebenden Ökosystem und isoliert von den Geschehnissen, die den Rest der Welt beunruhigen. Es hätte mir auch gefallen, in die Haut eines jener Ranger zu schlüpfen, die zu Fuß das Reservat durchqueren, für das sie zuständig sind, ein Gorillapfleger, ein Giraffenhüter oder ein Lemurenzüchter zu sein. Irgendeine Art von Pionier.

Zumindest wäre ich gern in einer ländlicheren Gegend geboren worden, zum Beispiel am Rand einer Wüste oder am Ufer eines großen Sees. An irgendeinem Ort, der mir die Möglichkeit eröffnet hätte, im direkten täglichen Kontakt zur Natur zu stehen.

Aber so war es nicht. Denn der Zufall wollte es, dass ich das Licht der Welt in einer Umgebung erblickte, die nicht gegensätzlicher zu meinem Wunsch hätte sein können, nämlich zu Beginn der Achtzigerjahre des zwanzigsten Jahrhunderts in der zu der Zeit größten Stadt der Erde. In einem großstädtischen, frenetischen, chaotischen Tal, in dem seit Menschengedenken die Flüsse durch Rohre unterhalb des Asphalts strömen, die rissigen Abwasserkanäle bei Regen ihren schlammigen Inhalt von sich geben, die Luftqualität alles andere als gesund ist und die einzigen Herden wilder Bestien aus Millionen von Autofahrern bestehen. Und obwohl ich mit der Lektüre der Werke des großen Gerald Durrell und des unerschrockenen Redmond O'Hanlon groß geworden bin und stets von ihren Expeditionen in ungezähmte Landschaften geträumt und mich nach Begegnungen mit außergewöhnlichen Kreaturen gesehnt habe, war ich in Wahrheit dazu verdammt, den größten Teil meiner Kindheit, den unpassendsten Einflüssen ausgesetzt, in Mexiko-Stadt zu verbringen.

Abgesehen von drei Jahren in meiner frühesten Kindheit, in denen wir in die USA emigrierten – was der wissenschaftlichen Ausbildung meiner Eltern geschuldet war, die dort ein Aufbaustudium absolvierten, und mir das Vergnügen bescherte, drei Sommer lang die bewaldeten Küsten in Massachusetts zu erkunden –, beschränkten sich während meiner Jugendzeit die Erfahrungen in der Wildnis auf den jährlichen Besuch in Ejido Sinaloa (der Heimat eines Elternteils) und ein paar Jugendcamps in Michoacán und dem Landschaftsschutzgebiet Pedregal de San Ángel der Nationalen Autonomen Universität von Mexiko. Daher blieb mir, um meine unersättliche Gier nach Kontakt mit der Tierwelt zu befriedigen, zunächst keine andere Möglichkeit, als den Urwald ins Haus zu holen, das so zu einem lebenden Museum exotischer Fauna wurde.

Wobei es nicht so war, dass sich die frühe Sammelleidenschaft, die meine Schritte bis weit nach meiner Jugendzeit lenkte, von einem Tag auf den anderen einstellte. Im Gegenteil entwickelte sie sich wie wahrscheinlich jede andere Art von Abhängigkeit aus einer kontinuierlichen Aneinanderreihung kleiner Verhandlungserfolge. Zuerst ein harmloser Siamesischer Kampffisch, dann ein Pärchen kleiner Japanischer Sumpfschildkröten, später verschiedene Nagetiere, Einsiedlerkrebse, die ein oder andere Wasserschlange, Salamander, Leguane, Tausendfüßler bis hin zu Perro, der dreißig Kilo schweren und vier Meter langen Boa constrictor, mit der ich mehr als fünfzehn Jahre lang mein Zimmer teilte. Es handelte sich sozusagen um einen graduellen Prozess der Grenzverschiebung, eines führte zum anderen, um es irgendwie zusammenzufassen. Dabei war nichts anderes zu erwarten gewesen, denn ich war nicht nur ein verwöhntes Einzelkind, sondern meine Mutter litt auch noch unter einer Allergie gegen Hunde und Katzen.

Ist man etwa für die Art und Weise, wie die eigene Gehirnchemie funktioniert, verantwortlich? Kann man uns die Millionen von physiologischen Prozessen, die unbewusst im neuronalen Geflecht ablaufen und unser Handeln diktieren, vorwerfen? Ist es meine Schuld, dass meine Hypophyse einen Oxytocin-Schub auslöst, wenn meine Augen die subtilen Umrisse eines Laubfroschs, die raue Haut einer Gila-Krustenechse oder die gespaltene Zunge eines Warans entdecken?

Möglicherweise verfügen wir, wenn es um unseren persönlichen Geschmack geht, nicht über den freien Willen, dessen wir uns sonst so sehr rühmen. Ich meine, wenn sich alles auf biochemische Interaktionen und elektrische Impulse reduziert, die von einem selbst gar nicht bemerkt werden, auf ungeahnte, verborgene Synapsen, die der Intervention des narrativen Subjekts vorausgehen, das wir in unserem Gehirn aufgebaut haben, haben wir dann objektiv gesehen eine Wahl? Wie viel hängt dann von der Form und den Umständen ab? Wie viel von der Epigenetik und wie viel vom Kontext? Das ist schwer zu sagen. In jedem Fall bin ich froh, dass ich eine Vorliebe für die Naturforschung und die Zoologie entwickelt habe und nicht für Philatelie und Numismatik. Und wenn ich glücklich bin, dass es mir erlaubt wurde, diese Hingabe bis zur letzten Konsequenz zu befriedigen, dann, weil ich dem zustimme, was Julián Herbert sagt: »Ich kenne die unantastbare Schande und die geheiligte Ruhe, die mit dem Rückfall in harte Drogen einhergehen; ich weiß, dass dies eine ähnliche Erfahrung ist wie das Messer der Entrückung, das dir die Betrachtung der Natur ins Fleisch stößt.«

Es ist auch nicht so, dass die Ansammlung von Schuppentieren in meinem Zuhause völlig unkontrolliert geschah, und sie war auch nicht von Dauer. Gefangenschaft war nur für einen gewissen Zeitraum in meinem Leben die Bedingung für den Umgang mit wilden Tieren. Dieser Zeitraum war zweifellos lang und bedeutsam, kam aber schließlich zu einem Ende, um der nächsten Phase Platz zu machen, in der ich meine Abhängigkeit bereits unter Kontrolle hatte. Ich war so etwas wie ein »Anonymer Alkoholiker der Herpetophilie«, der das Vergnügen hatte, sich an entlegene Orte vorwagen zu können und den Traum zu realisieren, auf legendäre Tiere zu treffen.

Wenn ich als Kind sicher gewusst hätte, dass ich eines Tages die Gelegenheit bekommen würde, Komodowarane in freier Wildbahn zu sehen, den schwer zu findenden Koboldmaki (den kleinsten Primaten der Welt) im Pflanzendickicht aufzuspüren oder das üppige Reich des Orang-Utans auf Borneo persönlich zu erkunden, wäre der erste Teil dieses Buches ein anderer. Oder auch nicht. Lassen wir es einfach dabei bewenden, dass die Tiere (vor allem Reptilien und Amphibien) mir, wenn auch nicht alles, so doch eine ganze Menge gegeben haben. Die kindliche Leidenschaft und das jugendliche Hobby führten zu einer akademischen Ausbildung und den ersten Schritten im Berufsleben. Sie haben mich im Laufe der Jahre immer wieder dazu inspiriert, mich in die wissenschaftliche und literarische Forschung zu vertiefen, die meine Identität gestärkt hat und mir geholfen hat, nicht völlig amorph zu werden, der Lethargie und Gleichgültigkeit ausgeliefert.

Aber kehren wir zu der Vorstellung, in einer anderen Zeit geboren zu sein, zurück. Immerhin erleichtert es mich, dass ich nicht noch später geboren bin. Irgendwann in der artifiziellen, sterilen Zukunft, die sich vor uns abzeichnet und eine generische und standardisierte Welt zu sein verspricht, in ihrer Gesamtheit domestiziert und ihrer ursprünglichen Vegetationsdecke vollständig beraubt. Oder um es genauer zu sagen: durch die Ziele des Homo sapiens und seiner Heerscharen von intelligenten Maschinen bis zu den Ursprüngen korrumpiert.

Worauf ich hinauswill, ist, dass es, während ich diese Zeilen schreibe, noch möglich ist, den ein oder anderen Vogel durchs Fenster zu beobachten und sogar einen relativ unberührten Rest Natur auf der Erde zu besuchen (das »relativ« ist hier wichtig, denn nur drei Prozent der Oberfläche unseres Planeten können heute noch als wirklich unberührt bezeichnet werden). Es gibt zwar nicht mehr viele Frösche (in dieser Stadt praktisch keine), und die Liste der aufs Höchste vom Aussterben bedrohten Lebewesen wird jeden Tag länger – hierzu schreibt Elizabeth Kolbert in *Das 6. Sterben. Wie der Mensch Naturgeschichte schreibt:* »Experten schätzen, dass ein Drittel aller riffbildenden Korallen, ein Drittel aller Süßwassermollusken, ein Drittel der Haie und Rochen, ein Viertel aller Säugetiere, ein Fünftel aller Reptilien und ein Sechstel aller Vögel vom Aussterben bedroht sind.« Doch für die große Mehrheit der Menschen ist es noch möglich, so zu tun, als gäbe es noch Hoffnung, sodass letztendlich (auch wenn sicher ist, dass die Würfel bereits gefallen sind) »alles gut ausgehen wird« …

Jedenfalls ist es so, dass zumindest ich in einem mit Naivität und Unwissenheit gesegneten Umfeld aufgewachsen bin, was den Sumpf angeht, in dem wir versinken werden. Oder besser gesagt: Wir sind mit einem Fuß bereits drin. Kurz bevor die große ökologische Katastrophe unbestreitbar wird.

Tatsache ist, dass die Anzeichen des Waldsterbens bereits seit langer Zeit sichtbar sind. Dass der allgemeine Klimawandel, das Schmelzen der Polkappen, das Ausbleichen der Korallenriffe, die Übersättigung der Atmosphäre durch elektromagnetische Wellen und die Verbreitung von Plastik in allen Schichten der Erde Ereignisse waren, mit denen ich groß geworden bin. Alarmsignale, die im Nachhinein nicht verschwiegen werden können und die schon bald keinen Raum mehr für Zweifel lassen werden: Wir stürzen, an unsere Handys geklammert, kopfüber in den Abgrund.

Von Mahatma Gandhi stammt der Satz, dass man die Größe und den moralischen Fortschritt einer Nation daran messen kann, wie sie ihre Tiere behandelt. Von Interpretationen und philosophischen Implikationen abgesehen, hat diese Aussage mittlerweile ihren regionalen Bezug verloren, denn weltweit leidet der Großteil der wild lebenden Tiere und Pflanzen unter den Folgen unserer Einwirkungen. »Schlimm ist noch nicht schlimm genug«, würde mein Vater sagen.

Allein die Tatsache, dass die Gesamtbiomasse der Säugetiere derzeit nur fünf Prozent wild lebende Tiere umfasst, ist bezeichnend – der Rest sind wir Menschen und die Haus- und Nutztiere, die wir ausbeuten. Genauso erschreckend ist, dass siebzig Prozent aller Vögel Hühner sind (die mit 29 Milliarden das am häufigsten vorkommende Wirbeltier auf unserem Planeten sind). Ganz zu schweigen von noch ernsteren Angelegenheiten oder exponentiell schlimmeren Folgen für das Ökosystem wie die rasende Geschwindigkeit des Insektensterbens. Jüngsten Schätzungen mehrerer Universitäten zufolge sterben sie achtmal so schnell aus wie Säugetiere, Vögel und Reptilien. Dabei geht es um Millionen von Arten, Trillionen von wirbellosen Tieren, von denen andere wiederum abhängig sind. Sie bilden schlichtweg die Grundlage der terrestrischen Nahrungsnetze und sind die Hauptbestäuber einer großen Anzahl von Pflanzen. Und es ist keine übermäßige Fantasie vonnöten, um sich eine Vorstellung davon zu machen, welche Auswirkungen das auf das gesamte Ökosystem hat.

Was wird passieren, wenn alle anderen Tiere aussterben? Wenn nicht mal mehr ein paar in den wenigen Reservaten leben, in die wir sie verbannt haben, sondern sie nur noch in Legenden oder wie in einer Dystopie von Philip K. Dick in Form von künstlichen Substituten fortbestehen? Ich weiß es nicht, aber irgendetwas sagt mir, dass es besser wäre, das nicht herauszufinden. Doch wenn es eine Sache gibt, die uns sprechende Affen (oder »fell- und federlose Zweibeiner«, wie Platon uns treffend bezeichnete) auszeichnet, dann ist es unsere erschreckende Veranlagung, die uns umgebenden Beweise zu ignorieren. Denn wie sonst ließe sich rechtfertigen, dass wir Menschen, die wir bereits mit einer Anzahl von fast acht Milliarden den Planeten übervölkern, uns in einer Höhe von drei Geburten pro Sekunde weiter vermehren?

Der bedeutende Naturforscher E. O. Wilson behauptet, dass der Mensch die erste Spezies in der Geschichte des Lebens ist, die zu einer geophysikalischen Kraft geworden ist. Natürlich ist seine Aussage richtig, denn die Auswirkungen unserer Existenz haben bereits eine Dimension planetarischen Ausmaßes erreicht. Allerdings sind uns die Cyanobakterien zuvorgekommen, Mikroorganismen, die dank der Entstehung der Fotosynthese vor etwa zweieinhalb Milliarden Jahren den Übergang von einer reduzierenden zu einer oxidierenden Atmosphäre herbeiführten. Ein Prozess, der als »Große Sauerstoffkatastrophe« bekannt ist und mit einer Rate von etwa 99 Prozent der zu dieser Zeit existierenden Organismen zum größten Massenaussterben seit Beginn der Aufzeichnungen führte. Im Vergleich zu einem Ereignis dieser Größenordnung (oder mit dem großen Meteoriten, der vor etwa 66 Millionen Jahren in Chicxulub, Yucatán, einschlug und nach paläontologischem Konsens die Dinosaurier auslöschte) ist die zerstörerische Reichweite unserer Spezies ziemlich bescheiden, jedoch ausreichend, um einen guten Teil der Lebewesen um uns herum zu vernichten.

Natürlich könnte man damit argumentieren, dass all das nicht wirklich wichtig ist, dass wir, auch wenn wir uns des Gegenteils rühmen, dazu verdammt sind, nicht mehr als ein diskreter Horizont im Fossilbericht zu sein. Denn früher oder später (so, wie die Dinge laufen, wohl eher früher) wird die Menschheit nicht mehr als eine feine Staubschicht sein, eine mineralisierte Schicht unter Hunderten, eine der vielen steinigen Spuren, die die biologische Geschichte dieses Planeten abbilden.

Die Erde besteht weiter, wir nicht.

»Die Welt hat ohne den Menschen begonnen und wird auch ohne ihn enden«, wie es Claude Lévi-Strauss einst sagte. Und wenn sich das Anthropozän gegenüber anderen geologischen Zeitaltern durch eines auszeichnen wird (oder vielleicht wäre es angemessener, es das Kapitalozän zu nennen, denn schließlich haben nicht alle menschlichen Gesellschaften ihre Umwelt unwiederbringlich zerstört), dann durch seine Kürze. Danach wird das Leben wieder gedeihen, sich neu erfinden und zum Gewohnten zurückkehren. Die unermüdliche Evolution wird neue Wege finden, um jede der ökologischen Nischen zu füllen, die durch die kleine hominide Katastrophe frei geworden sind.

Der Tod der einen ist immer eine Chance für andere, und in diesem Fall verkörpern wir, die Zeugen, das einzige Melodram.

Aber das ist kein Grund, schwermütig zu werden. »Andino, stell dich nicht so an«, würde meine Mutter zu mir sagen. Und sie hätte recht, denn auch wenn, im Großen und Ganzen gesehen, nichts von besonderer Bedeutung ist, was würde uns ohne unsere tägliche Erfahrung noch bleiben? Die Wahrheit ist, dass die derzeitige Biodiversität die einzige sein wird, die wir kennenlernen, also sollten wir sie wertschätzen. Letztendlich sind wir mit der Gabe des Gewissens gesegnet, und das sollte doch wohl etwas wert sein. Zumindest um uns in die Lage zu versetzen, einen Schritt zurückzutreten, zu hinterfragen, wo wir stehen und in welche Richtung wir den nächsten Schritt tun werden. Um nicht wie die Fische in dem Gleichnis zu enden, mit dem David Foster Wallace seine berühmte Rede *Das hier ist Wasser* beginnt:

»Schwimmen zwei junge Fische des Weges und treffen zufällig einen älteren Fisch, der in der Gegenrichtung unterwegs ist. Er nickt ihnen zu und sagt: ›Morgen Jungs. Wie ist das Wasser?‹ Die zwei jungen Fische schwimmen eine Weile weiter, und schließlich wirft der eine dem anderen einen Blick zu und sagt: ›Was zum Teufel ist Wasser?‹«

Betrachten wir diese faunistischen Stolpersteine also als das Zeugnis eines jungen Naturforschers, der die Gelegenheit hatte, die Wildnis der Erde kurz vor der Apokalypse kennenzulernen. Im schlimmsten Fall wird es ein bescheidener Nachlass des unaufhaltsamen Stroms der Biodiversität bleiben, in den wir hineingeworfen wurden und den wir nicht zu schätzen wussten.

Lebendes Museum

ERSTER TEIL: GEFANGENSCHAFT

Der Wunsch, ein Tier zu halten, entspringt meist dem uralten Grundmotiv, das auch Kipling veranlasste, seine Dschungelbücher zu schreiben, nämlich der Sehnsucht des Kulturmenschen nach dem verlorenen Paradiese der freien Natur. Jedes Tier ist ein Stückchen Natur, aber nicht jedes ist geeignet, als Repräsentant dieser Natur in deinem Hause zu wohnen.

KONRAD LORENZ

Bad decisions make good stories.

ELLIS VIDLER

Axolotl, *Ambystoma mexicanum*

Das Gesicht des kleinen Wassermonsters kann man nur schwer vergessen. Sein Aussehen erinnert an ein extravagantes archaisches Wesen aus einer verlorenen Welt oder einem Science-Fiction-Film. Verstörend wie ein kindlicher Traum. Ungewöhnlich wie eine Erfindung von Jules Verne. Eindrucksvoll, wunderbar. Ein wissenschaftliches Rätsel. Eine präkolumbianische Gottheit. Eine endemische Kreatur aus dem Tal von Mexiko, der Hochebene im Zentrum des Landes (Becken von Anáhuac), nachtaktiv und rein aquatisch lebend, die das Geheimnis der ewigen Jugend und der extremen körperlichen Regenerationsfähigkeit entschlüsselt hat. Ein derart einzigartiger Organismus, dass er, wenn es ihn in der Natur nicht gäbe, wahrscheinlich in Borges' phantastischer Zoologie vorkommen würde. Wenn man ihn beobachtet, wie er fast schwerelos im trüben Wasser schwimmt, hat man den Eindruck, dass die Evolution bei ihm ein wenig fantasievoller war als bei allen anderen und im Laufe der Jahre ein fast surrealistisches Wesen erschuf. Absurd wie eine Fantasie von Lewis Carroll, unverständlich wie ein archäologisches Relikt. Sein riesiges Maul und die winzigen Augen vermitteln den Eindruck, dass er dazu verdammt ist, gute Laune zu haben, und der auffällige Kiemenschopf, der hinter dem ovalen Kopf hervorlugt, ähnelt einem chinesischen Drachen.

Steckbrief I

Klasse: *Amphibia* **Ordnung:** *Caudata*
Familie: *Ambystomatidae* **Gattung:** *Ambystoma*

Verbreitung: Eine im Tal von Mexiko endemisch beheimatete Art, die früher in den Seen und Feuchtgebieten der Region sehr häufig vorkam. Mit fortschreitendem Rückgang der Seen und Feuchtgebiete wird auch der Axolotl immer seltener.

Status: Vom Aussterben bedroht, in freier Wildbahn gibt es nur wenige überlebende Exemplare in den Kanälen von Xochimilco. In Gefangenschaft gibt es dagegen zahlreiche Populationen.

Ernährung: Sie jagen jede Beute, die in ihr Maul passt: Weichtiere, Insekten, Fische, Krebstiere, Wasserlarven, Würmer, Amphibien und Jungtiere ihrer eigenen Art.

Aussehen: Hervorstehender Kopf, der Schwanz ist länger als der Körper. Nominelle Färbung meist bräunlich, dunkelgrün oder braun mit schwarzen, braunen und weißlichen Flecken. Auf dem Markt für in Gefangenschaft gehaltene Tiere haben sich Albino-, leuzistische, melanoide, goldfarbene und andere Varianten etabliert.

Größe: Sie werden bis zu 30 cm lang und wiegen mehr als 200 g.

Lebenserwartung: In freier Wildbahn zwischen 10 und 15 Jahren, in Gefangenschaft liegt der Rekord bei 30 Jahren.

Diorama I: Induzierte Metamorphose

Für mich begann alles mit den Axolotl. Mit diesen so einzigartigen und charismatischen Amphibien, die der kluge Juan José Arreola wie folgt beschrieb: »Kleine geleeartige Eidechse. Ein großer madenartiger Körper mit abgeflachtem Schwanz und Ohren aus Korallenpolypen [...]« und die auch Julio Cortázar so sehr in ihren Bann zogen, dass sich der große argentinische Schriftsteller in einen von ihnen verwandelte, wovon er in seiner parabelhaften Kurzgeschichte *Axolotl* erzählt: »Es gab eine Zeit, in der ich viel über Axolotl nachgedacht habe. Ich besuchte sie im Aquarium des Jardin des Plantes und schaute sie mir stundenlang an, beobachtete ihre Unbeweglichkeit, ihre dunklen Bewegungen. Jetzt bin ich ein Axolotl.«

Auf ähnliche Art war auch ich hingerissen und spielte mit ihren Verwandlungen. Aber in meinem Fall ging es nicht um metaphorische Verwandlungen, sondern um physiologische und beabsichtigte Transformationen (die, aus dem Zusammenhang gerissen, zugegebenermaßen auch ein bisschen rücksichtslos erscheinen). Wenn ich ein wenig darüber nachdenke, war dabei auch meine eigene Identität im Spiel: die unvermeidlichen Formveränderungen, die man im Laufe einer zurückgelegten Strecke durchmacht und die nach und nach den Weg eines jeden Individuums abstecken. Das bedeutet, dass wir beide Lebewesen – das menschliche Kind und den Schwanzlurch – für sich analysieren müssen.

Genauer gesagt: Alle Schwanzlurche beginnen ihr Leben als Larven, danach wachsen sie, machen die Metamorphose durch und verwandeln sich genau wie im Fall der Kaulquappen, die zu Fröschen werden, in Schwanzlurche. Einige wenige Spezies (darunter der Axolotl oder *Ambystoma mexicanum*) verfügen jedoch über die Fähigkeit, sich den gesamten Reifungsprozess zu sparen und keine Metamorphose durchzumachen. Stattdessen weisen diese Organismen die Besonderheit auf, sich fortpflanzen zu können, ohne die Veränderungen zu durchlaufen, die für andere Mitglieder ihrer Gruppe nötig und typisch sind, um das Erwachsenenstadium zu erreichen – eine Eigenschaft, die in der Biologie als Neotenie oder Pädomorphose bezeichnet wird.

Der Axolotl (der Name der im Tal von Mexiko beheimateten Art wurde ihr von den Azteken gegeben und ist eine Zusammensetzung der aus dem Náhuatl stammenden Worte *atl* für »Wasser« und *xolotl* »Monster«, also *axolotl* »Wassermonster«, wovon sich später *ajolote* ableitete, eine Kastilisierung zur Bezeichnung der Larven von Schwanzlurchen) behält so während seiner gesamten Existenz den Larvencharakter, man könnte auch sagen, er ist wie ein ewiges Kind, eine ewige Larve.

Ich erinnere mich, dass das Skalpell mit Leichtigkeit in das weiche Fleisch eindrang, mit dem Agustín, der Biologe, der uns an jenem Morgen aufs Land mitgenommen hatte, einen Längsschnitt entlang des Kopfes machte und ein Auge der Amphibie herausnahm, um uns die Augenlinse zu zeigen. Sie sah aus wie ein kleiner Kristall aus durchsichtigem Salz. Agustín drehte die Linse vorsichtig in den Fingern, hielt sie dann jedem von uns hin (wir waren etwa ein Dutzend Kinder verschiedenen Alters, ich selbst war neun Jahre alt) und bat uns näherzutreten. Durch das kleine Prisma betrachtet, stand die Welt Kopf.

Danach hielt Agustín uns das Skalpell hin und fragte: »Wer möchte das andere Auge herausnehmen?«

Zu Beginn der letzten Dekade des zwanzigsten Jahrhunderts war uns Kindern noch erlaubt, Messer zu benutzen. Das waren andere, rustikalere Zeiten, in denen es nicht nötig war, uns derart zu beschützen, wie man es heute bei Kindern tut. Damals war es nicht nur so, dass Kinderhände manchmal scharfe Klingen schwingen durften, sondern es war auch kein Problem, dass Agustín einfach so ein Dutzend menschlicher Kaulquappen in öffentlichen Verkehrsmitteln mitnahm, um die Umgebung des Pátzcuaro-Sees zu erkunden – wo wir in diesem Moment gerade mit den Füßen im Schlamm standen – und nach Tieren zu suchen.

Eine solche Unternehmung wäre im heutigen Mexiko, vor allem im Bundesstaat Michoacán, schlichtweg undenkbar. Und das nicht nur wegen der Welle der Gewalt, die das Land überflutet, sondern auch, weil es heutzutage geradezu ein Wunder wäre, eine in freier Wildbahn lebende Larve welcher Art auch immer zu finden, vor allem aber die eines Pátzcuaro-See-Querzahnmolchs (in Mexiko *achoque* genannt) oder eine aus den Feuchtgebieten des Tals von Mexiko (den berühmten Axolotl). Damals jedoch gab es noch so viele, dass man sie mit der Hand fangen konnte, sodass es uns an jenem Tag in weniger als einer halben Stunde gelang, mit ihnen einen kleinen Eimer zu füllen.

»Vorsicht, Cota. Nicht so brutal«, warnte mich Agustín, als ich mit der Dissektion dran war, »sonst reißt du ihm die Eingeweide raus!«

Das war noch so eine Eigenschaft, die ich an ihm mochte: Er behandelte uns gleichwertig und nicht mit Samthandschuhen.

Agustín leitete den Biologiekurs in einem Jugendcamp in Erongarícuaro in Michoacán, an dem ich jedes Jahr teilnahm.

Die Ausgangsbasis war eine alte Mühle, in der etwa hundert Jungen und Mädchen zwischen fünf und vierzehn Jahren aßen und die Nächte verbrachten, während wir tagsüber von Leuten aus der Gegend sinnvoll beschäftigt wurden. Man konnte lernen, wie man Käse und Würste herstellt, traditionelle Süßigkeiten oder Brot, es gab Werkstätten für Holzarbeiten, Weben oder Töpfern oder Einführungskurse in die Tiermedizin und die Biologie, die ich am liebsten mochte.

Die ersten Male, an denen ich an diesen Camps teilnahm, bin ich mit dem Zug angereist (noch etwas, was es in diesem Land nicht mehr gibt: Personenzüge). Ich erinnere mich noch daran, dass die Eisenbahn auf knarrenden Schienen nur langsam vorankam und die Fahrt mehr als zwölf Stunden dauerte. Wir fuhren am Bahnhof Buenavista in Mexiko-Stadt ab (wo sich heute das große Einkaufszentrum Forum Buenavista befindet) und schliefen auf schmalen Liegen zu sechst im Abteil.

Ich frage mich, welch furchtbare Dinge eine solche Reise in der heutigen Zeit mit sich bringen könnte. Wahrscheinlich würde sie ganze Familien auslöschen. Tatsächlich wurde die Mühle, kurz nachdem ich – in diesem Fall als Betreuer – zum letzten Mal dort war, wegen der Unsicherheit und der Gewalt, die der Drogenhandel mit sich brachte, als Herberge für Jugendcamps geschlossen.

Was ist wohl aus dem guten Agustín geworden? Dem Biologen, wie er von allen genannt wurde. Ob er aus seinem Dorf wegziehen musste? Ob ihm der Enthusiasmus abhandengekommen ist, der so typisch für ihn war? Soweit ich mich erinnere, war er immer gut gelaunt und bereit, irgendein Abenteuer zu unternehmen. Das Einzige, worüber er sich wirklich ärgerte, war, wenn wir während unserer Ausflüge in die Berge auf irgendeine Art von Umweltzerstörung stießen: Bäume, die durch illegalen Holzeinschlag gefällt wurden, eine Wilderer-Falle, Seifen- oder Kunststoffabfälle, die vormals kristallklares Wasser verschmutzten, solche Dinge.

Angesichts dessen, was heutzutage in der freien Natur los ist (zum Beispiel ist der Pátzcuaro-See auf weniger als die Hälfte der Fläche zurückgegangen, die er an dem Tag umfasste, an dem wir zum Larvensammeln unterwegs waren), würde es mich nicht wundern, wenn Agustín einen Herzinfarkt erlitten hätte. Vielleicht ist sein Herz stehen geblieben, weil ein großer Teil des Waldes abgeholzt wurde, zu dem die Monarchfalter jedes Jahr kamen, oder wegen des von der Avocado-Industrie verursachten Ökozids. Aber wer weiß, ob er das überhaupt noch mitbekommen hat. Denn vielleicht wurde auch wie bei so vielen anderen Umweltschützern dafür gesorgt, dass er einfach verschwand – eine durchaus übliche Praxis in diesem Land.

Doch lieber stelle ich mir vor, dass Agustín ein alter Mann geworden ist. Dass er durch die Natur streift und im Laub nach Fröschen sucht oder in einer Baumkrone sitzt und Vogelnester zählt. Dass er seinen alten Traum weiterverfolgt, ein Auto zu entwickeln, das durch Kuhfladen angetrieben wird. Vielleicht ist es ihm ja auch schon gelungen, und es hat ihn berühmt gemacht. Keine Ahnung. Was ich jedoch weiß, ist, dass das, was ich von ihm gelernt habe, mit dazu beigetragen hat, dass ich den Weg der Zoologie eingeschlagen habe.

Die nächste Gelegenheit, bei der ich das Gewebe einer Larve (oder, na ja, mehrerer) entweihte, war noch entscheidender für mich, eine Art Übergangsritus, der mich in die biologische Praxis einführte. Das heißt, um die eingangs gemachte Aussage zu präzisieren: Für mich begann alles mit einem Experiment. Einem Experiment, das ich mit dreizehn Jahren während eines wissenschaftlichen Projekttages im Gymnasium durchführte und das darin bestand, die beeindruckende neotenische Eigenschaft des Axolotls zu unterdrücken. Es ging darum, die intrinsische Pädomorphose der Spezies freizusetzen, das »wunderbare ewige Kind des Sumpfes« dazu anzuregen, sich zu verwandeln, zu reifen und eine neue Form anzunehmen. Seine Metamorphose durch das Injizieren von Hormonen einzuleiten und so den anmutigen Organismus dazu zu bringen, sich zu verändern und eine in der Natur unbekannte Anatomie zu offenbaren.

Natürlich war diese Idee nicht allein auf meinem Mist gewachsen. Ich bezweifle, dass ich in diesem Alter über die nötige Eigenständigkeit und geistige Reife verfügt hätte, um ohne Hilfe ein solches Versuchsprotokoll zu entwerfen. Das Verfahren entstammte dem Gebiet der Zellphysiologie und basierte auf der weisen Anleitung meiner Mutter.

Zu jener Zeit Mitte der 1990er-Jahre waren die zahlreichen Populationen des großen Axolotls (in Xochimilco und dem Rest der verbleibenden wasserführenden Schichten im Tal von Mexiko) noch nicht gefährdet. Im Gegenteil gab es laut einer Zählung im Jahr 1996 etwa sechstausend Individuen dieser Organismen pro Quadratkilometer. Die Spezies war also noch zahlreich vorhanden. Tatsächlich kam es bis zu Beginn des einundzwanzigsten Jahrhunderts relativ häufig vor, dass in den Aquarien der Tianguis und auf anderen Märkten Exemplare der *Ambystoma mexicanum* und weiterer Larvenarten angeboten wurden, deren Fleisch sogar als prähispanische Delikatesse galt oder gern zur Füllung von Tacos und Mixiotes benutzt wurde. Damals wies noch nichts auf die düstere Zukunft hin, die die Amphibien kaum ein Jahrzehnt später erwartete.

Zu jener Zeit absolvierte ich die ersten Schuljahre auf dem

Gymnasium, und mein rebellischer Geist war noch nicht erwacht. Ich war noch »im Zaum zu halten«, wie meine Großmutter aus Sinaloa es ausgedrückt hätte. Sagen wir, ich befand mich in einer Phase des Übergangs. Ein Zwischenschritt zwischen dem pummeligen (und, ehrlich gesagt, ein wenig langweiligen) Kind, das ich in den ersten Schuljahren war, und dem problematischen Jugendlichen, der langsam in meinem Inneren vor sich hin reifte. Nichts geht über eine gute Dosis Renitenz, um die Wut zu steigern, die in einem erwacht, wenn man den Wachstumsschub hinter sich hat und in der Schulhofhierarchie ein paar Stufen aufsteigt.

Ich weiß nicht, wie die ersten Schuljahre im heutigen Mexiko sind, aber zu Beginn der 1990er-Jahre waren sie ein einziges Schlachtfeld. Zumindest für mich. Und ich war nicht gerade ein begnadeter Schläger. Im Gegenteil ging ich aus den etwa ein Dutzend Schlägereien, an die ich mich erinnere, fast immer als Verlierer hervor. Natürlich habe ich versucht, mich zu verteidigen, aber meine Kampftechnik war bescheiden, und ich war leicht einzuschüchtern. Zumindest, bis ich in der sechsten Klasse eine meiner Schlangen zu einem Talentwettbewerb mitnahm und entdeckte, welche Macht diese Kreaturen in den Augen derjenigen haben, die sie nicht verstehen. Das heißt, in einer stark katholisch geprägten Gesellschaft, zu der der größte Teil meiner Klassenkameraden gehörte.

Von diesem Tag an war ich nicht mehr das wehrlose Dickerchen mit den lächerlichen Pullovern, sondern wurde zum unangepassten Sonderling, der die anderen mit seinen Schlangen erschreckte. Mit anderen Worten: Es war besser, mich in Ruhe zu lassen. Hätte ich das vorher gewusst, hätte ich meine Schlange gleich am ersten Schultag mitgebracht und mir eine Menge unnötiger körperlicher Auseinandersetzungen erspart.

Eine Sache mehr, die ich den Reptilien zu verdanken habe: den Aufstieg aus dem Keller des schulischen Kastensystems.

Jedenfalls war ich mit dreizehn Jahren noch ein guter Schüler, und angesichts meiner anhaltenden Begeisterung (um nicht zu sagen meiner vollkommenen Besessenheit) für Amphibien und Reptilien – und wahrscheinlich auch aufgrund des Mangels an sinnvollen Fähigkeiten in Bezug auf praktisch alle anderen Aspekte der menschlichen Erfahrung – meinte meine Mutter, dass möglicherweise der Moment gekommen war, mir den nötigen Anstoß zu geben, damit meine Neigung zur Herpetologie allmählich zu etwas Ernsterem wurde. Dem jungen Naturforscher seine erste »formale« Begegnung mit der biologischen Praxis zu ermöglichen, ihn in den warmen Gewässern der wissenschaftlichen Arbeit baden zu lassen, um dabei mit etwas Glück das Pech zu überwinden, über keine herausragenden sportlichen, musikalischen, künstlerischen oder sozialen Fähigkeiten zu verfügen.

Denn letztendlich sind – auch wenn Dawkins dies hartnäckig bestreitet – die Gene nur ein Teil des Gesamtpakets. Der Rest muss nach und nach aufgebaut werden, was bedeutet, die verschlungene Kette von Zufällen zu weben, die die Geschichte eines jeden Individuums mit Substanz füttert und die in der frühesten Kindheit beginnt.

Ich weiß nicht, ob die Tatsache, in einer winzigen Wohnung in Coyoacán geboren worden zu sein und krabbeln und laufen gelernt zu haben – wo meine Mutter elf Jahre lang wohnte, im Alter von achtzehn Jahren ihren ersten Mann heiratete, Medizin studierte, dann mit meinem Vater zusammenlebte, ihren einzigen Sohn gebar und stillte, bis sie beschloss, im Ausland zu promovieren –, etwas damit zu tun hatte, aber als wir an die Küste von Cape Cod in Massachusetts zogen, entfaltete sich etwas in mir. Eine Art verzweifelter Wille, alles erforschen zu wollen. Als ob die Eingrenzung durch die Wände dieses stark eingeschränkten Lebensraums – dessen Bad so klein war, dass man gleichzeitig auf der Toilette sitzen, sich am Waschbecken die Hände waschen und duschen konnte – mich dazu konditioniert hätte, jeden Winkel inspizieren zu müssen, sobald sich der natürliche Horizont vor mir auftat.

Zu jener Zeit war Woods Hole ein eher kleiner Ort mit nicht mehr als fünfhundert Einwohnern. Hinzu kam die temporäre Bevölkerung durch Akademiker und ihre Familien, die wie wir im Sommer die berühmten naturwissenschaftlichen Institute besuchten. Monate, in denen eine kosmopolitische Ansammlung überdurchschnittlicher IQs, eine Synergie herausragender Gehirne (von denen nicht wenige durchaus nobelpreiswürdig waren) darauf brannte, in Bermudashorts und Flip-Flops die Geheimnisse des Universums zu entschlüsseln und danach ein Bier zu trinken.

Das Aufbaustudium meines Vaters bestand darin, die Ionenkanäle von Neuronen zu erforschen, darunter die Riesenaxone des Tintenfischs. Meine Mutter ihrerseits promovierte auf dem Gebiet der Betazellen und der Bauchspeicheldrüse (Insulinausschüttung und Diabetes, um genau zu sein), und obwohl sie normalerweise Ratten als Versuchstiere verwendete, benötigte sie für ihre Experimente manchmal auch den tödlichen Krötenfisch.

Es handelte sich also um ein durchaus anregendes Umfeld, um meine Kenntnisse zu erweitern, aber auch – was für mich viel wichtiger war –, um den jungen Naturforscher in mir zu wecken. Woods Hole war, wie der Name annehmen lässt, von dichten Wäldern umgeben. Es war einer jener Orte, wo es abends so viele Glühwürmchen im Garten gab, dass es nicht schwer war, ein Glas damit zu füllen. Wo es nicht ungewöhnlich war, auf dem Schulweg einer Schildkröte zu begegnen. Mit Schultagen, die ausnahmslos am Strand endeten (wo im Überfluss Lemminge, Seeigel, Quallen und Seesterne vorhanden waren), und wo bei Einbruch der Dunkelheit Heerscharen von Waschbären über die Mülltonnen herfielen.

Ich erinnere mich, dass ich es geliebt habe, meine Eltern in ihre Institute zu begleiten. Diejenigen, die das Glück hatten, zwischen Mikroskopen, Reagenzien, Pipetten, Kolben, Waagen, Zentrifugen und anderen wissenschaftlichen Laborgeräten aufzuwachsen, können sicher bestätigen, dass Versuchsbereiche unübertreffliche Spielplätze sind. Das Gebäude des MBL (Marine Biological Laboratory) war besonders attraktiv, denn im ersten Stockwerk befanden sich Dutzende Becken, die mit hochspannenden Lebewesen gefüllt waren: Tintenfischen, Hundshaien, Rochen, Quallen, Garnelen und anderen zu Forschungszwecken verwendeten Organismen.

Aber das Beste war, dass sie nicht überwacht wurden. So konnte man zum Beispiel die Hand in das Tintenfischbecken tauchen und einen Rausch gespuckter Tinte auslösen oder den rauen Körper eines Pfeilschwanzkrebses umdrehen und die biomechanischen Gliedmaßen dieses uralten Krustentiers bewundern. Man konnte auch die nervösen Mäuler der Rochen an den Fingerkuppen saugen lassen oder Bleistifte in die Scheren von Hummern und Krebsen stecken und zusehen, wie sie sie zerbrachen. Unnötig zu erwähnen, dass ich nie den Mut hatte, in das Becken mit den Zitteraalen zu greifen, denn sonst hätten meine Eltern wahrscheinlich ihren einzigen Sohn verloren.

An die ersten Jahre, die wir in den Vereinigten Staaten verbrachten, habe ich nur wenige verlässliche Erinnerungen. Damit meine ich Erinnerungen, bei denen ich mir sicher bin, dass es sich nicht nur um spätere Interpretationen einer Fotografie handelt oder die ich mir nicht aus den Erzählungen meiner Eltern zusammengebastelt habe. Doch was alle diese Spuren von fernen Momenten, die sich in meinem Kopf festgesetzt haben (und die mir bestätigen, dass es sich um authentische Spuren und nicht um bloße Erinnerungen handelt), verbindet, ist, dass sie sich alle um Tiere drehen.

Ich weiß nicht, wie das bei anderen ist, aber mein Gedächtnis neigt dazu, sich an den Tieren zu verankern, mit denen ich in jedem spezifischen Moment meines Lebens zu tun hatte; und wie allgemein bekannt ist, verändern sich zwar die Eindrücke von einem selbst im Laufe der Zeit, die Totems jedoch sind unverrückbar.

Für mich ranken sich diese Totems um die baumwollartigen Netze der Schwarzen Witwen, die unter dem Gebälk der Veranda lebten und im Sommer von Tausenden winziger, zappelnder Spinnenbabys bevölkert waren, die gefleckte Haut der Frösche, die ich am Fluss jagte, die monströsen Kokons der Libellenlarven, die ich im Teich entdeckte und mit einem Stock herausfischte, die brüchigen Schlangenhäute, die ich in den Büschen fand, und die samtweichen Riesenmotten, die Nacht um Nacht in das Moskitonetz in der Küche flatterten. Doch wenn ich mich an eines aus jenen Zeiten besonders gut erinnere, dann ist es die Hingabe, mit der ich Steine und Stämme anhob, um darunter nach Ungeziefer zu suchen.

Ich glaube, ich war gerade vier Jahre alt, als ich eines Tages mit Fieber und Hunderten rätselhafter roter Schwellungen am Körper aus dem Kindergarten nach Hause geschickt wurde. Der Arzt schloss aus, dass es sich bei den nässenden Bläschen um die Symptome der in diesem Alter typischen Krankheiten handelte: Windpocken, Röteln, Scharlach oder Drei-Tage-Fieber.

Es schien auch keine Nahrungsmittelallergie zu sein. Daraufhin suchten der Arzt und meine Eltern nach anderen möglichen Ursachen des rätselhaften Ausbruchs, und nach einer gründlichen Inspektion meiner Kleidung fanden sie meinen begehrten Schatz: eine Masse von Brennwürmern in den Hosentaschen.

Ich weiß nicht, wie viele Tage ich damit verbracht habe, diese amorphe Menge an Würmern zusammenzusammeln, aber ich erinnere mich noch gut, dass die reizvollen wirbellosen Tiere mit einer Art grauem Flaum mit roten Streifen bedeckt waren und dass ich sie in einem Reifen entdeckt hatte, der zu einer Schaukel umfunktioniert worden war und im Garten des Kindergartens hing.

Ich nehme an, dass meinen Eltern zu diesem Zeitpunkt bereits bewusst war, dass ihr kleiner Sohn vor der Überschreitung der Grenze des, sagen wir, »vernünftigen« Kontakts mit Wildtieren nicht zurückschreckte und ein völliges Verbot nichts bringen würde. Und sie hatten recht.

Ein paar Monate später fanden sie in der Schublade, in der meine T-Shirts lagen, eine Schlange. Es handelte sich um ein dünnes Exemplar mit gelben Streifen auf braunem Grund, das ich ein paar Tage zuvor auf dem Gehweg hinter dem Haus gefunden hatte. Natürlich war sie vollkommen ungefährlich, dessen war ich mir sicher, weil ich sie in meinem damaligen Lieblingsbuch gefunden hatte: einer dicken illustrierten Enzyklopädie mit dem ambitionierten Titel *North American Snakes* (die, da ich gerade erst lernte, die Buchstaben zu entziffern, welche die Bilder erläuterten, zum Glück Hunderte Fotos mit Symbolen enthielt, die angaben, welche Organismen gefährlich waren und welche nicht).

Ich glaube, dass der Versuch, meine Mutter davon zu überzeugen, dass diese Schlange keine Gefahr darstellte, meine erste

Annäherung an ein wissenschaftliches Gespräch war. An diesem Tag entdeckte ich auch die Macht der Bücher, denn als ich auf meine Enzyklopädie hinwies, um meine Worte zu bekräftigen, wurde meine Mutter deutlich ruhiger, und ihre Stimme klang weniger alarmiert. Allerdings erlaubte sie mir dennoch nicht, die Schlange zu behalten.

Auf jeden Fall war damals schon nicht mehr zu leugnen, dass das Kind vom Kreuz des Forschungswahns gezeichnet war, und sein Aktionsfeld schien zu den phylogenetischen Bereichen der kaltblütigen Fauna (oder den poikilothermen Organismen, um den korrekten Begriff zu verwenden) zu tendieren. Daher musste ich diplomatisch vorgehen und eine Abmachung treffen: Von diesem Moment an sollte ich das Recht haben, meine Beute für ein paar Tage im Haus zu behalten, während ich sie studierte, solange sie in geschlossenen Behältern aufbewahrt und nicht in der Kleidung oder in Schubladen versteckt wurde und – natürlich – nur, wenn sie nicht giftig war.

Spinnen, Tausendfüßler, Raupen und Gottesanbeterinnen; Käfer, Stabheuschrecken, Molche und nicht wenige Kaulquappen tummelten sich in den Gläsern und Terrarien meines improvisierten Zoos, wobei ich lernte, wie ich die Tiere während ihres kurzen Aufenthalts bei mir füttern und pflegen musste. Dazu sammelte ich alle möglichen Relikte, um mein kleines, in der Entstehung befindliches Museum zu vergrößern: die Schwanzrassel einer Klapperschlange, die Vorderzähne eines Dachses, drei Seeigel-Exoskelette, ein Hai-Ei in Ravioliform – das waren meine damaligen Schätze. Einzigartige Besitztümer, die uns, zusammen mit meiner Schlangen-Enzyklopädie und meinem Fahrrad, zu den acht oder neun Orten begleiteten, an denen wir in jenen Jahren des akademischen Pilgertums zwischen der Küste von Massachusetts, wo wir immer nur den Sommer verbrachten, und Philadelphia wohnten. (Ich fürchte, dass die bescheidenen Postgraduierten-Stipendien stets eine ausgeprägte Neigung zum Nomadentum und eine buddhistische Einstellung in Bezug auf persönlichen Besitz voraussetzten.)

Ich glaube nicht, dass es nötig ist, von weiteren Erlebnissen aus meiner frühen Kindheit zu berichten. Allerdings ist die Kindheit ja angeblich prägend, und der Kontext ist wichtig, um die Dimension der Veränderung zu verdeutlichen, die es für mich bedeutete, nach Mexiko-Stadt zurückzukehren; die Metamorphose, zu der dies bei einem hoffnungslos verwilderten Kind führte, wie ich es im Alter von sieben Jahren war. Was ich damit sagen will, ist, dass dies der Funke war, der die Lunte entzündete, denn von einem Tag auf den anderen war Gefangenschaft die einzige Möglichkeit geworden, meine naturkundlichen Interessen zu befriedigen.

Trotz aller Widrigkeiten war die Rückkehr nach Mexiko besser, als mein kleiner Verstand erwartet hatte, denn sie brachte eine erstaunliche Offenbarung mit sich: den überwältigenden Reichtum an Herpetofauna, der das Land, was die Artenvielfalt in Bezug auf Reptilien angeht, auf den zweiten Platz in der Welt befördert (mit etwa 864 registrierten Arten, von denen 393 Schlangen sind, was Mexiko in diesem Bereich den ersten Platz beschert) und auf den fünften in Bezug auf Amphibien (mit 376 vorhandenen Arten).

Allerdings sollte ich das erst später entdecken, als ich alt genug war, um auf eigene Faust die Landschaft zu erkunden. Daher ist es wohl besser, wenn wir uns wieder dem Zeitpunkt des wissenschaftlichen Projekttags im Gymnasium zuwenden und dem besagten Experiment, in dem es darum ging, die Verwandlung des Axolotls herbeizuführen – ein Ereignis, das, wie ich vielleicht erwähnen sollte, zwei Jahre nach der Trennung meiner Eltern stattfand, bei der ich elf Jahre alt war.

Mir ist klar, dass die Scheidung meiner Eltern damals möglicherweise, wie zu erwarten, eine traumatisierende Erfahrung für mich war, doch im Laufe der Zeit gelang es mir, ein unabhängiges Verhältnis zu beiden Elternteilen aufzubauen. Das allgemein bekannte »Wenn sich deine Eltern trennen, bekommst du doppelt so viele Weihnachtsgeschenke« ließ sich durchaus auch auf meine Begeisterung für Reptilien und Amphibien (die Herpetophilie und die Herpetokultur) anwenden. Das bedeutete im Grunde, dass die zwei Fronten mir mehr Verhandlungsmöglichkeiten bescherten, um meine Ziele zu erreichen. Wenn mein Vater mit mir zum Beispiel zum Herpetarium in Tepoztlán ging und wir mit einer Rattenschlange zurückkamen, was konnte ich dann dafür?

Zur damaligen Zeit war meine Sammlung noch ziemlich rudimentär: ein paar Terrarien in meinem Zimmer und im Wohnzimmer, die vor allem Frösche, Schildkröten und Eidechsen beherbergten. Aber es ist eine Sache, ein Lebewesen ein paar Tage im Haus zu haben und dann freizulassen, wie ich es in Woods Hole getan hatte, und eine ganz andere, über Jahre hinweg dafür verantwortlich zu sein und dafür zu sorgen, ihm das Leben so angenehm wie möglich zu machen (was die genaue Einhaltung der vorgeschriebenen Temperatur und der angemessenen Feuchtigkeit beinhaltet sowie die Beherrschung der nicht einfachen Kunst der geeigneten Ernährung).

Als ich zu einem Stadtkind wurde und mein herpetologisches Hobby fortan hauptsächlich in Innenräumen ausüben musste, traf ich die Entscheidung, nur noch Tiere zu halten, die in Gefangenschaft gezüchtet worden waren (mehr wegen des prekären Gesundheitszustands der auf den Märkten angebotenen Exemplare als aus einem frühzeitigen Bewusstsein) und deshalb dafür geeignet waren, auch weiterhin in Gefangenschaft zu leben. Dieser Aspekt mag auch im moralischen Sinne seine Auswirkungen gehabt haben, aber in jedem Fall distanzierte ich mich dadurch von dem Artenhandel und der Zerstörung der Wildnis, deren Ablehnung mich Agustín und die anderen Vorbilder, die meine Begeisterung für die Naturforschung geweckt hatten, gelehrt hatten.

Besonders gern erinnere ich mich an einen Basilisken, den ich mit Vorliebe durch den Flur im ersten Stock laufen ließ. Zuvor stellte ich mehrere Behälter mit Wasser auf die Strecke, sodass der kleine Leguan grazil über die Flüssigkeit hinwegglitt, wie nur seine Art es versteht. Denn es ist so, dass Basilisken, sobald sie sich bedroht fühlen, ins Wasser springen und mit großer Geschwindigkeit über die Oberfläche rennen, und zwar aufrecht, auf den Hinterbeinen und mit ausgestrecktem Schwanz wie ein Mini-Dinosaurier. Auf diese Art können sie Dutzende Meter zurücklegen, ohne unterzugehen. Dabei handelt es sich nicht nur unter den Reptilien, sondern unter den Wirbeltieren im Allgemeinen um eine einzigartige Anpassung, was ihnen den Spitznamen »Jesus-Christus-Echse« eingebracht hat.

In jener Zeit gelangte ich auch in den Besitz meiner ersten Pythonschlange. Dabei handelte es sich um ein Jungtier eines Dunklen Tigerpythons, das rasend schnell wuchs und schon bald demonstrierte, dass Bücher, so dick sie auch sein mögen, nicht unbedingt dazu geeignet sind, die Abdeckungen von Terrarien sicher zu beschweren.

Ich weiß nicht genau, aus welchem Grund meine Mutter entschied, der Schlange den unschönen Namen Dulcinea del Toboso zu geben, aber wahrscheinlich wegen ihres anfänglich feindseligen Temperaments. Allerdings nannte sie sie meistens einfach Dulci. Jedenfalls war Dulci nicht nur viel stärker, als es schien, und locker in der Lage, mehrere Bände der Encyclopaedia Britannica anzuheben, die ich auf dem Deckel ihres Heims stapelte, sondern sie zögerte auch nicht, nach jeder Hand zu schnappen, die versuchte, ihr den Weg abzuschneiden. Natürlich flößte mir das große Angst ein, sodass meine Mutter sich gezwungen sah, die Hilfe eines ihrer Doktoranden in Anspruch zu nehmen, um die Flucht der Schlange zu verhindern.

Das Gute an Schlangen ist, dass sie Gewohnheitstiere sind, das Schlechte jedoch war, dass Dulcis Gewohnheit darin bestand, aus ihrem Terrarium auszubüxen, um ins Wohnzimmer zu schleichen und sich auf dem obersten Brett des Bücherregals zusammenzurollen. Wie man sich vorstellen kann, war es nicht unüblich, dass ihre Anwesenheit einen Besucher überraschte, der ihre schuppige Silhouette zunächst für ein hyperrealistisches Kunstwerk hielt und anschließend in Panik ausbrach.

Jedenfalls hatte sich, als ich ins Teenageralter kam, bereits ein neues Gleichgewicht eingestellt: Ich lebte bei meiner Mutter und sah meinen Vater am Wochenende, und letztendlich hatte ich gelernt, mit Dulcinea umzugehen (die uns übrigens die nächsten neun Jahre begleitete und fünf Meter lang wurde; aber dazu kommen wir noch). Das war auch ungefähr der Zeitpunkt, an dem die Vorbereitungen für mein Experiment begannen, das während des wissenschaftlichen Projekttags am Gymnasium stattfinden und bei dem ich zum ersten Mal höchstselbst die drei einzigartigen Eigenschaften des rätselhaften Axolotls aufzeigen sollte.

Dabei wollte ich mir als Erstes die Neotenie vornehmen, die Eigenschaft, wie ein häutiger Peter Pan durchs Leben zu gehen, dabei aber, anstatt durch das Nimmerland zu fliegen, über die schlammigen Böden der mexikanischen Sümpfe zu kriechen, sich aber genau wie Peter zu weigern, erwachsen zu werden, und trotzdem in der Lage zu sein, unter Beibehaltung der Larvenform Nachkommen zu zeugen. Und die Quelle dieser ewigen Jugend war genau das, was ich untersuchen wollte. Dabei bestand meine Hypothese darin, der Amphibie Hormone zu spritzen und mit ihren endokrinen Sekreten herumzuspielen, um so möglicherweise die latente Metamorphose in ihrem Genom auszulösen. Oder um es genauer zu sagen: durch die Injektion verschiedener Konzentrationen von Schilddrüsenhormonen (T3 und T4) festzustellen, bei welcher Dosis die künstliche Transmutation eintritt.

Natürlich ging es nicht darum, das Rätsel zu lösen, ob die Metamorphose des Axolotls auf diese Weise herbeigeführt werden kann oder nicht, denn das war bereits von echten Wissenschaftlern bewiesen worden. Sondern es ging einfach darum, festzustellen, welche Menge der genannten Hormone erforderlich ist, damit die physiologische Revolution stattfindet, und angesichts der Ergebnisse die Wahrscheinlichkeit zu bestimmen, dass irgendein Umweltfaktor die wild lebenden Populationen beeinträchtigen könnte.

In Wirklichkeit war das Experiment relativ einfach. Es bestand aus sechs Exemplaren *Ambystoma mexicanum* aus einer Zuchtstation in Xochimilco, alle braun-grün mit schwarzen Punkten, die drei Paare bilden sollten. Das erste Paar war die Kontrollgruppe (das heißt, es wurde im natürlichen Zustand belassen), während das zweite Paar eine niedrige Hormondosis und das dritte Paar eine hohe Dosis verabreicht bekommen sollte.

Ich füllte ein Aquarium, gab ein paar Tropfen Antichlor hinein und aktivierte die Umwälzpumpe. Dann ließ ich mit erwartungsvoller Aufregung die Larven aus den Plastikbeuteln frei, in denen sie die Reise von der Zuchtstation aus zurückgelegt hatten.

Zuerst plantschten sie unruhig herum, stießen aneinander, purzelten durcheinander und schlängelten sich wie Muränen. Doch nach der anfänglichen Aufregung fand jede einen Ruheplatz zwischen den PVC-Rohren und zerbrochenen Blumentöpfen, die auf dem Glasboden verteilt waren, und sie begannen mit der antedeluvianischen Souveränität, die sie auszeichnet, ihre Kiemenäste rhythmisch zu bewegen. Sie sahen aus wie eine Mischung aus einem Gummispielzeug und einer prähispanischen Figur – die perfekten Fetische, um damit einen Hexentrunk zu garnieren. Gleichzeitig hässlich und schön wie die Schrumpfköpfe der amazonischen Jibaro. Sie waren unglaublich niedlich.

Zu Beginn der dritten Woche nach ihrer Ankunft hielt ich es für angebracht, mit dem Versuchsprotokoll zu beginnen, und sah mich dabei zufällig auf empirische Weise mit der zweiten besonderen Eigenschaft des Axolotls konfrontiert.

Mit der Absicht, für alle die gleichen Umweltvariablen zu gewährleisten, um die Ergebnisse nicht zu beeinträchtigen, hielt ich die drei Paare im selben Aquarium. Daher war es unerlässlich, eine Möglichkeit zu finden, die Paare zu unterscheiden, um sie während der gesamten Studie beobachten zu können.

Dabei konnte ich anatomische Aspekte von Vornherein ausschließen, denn meine geringen Erfahrungen als Naturforscher reichten aus, um zu wissen, dass sich die Größen- und Formunterschiede mit der Zeit verändern würden. Ebenso unmöglich war es, eine Farbmarkierung anzubringen wie auf dem Panzer einer Schildkröte oder – nach einem vorgegebenen Nummerierungssystem – einige Schuppen zu entfernen, wie man es bei Schlangen macht. Ihnen Mikrochips einzusetzen, wäre eine vielversprechende Option gewesen, wenn das Experiment durch einen üppigeren monetären Subventionsfonds als dem Geldbeutel meiner Mutter unterstützt worden wäre.

In diesem Moment kam mir die nicht gerade brillante Idee, ihren Schwanz mit einem Faden zu kennzeichnen. Meine Theorie war die folgende: Wenn es mir gelingen würde, mit einer Nadel durch die Flosse zu stechen, könnte ich die Schwänze mit verschiedenfarbigen Fäden markieren und sie so unterscheiden.

»Und wenn sie irgendwo hängen bleiben?«, war die erste Frage meiner Mutter, als sie von der Arbeit kam und das Aquarium betrachtete.

»Ach, Mama, bitte. Wie sollten sie denn irgendwo hängen bleiben? Du siehst doch, dass sie sich ganz ruhig verhalten?«, entgegnete ich, wobei ich wahrscheinlich die Augen verdrehte und dann genervt mit der Zunge schnalzte, wie es meine Art war. Was wusste meine Mutter schon von Larven!

Doch schon nach zwei Tagen musste ich, als ich mich dem schmerzhaften Anblick eines zerfetzten Schwanzes gegenübersah, feststellen, dass meine Mutter recht hatte. Ich wusste nicht, wie genau es geschehen war, aber wenige Tage später passierte einem anderen Exemplar etwas Ähnliches und am folgenden Morgen einem dritten.

Nicht schlimm, dachte ich, immerhin kann ich sie jetzt an den unterschiedlichen Schwänzen erkennen (einer sah aus wie eine Gabel, ein anderer wie ein V, und der Dritte hatte nur einen Einschnitt, und dank der Tatsache, dass es zu unterschiedlichen Zeitpunkten passiert war, wusste ich nun immerhin, wer wer war). Doch schon bald stellte sich heraus, dass ich mit dieser Annahme die erstaunliche Regenerationsfähigkeit des Axolotls unterschätzt hatte, jenes beeindruckende Vermögen, angesichts möglicher Widrigkeiten Gliedmaßen und verlorene Organe nachwachsen zu lassen. Diese ungewöhnlichen anatomischen Wiederherstellungsfähigkeiten haben sie im Volksglauben zu wundersamen Wesen gemacht, die moderne Medizin mit Fantasien über vielversprechende Behandlungen beflügelt und waren schon Rechtfertigung genug, dass die Gründer von Tenochtitlán das kleine Wassermonster als Reinkarnation eines Gottes ansahen. In der Weltsicht des Náhuatl ist der Axolotl die aquatische Verkörperung des Gottes Xólotl, eines Zwillingsbruders von Quetzalcóatl. Der Legende der fünften Sonne nach war die Erde in großer Gefahr, weil die Sonne und der Mond sich nicht bewegten. Daher beschlossen die Götter, sich selbst zu opfern, um die astrale Bewegung zu erneuern, was den Beginn der fünften Sonne markieren würde. Ein feiger Gott mit dem Namen Xólotl weigerte sich jedoch, seinem Schicksal ins Auge zu sehen, und überlistete den Henker mit seinen Verwandlungskünsten.

Der flüchtende Gott versteckte sich zunächst in einem Kornfeld, wo er zu einer Maispflanze mit zwei Kolben wurde. Als man ihn dort entdeckte, flüchtete er sich in ein Agavenfeld, wo er die Form einer doppelstämmigen Agave annahm. Doch auch diese Verkleidung schützte ihn nicht lange, und er wurde wieder vom Henker gefunden. Daraufhin sprang Xólotl im verzweifelten Versuch, sein Leben zu retten, ins Wasser und wurde zu einer fischähnlichen Wasserkreatur, einem Sumpfmonster mit dem Namen Axolotl.

Tatsächlich ist es für diese stoischen Bewohner der Feuchtgebiete kein Problem, Augen, Kiefer, Kiemen, Finger oder ganze Gliedmaßen zu erneuern, genauso wie es für sie ein Leichtes ist, ihre Leber, ihren Magen, das Herz, die Wirbelsäule oder gar Teile des Gehirns nachzubilden. Und natürlich können sie auch den Schwanz nachwachsen lassen.

Tag für Tag sah ich fassungslos zu, wie die Risse in ihren Geweben nach und nach verschwanden, bis es dringend notwendig wurde, eine neue Identifikationsmethode zu entwickeln, denn nach der Geschwindigkeit des Regenerationsprozesses zu urteilen, würden schon bald alle Schwänze wieder perfekt sein. Und ist der körperliche Ersatz einmal vollendet, bleibt nichts mehr zurück. Es gibt keine Narben. Nicht mal, wenn der gleiche Körperteil mehrmals hintereinander ersetzt wird. So könnte man zum Beispiel wiederholt die linke Vorderpfote eines Exemplars amputieren, und jedes Mal würde das Tier das Gewebe komplett regenerieren, sodass die neuen Pfoten von der ursprünglichen nicht zu unterscheiden wären.

Auch wenn ich dies mit meinen dreizehn Jahren noch nicht wusste, ist der Mechanismus, der für diese beeindruckende biologische Gabe verantwortlich ist, in der zellulären Transdifferenzierung begründet. Es ist so, dass die Zellen dieser Amphibien die rätselhafte Fähigkeit haben, in ihrer Spezialisierungsskala zurückzugehen und so zu einem formbaren Zustand zurückzukehren. Eine pluripotente Form, wenn man so will, die in eine andere Richtung gelenkt und so in das benötigte Gewebe umgewandelt werden kann. Nach diesem Muster könnte eine Muskelzelle in eine Fettzelle umgewandelt werden (unter der Annahme, dass es sich bei dem zu regenerierenden Gewebe um die Leber handelt) oder in ein Schwanzepithel wie im Fall meiner Larven.

Letztlich entschied ich mich für eine deutlich rudimentärere Methode, um die Larven zu unterscheiden, ohne ihre Anatomie zu beeinträchtigen: Ich trennte sie physisch voneinander. Dafür musste ich das Aquarium lediglich in drei Bereiche unterteilen (einen für jedes Paar), die durch transparente Acrylgitter voneinander abgegrenzt waren. Natürlich schämte ich mich ein wenig dafür, dass mir diese Methode nicht vorher eingefallen war, denn dann hätte ich den kleinen Tieren unnötige Qualen erspart.

Die dritte besondere Eigenschaft des Axolotls konnte ich erst bezeugen, als der wissenschaftliche Projekttag endlich begann. Vielleicht hätte ich es vorhersehen müssen. Doch auch wenn der direkte Kontakt mit Tieren, abgesehen von Haustieren und dem ein oder anderen Vogel oder urbanen Nagetier, für den durchschnittlichen Stadtbewohner kein alltägliches Ereignis ist – schon gar nicht, wenn es sich um derart einzigartige Kreaturen wie die handelt, mit denen ich es zu tun hatte –, so war er für mich doch eine übliche Erfahrung. Vielleicht ahnte ich daher nicht, was die Larven und mich an jenem Morgen in der Turnhalle der Schule erwartete.

Damit meine ich die enorme Fähigkeit dieser Organismen, jedes empfindungsfähige Wesen, das ihnen zum ersten Mal begegnet, in Verzückung zu versetzen. Egal, was ich sagte, niemand achtete auf das Experiment, das ich mich zu beschreiben bemühte. Nicht mal auf die Tatsache, dass sich einige der Studienexemplare, die nun vor den verblüfften Blicken meiner Zuhörer entlangschwammen, bereits in Schwanzlurche verwandelt hatten, die in der freien Natur unbekannt waren. Mit oder ohne induzierte Metamorphose reichte das simple Vorhandensein der Kreaturen aus, um die Anwesenden zu hypnotisieren.

Die Reaktionen der steigenden Anzahl an Zuschauern, die sich um das Aquarium versammelten, wechselten zwischen Aufregung, Ekel und Bewunderung. »Schau mal, die kleinen Augen sehen aus wie goldene Stecknadelköpfe«, sagte jemand. »Sie sind so absurd«, meinte ein anderer. »Aus denen kann man Hustensaft machen«, gab ein Schlaumeier zum Besten, dem ich am liebsten mit der Faust ins Gesicht geschlagen hätte. »Mit den Kiemenästen sehen sie aus, als ob sie lächeln«, hörte ich die Schulleiterin sagen.

Für einen Moment dachte ich, dass derjenige, der sich verwandelt hatte, ich wäre, denn ich schien der einzige Anwesende zu sein, der reif genug war, so viel Interesse aufzubringen, dass er mehr als nur das extravagante Aussehen dieser Tierchen erforschen wollte.

In diesem kurzen frühen Moment der wissenschaftlichen Frustration wurden mir einige Dinge klar: zum einen, dass das eigentümliche Aussehen des Wassermonsters niemanden gleichgültig lässt, und zum anderen, dass sich die meisten Menschen im Laufe ihres Lebens einfach mit der Strömung treiben lassen.

»Tun sie einem weh?«, fragte mich ein Mädchen (wahrscheinlich in der Annahme, dass ein so seltsames Viech keinesfalls ungefährlich sein konnte). Und ich musste mich gegen den Impuls wehren, sie zu veräppeln. »Dürfen wir sie anfassen?« »Was fressen sie?« »Kann man sie kaufen?« In diesem Stil setzten sich die Fragen meiner Gesprächspartner fort. Und sobald sie die erste Verblüffung angesichts der zoologischen Offenbarung überwunden hatten, gingen sie zu anderen Ständen weiter.

Ich blieb mit einem seltsamen Gefühl der intellektuellen Leere zurück (wobei ich dieses damals noch nicht benennen konnte) und mit dem Wunsch, die Ergebnisse meines Experiments zu erörtern, die zwar nicht ganz schlüssig waren – die Organismen der Gruppe drei, denen ich die hohe Hormondosis verabreicht hatte, hatten sich, wie zu erwarten war, in Schwanzlurche verwandelt, die dem *Ambystoma tigrinum* (dem Tigersalamander) ähnlich waren, aber die der Gruppe zwei verhielten sich nicht stringent, da sich der eine verwandelt hatte und der andere nicht –, aber immerhin zu einer interessanten Debatte einluden.

Letztendlich musste ich mich an diesem Tag mit einem einzigen stimulierenden Gespräch zufriedengeben, das ich mit meiner Biologielehrerin führte (meiner Ansicht nach der einzigen Erwachsenen unter sämtlichen Anwesenden). Doch was mich am meisten störte, war, dass fast keiner diese Tiere kannte. Im besten Fall hatten die Leute eine vage Vorstellung von ihrer Existenz, aber keine Ahnung von den vielen einzigartigen Aspekten, die sie zu einer echten biologischen Reliquie machten. Zu jener Zeit befand sich der Axolotl in einer Phase schwindender Popularität und war weit entfernt vom Rampenlicht der Medien, in dem er sich heute sonnen kann (und noch weiter entfernt von dem Aufsehen, das sein rätselhafter Lebenszyklus in der Zeit der klassischen Naturforscher erregte): Der Gott des alten Tenochtitlán war in Vergessenheit geraten.

Das Traurige an der Sache ist, dass, als sich die Gesellschaft der Existenz des symbolträchtigen Geschöpfs unserer Feuchtgebiete erneut bewusst zu werden begann, es durch eine Serie gravierender Eingriffe bereits vom Aussterben bedroht war: die Einführung invasiver Arten, Lebensraumbeschneidung und -verschmutzung, Missbrauch für den Schwarzmarkt und Missachtung der Behörden. Zumindest was die frei lebenden Exemplare anging, denn in Gefangenschaft werden zahlreiche Populationen gehalten.

Die Frage ist: Warum soll man eine Art vor dem Aussterben »retten«, wenn die Überlebenden dazu verdammt sind, in Gefangenschaft zu leben? Denn tatsächlich ist die Existenz ohne eine bewohnbare Umwelt – zumindest aus ökologischer Sicht – nicht besonders sinnvoll. Doch so widersprüchlich es auch scheinen mag, gibt es immer mehr Tiere, deren einzige Überlebensperspektive sich auf Zoos und spezialisierte Züchter beschränkt, wie beim Axolotl, von dem es einen großen genetischen Bestand in Gefangenschaft und folglich gute Chancen auf eine langfristige Erhaltung gibt. Währenddessen bleibt für die meisten der übrigen in Mexiko heimischen Schwanzlurche (etwa fünfzehn Arten der Gattung *Ambystoma)* wie für viele andere bedrohte Amphibien nicht mal die Alternative der Gefangenschaft, sodass ihre Tage gezählt sind.

Und wenn wir nicht mal in der Lage sind, das Aussterben selbst derjenigen Lebensräume und Organismen zu verhindern, die für uns einen großen Symbolcharakter haben – nur wenige Landschaften und Tiere sind für die Nachkommen von Aztlán so spezifisch wie die Überreste von Xochimilco und der Axolotl –, welche Hoffnung gibt es dann noch für alle anderen? Wenn der mächtige Jaguar, der schwer fassbare Vaquita und die prächtige Harpyie keine Idole mit genügend Einfluss sind, dass wir Plastik anbetende Affen ihnen ein gewisses Mitgefühl entgegenbringen, was können dann die Spitzmäuse, die Blutegel, die Höhlenkröten und die Blindaale von Yucatán noch erwarten?

Immerhin reichte der Zauber des Axolotls dafür aus, dass ich den ersten Preis des Wettbewerbs gewann (knapp vor dem Meccano-Roboter eines gewissen Unai aus der 6b). Zu Hause angekommen, machte ich mich daran, den Axolotl ein angemesseneres Gefängnis zu bieten. Denn auch wenn das Experiment nun abgeschlossen war, konnten die Teilnehmer bei entsprechender Pflege noch mehrere Jahre leben und sich vielleicht sogar fortpflanzen.

Da es nun nicht mehr wichtig war, sie unterscheiden zu können, wurde beschlossen, im Garten einen Teich für sie anzulegen. Und wenn ich sage »wurde beschlossen«, dann, weil ich darauf angewiesen war, dass meine Mutter ihr Einverständnis gab und die Sache einmal mehr finanzierte.

Der Teich hatte außerdem den Vorteil, dass die Exemplare, die zur Transformation gebracht worden waren, an Land gehen konnten. Sie hatten zwar eine in der freien Natur unbekannte Morphologie, waren aber letztendlich ebenfalls Schwanzlurche.

Was mich angeht, war der Höhepunkt meiner Metamorphose noch nicht erreicht. Tatsächlich hatte meine Transformation, auch wenn ich mich an dem wissenschaftlichen Projekttag ein wenig reifer gefühlt hatte, gerade erst begonnen. Vielleicht waren erste äußerliche Veränderungen bereits zu erkennen, denn etwa in dieser Zeit bekam ich erste Schnurrbarthaare und war nicht mehr in der Lage, die Modulation meiner Stimme zu kontrollieren. Aber innerlich war ich immer noch ein Kind. Dank meiner nördlichen Gene (von meinen vier Urgroßvätern stammten drei aus dem Norden Mexikos) litt ich unter früher Akne und wuchs schnell, sodass ich auf einmal einen Meter dreiundachtzig groß war, weswegen ich mich ungeschickt entwickelte, ständig Sachen herunterriss und stolperte. Ganz zu schweigen davon, dass ich nach Schweiß und Hormonen stank und apathisch war. Ein ganz normaler Jugendlicher eben – wahrscheinlich das undankbarste Stadium, das die Natur für einen bereithält.

Wie Emilio Pacheco richtig sagte und damit nebenbei alle Mexikaner mit dem Axolotl in Verbindung brachte: »Er ist weder ein Fisch noch ein Salamander, weder eine Kröte noch eine Eidechse, verfügt über humanoide Züge und ist wie wir ein wesentlicher Bewohner des Nepantla, des Geburtsorts von Sor Juana Inés de la Cruz, des Landes der Mitte, des Niemandslandes, des Gebiets und des Grabs derer, die wir in all unseren Metamorphosen auch nicht die Wahrheit des Erwachsenseins erreicht haben, und das Einzige, was wir können, ist, uns zu vermehren.«

Dunkler Tigerpython, *Python bivittatus*

Nur wenige Tiere können sich mythischerer Eigenschaften rühmen als die Riesenschlangen. Imposante Giganten aus den Tropen. Beinlose Drachen aus dem Regenwald. Eine zweckmäßige Abfolge von Wirbeln und Rippen, fest verankert zwischen kräftigen Muskeln und eingebettet in eine meterlange, glänzende Haut. Organismen, die sich fast unbemerkt fortbewegen, mit fesselnder Textur und tödlicher Umarmung. Dantesk, lauernd und präzise, ausgestattet mit pleistozäner Geduld, gespaltener Zunge, dem schärfsten dem Menschen bekannten Geruchssinn und thermosensiblem Sehvermögen. Sie stehen ganz oben in der Nahrungskette, so gefräßig, dass sie ihre Beute ungekaut verschlingen. Ohne taxonomische Unterscheidung bei der Nahrungsaufnahme: Nagetiere, Katzen, Vögel oder Wiederkäuer; was in ihre Fänge gerät, wird gefressen. Die Zeichnung der einen Elefanten verschluckenden Boa in Antoine de Saint-Exupérys *Der kleine Prinz* mag ein wenig übertrieben wirken, kommt der Wirklichkeit aber ziemlich nah. Wir sehen die große Kaa in dem Klassiker von Rudyard Kipling vor uns, begierig darauf, Mowgli zu verspeisen. *Typhon* für die Griechen, *Tsuchinoko* in der japanischen Fabelwelt, *Jörmungsandr* in Skandinavien. In Wirklichkeit sind diese Riesen jedoch oft sanfte Geschöpfe, eher konfrontationsscheu, Meister der Tarnung und hingebungsvolle Mütter.

Steckbrief 2

Klasse: *Reptilia* **Ordnung:** *Squamata* **Familie:** *Pythonidae*
Gattung: *Python*

Verbreitung: Weit verbreitet in großen Teilen Südostasiens und auf den indonesischen Inseln.

Status: Gilt wegen Rodungen mit menschlichen Ansiedlungen und Wilderei als schutzbedürftig. In Florida als schädliche invasive Art gelistet.

Ernährung: Kräftiges und nicht sehr wählerisches Raubtier, das hauptsächlich Vögel und Säugetiere jagt, die es durch Umschlingen tötet.

Aussehen: Schlange mit einem massiven, voluminösen Körper. Nominelle Färbung in einem attraktiven militärischen Tarnmuster mit braunen Blöcken auf einem blassgrünen Hintergrund. Auf dem Heimtiermarkt sind auch albinotische, leuzistische, amelanistische und andere Sorten weit verbreitet.

Größe: Eine der fünf größten Schlangen der Welt. Die Weibchen sind in der Regel größer als die Männchen, werden in freier Wildbahn knapp über 5 m lang und erreichen ein Gewicht von 60 kg. In Gefangenschaft erreichen manche Exemplare 6,5 m und 80 kg.

Lebenserwartung: Die Lebenserwartung in Gefangenschaft ist höher; in der Natur werden sie selten älter als 20 oder 25 Jahre.

Diorama 2: Riesenschlangen und die Psychoanalyse

»*Mijos*, seid doch vernünftig. Ihr werdet euch an diesem Zeug die Finger verbrennen!«, rief uns Nana Reyna, meine Großmutter väterlicherseits, jedes Mal zu, wenn meine Cousins und ich im Sonnenuntergang zusammenkamen, um uns und die Nachbarschaft mit Feuerwerkskörpern zu amüsieren. Und das fand in Los Mochis im Bundesstaat Sinaloa während der Feierlichkeiten im Dezember fast jeden Abend statt. Unnötig zu betonen, dass meine Großmutter recht hatte, wie wir ziemlich anschaulich feststellen konnten, als eine Rakete in Carlitos Hand explodierte, wobei drei seiner Finger verstümmelt wurden.

»Ihr werdet euch die Finger verbrennen!« Die volkstümliche Version des Spruchs: Wer mit dem Feuer spielt, verbrennt sich dabei. Die Großmütter dieser Welt vereinen sich in dem vergeblichen Bemühen, die jungen Generationen vor dem zu warnen, was sie selbst bereits schmerzlich erfahren mussten. Aber der Mensch ist ein von Natur aus sturer Primat und lernt nur ungern aus den Fehlern seines Nächsten. Nachweislich ist es sogar so, dass wir gern mehrfach über denselben Stein stolpern. (Oder wie wäre sonst zu erklären, dass wir uns im nächsten Jahr pünktlich wieder auf der Straße einfanden und sogar Carlito mit seinen verstümmelten Fingern Böller auf dem Gehsteig zündete?)

Manchmal wundert es mich, wie weit unsere Spezies gekommen ist, obwohl wir derart unfähig sind, in unseren eigenen

Fußstapfen zu überleben. Uns wie ewige Kleinkinder an unseren Murmeln verschlucken, wie Motten, die Nacht für Nacht um dasselbe Licht flattern, bis sie daran verbrennen. Und womöglich manifestiert sich das in keinem anderen Personenkreis so deutlich (außer vielleicht bei Hochrisiko-Sportlern und regelmäßigen Konsumenten von harten Drogen) wie im Umgang mit potenziell gefährlichen Wildtieren.

Meiner Erfahrung nach sieht es jedenfalls ganz danach aus, dass sich der alte Spruch mit einer gewissen Regelmäßigkeit bewahrheitet, auch wenn in meinem Fall das Feuer tierischen Ursprungs war und ich mir nicht nur die Finger verbrannt habe, sondern den ganzen Arm.

Hatte ich es verdient? Wahrscheinlich. In jedem Fall war es vorherzusehen. Mit fünfzehn Jahren hatte ich das Feuer der Reptilienwut schon zu lange geschürt, um mich nicht daran zu verbrennen. Es sollte nicht der einzige, aber der spektakulärste Unfall dieser Art sein. Doch bringen wir vorab etwas Licht in die Angelegenheit, indem wir das Geheimnis um die Güera Rodríguez lüften, die neben mir für den fraglichen Unfall verantwortlich war.

Sie gelangte unter sehr seltsamen Umständen in meine Hände. Eines Nachmittags, als ich von der Schule zurückkam, stellte ich fest, dass auf der Plaza Coyoacán Dreharbeiten stattfanden. Es handelte sich um eine Casting-Show, bei der die Teilnehmer für ein paar Minuten des Ruhms und die Chance auf ein bisschen Geld waghalsige Dinge tun müssen. In diesem Fall musste eine nur mit einem knappen Bikini bekleidete Frau mehrere Stunden lang unter den wollüstigen Blicken der Passanten in einem Glaskasten voller Taranteln, Schlangen, Eidechsen und anderem Getier verbringen.

Ich drängte mich unter den Zuschauern nach vorn, um

herauszufinden, was all die Aufregung verursachte. Es gelang mir, mich bis in die erste Reihe vorzukämpfen, und ich heftete mein Gesicht an die Scheibe. In diesem Moment fiel sie mir auf. Ich war sofort fasziniert, der Blick meiner jugendlichen Augen war von ihren massiven Rundungen wie gebannt. Ihre strahlende Silhouette betörte mich nicht nur, sondern ich war unfähig, irgendetwas anderes zu tun. Es gab keine andere Möglichkeit: Sie musste mir gehören!

Natürlich ist hier nicht von der Teilnehmerin der Casting-Show die Rede, sondern von der glatten Haut der größten Schlange im Gehege: eines auffälligen Albino-Pythons. Sie hatte rote Augen, pfirsichfarbene Schuppen mit cremeweißen Mustern und war über drei Meter lang. Soweit ich es durch die Scheibe erkennen konnte, handelte es sich um einen Dunklen Tigerpython, dieselbe Art, zu der auch Dulcinea gehörte (die damals bereits mehrere Jahre bei uns lebte). Und ich dachte, dass mit etwas Glück diese Albino-Schönheit vielleicht zu ihrem Lebensgefährten werden könnte.

Ich sah mich in meiner Umgebung nach einer möglichen Informationsquelle um.

»Hören Sie, wer ist denn hier für die Tiere zuständig?«, fragte ich einen Kameramann. Der wies mit dem Kinn auf einen kleinen Typen mit Kinnbart und insgesamt nicht gerade vertrauenswürdigem Aussehen.

Ich ging auf den Tierbesitzer zu. Nach einem kurzen Gespräch hatte ich das Gefühl, dass er kein gesteigertes Interesse daran hatte, das Tier, das meine Begierde entflammt hatte, weiterhin in seiner Obhut zu behalten. Daher schlug ich ihm einen Tauschhandel vor, der mir angebracht schien: Ich würde ihm für seine Albino-Schlange ein Pantherchamäleon geben.

Er nahm den Vorschlag an.

Am nächsten Tag trafen wir uns auf der Plaza de la Conchita, um den zoologischen Handel abzuschließen. Ich war superaufgeregt. Gleich darauf öffnete ich die Tasche, die der Mann mir übergeben hatte, um meine Neuerwerbung zu bewundern.

Doch ein paar Sekunden reichten aus, um meinen Enthusiasmus zu zerstören. Denn aus der Nähe betrachtet, sah die Schlange ziemlich mitgenommen aus. Sie war dünn, etwas dehydriert und ausgesprochen schwach.

Ihr in diesem Moment bereits ehemaliger Besitzer informierte mich, dass ihr schlechter Zustand auf ihre kürzliche Teilnahme an einer Telenovela zurückzuführen war. Angesichts meines offensichtlich nicht vorhandenen Verständnisses erging er sich in einer ausschweifenden Erklärung und offenbarte mir das Geheimnis des angemessenen Verhaltens der exotischen Fauna, wenn sie für histrionische Ziele genutzt wurde: Um sich mögliche Probleme zu ersparen, werden potenziell gefährliche Organismen in semilethargische Zustände versetzt.

Entsetzt erfuhr ich, dass mein neuer Python in den letzten sechs Monaten über eine Sonde ernährt worden war.

»Kannst du dir vorstellen, was die mit mir gemacht hätten, wenn dieses Miststück Bárbara Mori gefressen hätte?«, fragte er mich abschließend.

Ich schüttelte den Kopf. Der Mann betrachtete zufrieden das Chamäleon und verabschiedete sich mit einem bemühten Lächeln. Uns beiden war vollkommen klar, dass er mir meine Fassungslosigkeit angesehen hatte.

Ich war wie erstarrt. Anders als erhofft, war ich frustriert und äußerst unzufrieden. Ganz allein hatte ich es erfolgreich geschafft, zum Opfer eines Betrugs zu werden. Ich blickte erneut in die Tasche: Die Wirbelsäule des Pythons war deutlich durch seine Haut zu sehen, was ein wenig hoffnungsvolles Bild abgab. Seine außergewöhnliche Färbung jedoch – die an den Ton von glühender Lava erinnerte – bewahrte mich davor, in absoluter Depression zu versinken.

Ich kehrte nach Hause zurück und legte das schwächliche Exemplar in sein neues Heim. Anstatt mich zu beeindrucken, erweckte der Anblick eher mein Mitleid. Die Schlange sah aus wie eines dieser extrem mageren Models, die, anstatt mit ihrer Attraktivität zu bezaubern, ein gewisses Unwohlsein hervorrufen.

Zu jener Zeit streifte ich oft durch die wenigen Tierhandlungen in Coyoacán. Im Jahr 1997 in Mexiko ein exotisches Haustier zu haben, machte mich selbst zu einem Exoten. Tatsächlich kannte ich mit meinen fünfzehn Jahren niemand anderen, der meine Leidenschaft teilte, sodass ich die Zeit nach der Schule auf der Suche nach ein wenig Gesellschaft vor langweiligen Aquarien verbrachte. Ich blätterte in Büchern, begutachtete die angebotenen Produkte, erkundigte mich detailliert über jedes vorhandene Lebewesen (auch wenn ich es nicht kaufen wollte) und fragte begierig die Verkäufer aus.

An einem dieser nachmittäglichen zoologischen Streifzüge sah ich Ana Luisa zum ersten Mal. Sie war eine ältere Frau (zumindest aus meiner damaligen Sicht, wobei ich nicht glaube, dass sie älter als dreißig war) mit robuster Statur und eher schlechter Laune. An jenem Tag betrat sie eilig das Geschäft, fragte nach dem Geschäftsführer und verschwand in den Räumlichkeiten hinter dem Verkaufsbereich. Von der Türschwelle aus konnte ich beobachten, wie sie sich ein paar Weichschildkröten zuwandte. Sie waren schwarz mit gelbem Muster, und ihre Panzer und ihre Augen waren derart mit Pilz befallen, dass es den Eindruck machte, als seien sie durch den baumwollartigen Pilzbewuchs auf ihrer Haut vollkommen blind. Ich nahm an, dass sie sich deshalb so aggressiv verhielten und nach rechts und links schnappten.

Ana Luisa zog sich ein Paar Latexhandschuhe über und nahm einige Dinge aus ihrem Koffer. Danach wog sie die Schildkröten, reinigte ihre Augen mit einem Tuch und einer dunklen Flüssigkeit und injizierte ihnen irgendein Medikament, das ich nicht identifizieren konnte. Das alles tat sie mit einer beeindruckenden Geschicklichkeit.

Als die Tierärztin zurück ins Geschäft kam, sprach ich sie an und teilte ihr mit, dass ich gern lernen würde, was sie getan hatte. Offensichtlich in Eile drückte sie mir eine Visitenkarte in die Hand.

Ich musste sie hartnäckig beknien, aber schließlich willigte Ana Luisa ein, mich als Schüler zu akzeptieren. (Assistent wäre zu viel gesagt, da meine Funktion eher darin bestand, im Weg zu stehen. Ich heftete mich bei ihren abendlichen Hausbesuchen an ihre Fersen und versuchte, irgendwie behilflich zu sein.) Aber es gibt nichts Besseres, als einen Mentor zu haben, um, wenn auch nur im spartanischen Sinne, die eigenen Fähigkeiten zu verfeinern. Denn bis zu diesem Moment hatte ich alles, was ich über die Haltung von Reptilien und Amphibien wusste, autodidaktisch gelernt, gemäß dem alten System der Verbesserung durch try and error (das bei nicht wenigen Gelegenheiten auf Kosten der Gesundheit der betroffenen Exemplare geht). Natürlich bemühte ich mich, mir so viel Wissen wie möglich durch Lesen anzueignen, doch zu jener Zeit war der Informationsfluss spärlich (das Internet stand als unerschöpfliche Quelle damals noch nicht zur Verfügung), und egal, was über das Thema Theorie und Intuition gesagt wird, lässt sich Wissen nun mal am besten persönlich vermitteln.

Nachdem Agustín mir die erste Annäherung an die Naturforschung ermöglicht und meine Mutter meinen wissenschaftlichen Wissensdurst geweckt hatte, erlangte ich durch Ana Luisa die nötigen Grundkenntnisse für die Betreuung eines Herpetariums. Sie brachte mir bei, wie man mit giftigen Schlangen umgeht, wie man parasitären Milben- und Wurmbefall behandelt und Verbrennungen versorgt. Wir linderten Abszesse und Lungenentzündungen, bekämpften Infektionen, korrigierten falsche Ernährung, aber vor allem haben wir die durch schlechte Pflege verursachten Missstände behoben.

Ich hatte den Eindruck, dass Letzteres die für Ana Luisa charakteristische schlechte Laune verursachte. Denn sie wusste, dass sie vor allem von der Fahrlässigkeit und der Verantwortungslosigkeit anderer lebte. Sie war sich darüber im Klaren, dass ihre Arbeitstage weniger stressig und die Anzahl der hoffnungslosen Fälle wesentlich geringer wären, würden die Einrichtungen, die ihre Dienste beanspruchten, alle Verpflichtungen erfüllen, die der Handel mit lebenden Wesen mit sich bringt.

Ana Luisa, die an der UNAM, der Nationalen Autonomen Universität von Mexiko, studiert hatte, hegte eine besondere Abneigung gegen die Tierhandlungsketten, die Ende der 1990er-Jahre florierten (und deren Filialen bis heute zunehmen), da sie ihrer Meinung nach genau die gleichen Fehler wie alle anderen machten, nur im industriellen Maßstab und zu Lasten der Geldbeutel ihrer Kunden. Allerdings zog sie es vor, den Tieren zu helfen, anstatt sie aus ideologischen Prinzipien nicht zu behandeln. Außerdem lehnte sie es, soweit ich weiß, rundweg ab, für den Schwarzmarkt zu arbeiten, was in Mexiko, wo das Netz der Illegalität deutlich weiter reicht als jede seriöse Tätigkeit, echt etwas heißt.

Während dieser Monate im Bereich der ambulanten Tiermedizin habe ich viel gelernt, sowohl über die Tierarten, die wir behandelten, als auch über die Stadt, in der ich lebte. Denn Ana Luisas Praxis, der Ausgangspunkt unserer täglichen Hausbesuche, befand sich genau auf der gegensätzlichen Seite der mexikanischen Hauptstadt, lag also anderthalb Stunden mit dem Bus – der regelmäßig überfallen wurde und ständig überfüllt war – von meinem Zuhause entfernt. Doch für wahre Leidenschaft gibt es keine unüberwindlichen Entfernungen, und ich nahm die Fahrten gern auf mich. Zumindest bis Ana Luisa beschloss, nach Guadalajara umzuziehen, und mich mit meiner Begeisterung erneut allein ließ. Bis mein Komplize Jerónimo auftauchte.

Auf der Basis dessen, was Ana Luisa mich gelehrt hatte, widmete ich mich in den nächsten Monaten der fortschreitenden Genesung meiner Schlange. Auf Vorschlag meiner Mutter erhielt sie den Namen La Güera Rodríguez. Der bezog sich zum einen auf ihre helle Färbung, war aber auch eine Hommage an eine berühmte Persönlichkeit aus der mexikanischen Kolonialgeschichte: María Ignacia Rodríguez de Velasco de Osorio Barba y Bello Pereyra, besser bekannt als La Güera Rodríguez, die erste Feministin Mexikos. Laut meiner Mutter war sie eine Frau von ausgesprochener Schönheit, sehr reich und mit einem scharfen Verstand gesegnet, und hatte während des Unabhängigkeitskrieges eine Liebesbeziehung mit General Agustín de Iturbide. (Angeblich hat sie ihn sogar gedrängt, den Krieg zu beenden.) Mit ihrem für die damalige Zeit, sagen wir, äußerst liberalen Verhalten gelang es ihr außerdem, die Freundschaft höchst angesehener Persönlichkeiten wie Simón Bolívar oder Alexander von Humboldt zu erringen.

Ich erinnere mich, dass meine Mutter die Schlange, wenn sie mich nerven wollte, bei ihrem vollständigen Namen nannte. Dann sagte sie Dinge wie: »Mit welcher Laune ist denn María Ignacia Rodríguez de Velasco de Osorio Barba y Bello Pereyra heute aufgewacht?«, was mich sofort auf die Palme brachte.

Ich nehme an, dass man jeden Jugendlichen hin und wieder ein wenig ärgern muss, damit er sich nicht immer nur auf die Nöte seiner eigenen Existenz konzentriert. Auch wenn ich der Meinung bin, dass es sich in Wirklichkeit eher um einen Liebesbeweis handelte – nicht mir gegenüber, sondern weil sie generell eine Schwäche für Albinos hatte.

Denn es war so, dass der ältere Bruder meiner Mutter, Humberto oder El Güero, wie wir ihn alle nannten, auch ein Albino war. Ich sage »war«, weil er leider nicht sehr alt geworden ist. Er ist mit vierundvierzig Jahren an einer Leberzirrhose in Folge seines Alkoholismus' gestorben.

Was den Albinismus angeht, sollte ich darauf hinweisen, dass er sich bei jeder Tierart auf unterschiedliche Weise äußert. Obwohl es sich um eine genetisch bedingte Störung der Melaninbildung handelt (des Pigments, das den verschiedenen Teilen des Körpers Farbe verleiht), die autosomal rezessiv vererbt wird, unterscheiden sich die Albino-Organismen je nachdem, wie viele Pigmente in ihrer taxonomischen Gruppe ins Spiel kommen.

Bei Säugetieren, deren physiologisches Farbstoffrepertoire nur aus Melanin besteht, sind Haut, Haar, Augenbrauen und Wimpern in der Regel komplett weiß und die Augen extrem hell (so sehr, dass je nach Lichteinfall die Blutgefäße im hinteren Teil des Augapfels zu erkennen sind, sodass die Augen rot wirken), was oft mit einer Sehschwäche verbunden ist.

Amphibien und Reptilien hingegen haben in ihren Geweben auch Chromatophoren und Iridophoren, Zellen, die ihnen eine rötliche, gelbliche und orangene Färbung verleihen sowie einen schillernden Glanz, was in Kombination mit den Melanophoren (Zellen, die Melanin enthalten) zu der breiten Farbpalette führt, die sie auszeichnet. In beiden Gruppen sind Albino-Exemplare eher orangefarben oder blassgelb, und Exemplare, die ganz weiß sind (und deren Vorkommen in freier Wildbahn noch seltener ist als das von Albinos) werden als leuzistisch bezeichnet. Die Güera war demnach also pfirsichfarben mit einem schillernden creme- und orangefarbenen Muster und gelangte in einem beklagenswerten Zustand in meine Hände. Sie war so schwach, dass ich sie zuerst künstlich ernähren musste. Später, als sie stark genug war, um ihre Beute zu umschlingen, standen kleine lebende Mäuse auf dem Speiseplan, dann mittelgroße Mäuse, und so ging es weiter, bis sie schließlich zwei ein Kilo schwere Ratten in der Woche verspeiste. Ich erinnere mich noch an die Freude, die ich empfand, als ich sah, wie sie ihre erste lebende Ratte umschlang. Es war wie jemanden zu beobachten, der nach langer Rekonvaleszenz zu alter Stärke zurückfindet. Ihre kräftigen Muskeln umhüllten das Nagetier und drückten es zusammen, bis es nicht mehr atmete.

Zu diesem Zeitpunkt sah sie wieder vollkommen gesund aus, hatte ihr Gewicht verdoppelt und war sehr aktiv; so aktiv eben, wie es bei Pythonschlangen üblich ist. Die meiste Zeit verbrachte sie in zusammengerolltem Zustand (wobei sie als Ruheort abwechselnd ihren Schlafplatz, den Bereich unterhalb der Wärmelampe und die Wasserschale auswählte), und ihr Bewegungsdrang steigerte sich mit wachsendem Appetit, was zu nächtlichen Streifzügen durch die Umgebung führte.

Da sie ausgesprochen brav war, schränkte ich die Vorsichtsmaßnahmen ein, die beim Umgang mit solch großen Lebewesen eigentlich angebracht sind – schließlich sind dreieinhalb Meter Muskeln und Schuppen durchaus beachtlich –, und dieser Vertrauensvorschuss ging nach hinten los.

Aufgrund seines wenig aggressiven Verhaltens und des allgemein pflegeleichten Umgangs und zum Teil sicher auch wegen seiner ausgesprochenen Schönheit ist der Dunkle Tigerpython oder *Python molurus* zu einer der Schlangen geworden, die am häufigsten in Gefangenschaft gehalten werden (zumindest sind sie die beim Menschen beliebtesten Riesenschlangen). Sowohl in ihrem natürlichen Verbreitungsgebiet – wo sie als Stallwächter eingesetzt werden, um Nagetiere fernzuhalten, oder auch in großen Zuchtbetrieben für die Pelzproduktion – als auch auf dem boomenden Markt für exotische Haustiere. Dieser zweite Bereich ist, wie Sie sich vorstellen können, der problematischere, vor allem in den Vereinigten Staaten und wegen der maßlosen Verantwortungslosigkeit einiger Mitglieder der menschlichen Spezies.

Wenn man sich ein wenig im Internet umschaut, stößt man schnell auf Videos aus den USA, in denen solche Python-Schlangen in Privathaushalten zum Teil frei leben und entspannt durchs Haus kriechen. Dabei geht es meist um sehr große Reptilien, von denen einige eine Länge von fünf Metern und ein Gewicht von vierzig Kilo erreichen und die gehalten werden, als wären es Hunde oder Katzen. So habe ich zum Beispiel ein fünfjähriges Mädchen gesehen, das zusammen mit ihrer »Schlangen-Freundin« vor dem Fernseher saß, oder Kinder, die neben diesen Tieren fröhlich durch den Garten liefen und mit ihnen umgingen, wie sie wollten.

Es würde mich nicht überraschen, bei genauerer Suche Aufnahmen von Babys zu finden, die auf dem Rücken dieser Tiere herumkrabbeln. (Denn obwohl versucht wurde, das Gegenteil zu beweisen, ist es so, dass wir keine angeborene Angst vor Schlangen haben; im Gegenteil würde jedes Jungtier unserer Spezies, das nicht durch religiöse Lehren beeinflusst oder von den Ängsten seiner Eltern kontaminiert wurde, genauso natürlich mit Schlangen spielen wie mit Spinnen, Würmern oder Kaninchen.)

Dabei stellt sich unweigerlich die Frage: Was, verdammt noch mal, denken sich diese Leute eigentlich? Auch wenn diese Schlangen seit Generationen in Gefangenschaft geboren werden und sich normalerweise sanftmütig verhalten, werden sie nie aufhören, Wildtiere zu sein. Sie brauchen nur eine Sekunde lang den sanft schlummernden Ruf ihres Instinkts zu hören, damit die Szene in einer Tragödie endet.

Obwohl wir dazu neigen, vom Gegenteil überzeugt zu sein, entwickeln Schlangen keine Zuneigung zu uns Menschen. Im besten Fall gewöhnen sie sich einfach an unsere Gegenwart, aber das ist weit von einer emotionalen Bindung zwischen beiden Spezies entfernt. Die Wahrheit ist, dass die Möglichkeit gleich null ist, mit Schlangen in anderer Form als durch eine angemessene Körpersprache zu kommunizieren, die verhindert, dass sie sich von unserem Eingreifen gestört fühlen.

Was mag im Gehirn einer Schlange vorgehen? Diese Frage hebt Thomas Nagels klassisches Gedankenexperiment auf eine unerreichbare Ebene, das sich damit beschäftigt, wie es auf der Grundlage der Kenntnis der physikalischen Prozesse wohl ist, eine Fledermaus zu sein – vor allem, was die Erfahrung der Echoortung angeht. Denn selbst wenn die Wissenschaft in der Lage ist, alle Informationen über das Gehirn und die anatomische Struktur von Fledermäusen (oder auch von Schlangen) zu sammeln und davon gewisse Aspekte ihrer sensorischen Prozesse abzuleiten, wird es uns niemals möglich sein, vollständig zu erschließen, wie die Erfahrung aus ihrer Perspektive aussieht.

Wie ist es, die Welt durch Echoortung zu erleben? Die Luft mit einer gespaltenen Zunge zu schmecken? Chemikalien über Antennen wahrzunehmen? Den Ozean von einem Wal-Sonar geleitet zu durchqueren oder, der Kartografie der elektrostatischen Felder folgend, durch die Luft zu fliegen?

Ohne auf forcierte Interpretationen unserer eigenen Erfahrung oder die Kunstgriffe des Anthropomorphismus zurückzugreifen, verfügen wir nicht über die nötigen Elemente, um auch nur im Ansatz zu skizzieren, wie das Gerüst anderer zoologischer Gehirne aussieht. Was sind die Beweggründe, die die Streifzüge eines Tintenfischs leiten? Welcher Art ist die Ruhe, die ein Delphin genießt, wenn er sich freiwillig mit den Giftstoffen eines Kugelfischs berauscht? Woran erinnern sich die Boas, und wie kommen ihre Erinnerungen zustande? Oder wie schon Montaigne fragte: »Wenn ich mit meiner Katze spiele, woher weiß ich, dass sie nicht mit mir spielt?«

Es war an einem Samstagmorgen, als es Zeit war, meine Schlangen zu füttern. Ich gab eine Ratte von beträchtlicher Größe in das Terrarium meines Albino-Pythons, überprüfte, dass sein pfirsichfarbener Kopf den Bewegungen des Nagetiers die nötige Aufmerksamkeit schenkte, und da er sich gerade auf der entgegengesetzten Seite des Geheges befand, machte ich mich daran, den Wasserbehälter auszuwechseln.

Eine eher dumme als gewagte Handlung meinerseits. Denn jeder Herpetologe, so amateurhaft er auch ist, weiß, dass er zum Zeitpunkt der Jagd seinen Körper außerhalb der Reichweite des Tieres belassen sollte. Dennoch steckte ich, ohne weiter darüber nachzudenken, naiverweise meine Hände ins Terrarium, um den Behälter anzuheben.

Ich war gerade mitten in der Bewegung, mit den Händen am Rand des Wasserbehälters, als ich plötzlich einen heftigen Ruck am linken Handrücken spürte. Es war ein dumpfer Schlag wie bei einer Ohrfeige. Es erwischte mich so unvorbereitet, dass ich einige Sekunden lang nicht wusste, was passiert war. So wie man sich plötzlich aufrichtet und mit dem Kopf gegen ein Bücherregal stößt.

Ich zuckte zurück, riss gleichzeitig die Arme nach oben und brach fast zusammen, als ich sah, dass die Schlange an meiner Hand hing. Oder besser gesagt, der Rest der Schlange, denn ihr Kopf steckte in meinem Handrücken, in den sie sich verbissen hatte.

Eine minimale Beugung meines Arms reichte aus, dass der fast vier Meter lange Python ihn vollständig umschloss und fest zusammendrückte.

In der typischen Benommenheit der ersten Sekunden des Schocks hatte ich Mühe, zu begreifen, was ich sah. Der zylindrische Körper der Bestie hatte meinen linken Arm von der Schulter bis zu den Fingerspitzen umwickelt.

Nun ist es eine Sache, von einer Schlange gebissen zu werden, die in einem Akt der Selbstverteidigung zuschnappt, und eine ganz andere, wenn sie in räuberischer Absicht zubeißt, denn wenn es ums Essen geht, kennt sie keine Art von Zurückhaltung.

Pythons, Boas, Anakondas und andere Würgeschlangen folgen auf der Beutejagd einem ähnlichen Verhaltensmuster. Sobald sie die Beute (mithilfe des scharfen Geruchssinns ihrer charakteristischen gespaltenen Zunge) in ihrem Wahrnehmungsfeld fixiert haben, schießen sie mit ihrem Körper wie eine Peitsche nach vorn, um sich festzubeißen. Sie packen mit ihren gezackten Zähnen zu (die, wenn man sie im Profil betrachtet, wie Angelhaken geformt sind und von denen die Pythons hundert Stück in sechs Reihen haben: vier im Oberkiefer und zwei im Unterkiefer) und werfen sich dann, den durch den Biss erzeugten Schwung nutzend, auf den Rest des Körpers, um ihn (abhängig vom Größenunterschied) so oft wie möglich oder nötig zu umschlingen.

In meinem Fall war es so, dass der Python die Ratte gerochen hatte, mit dem Blick aber der Bewegung meiner Hand gefolgt ist, um sich dann, die beiden Sinnesreize verwechselnd, als stammten sie von derselben Quelle, mit der Wildheit, wie sie nur der Reptilienhunger kennt, auf meine Physiognomie zu stürzen.

Tatsächlich töten Würgeschlangen ihre Beute nicht auf die Art, wie üblicherweise angenommen wird. Sie tun es weder durch Strangulation noch durch Zusammendrücken der Wirbel und auch nicht durch Erstickung (der wohl am weitesten verbreitete Irrtum). In Wirklichkeit hat die Todesursache meistens mit dem Blutdruck zu tun. Oder genauer gesagt, mit der Blockierung des Blutflusses des Opfers.

Man schätzt, dass die Umarmung eines Pythons einen Druck von etwa dreihundert Millimeter-Quecksilbersäule auslöst (300 mmHg sind etwa 400 mbar), was in etwa einer Kraft von einem halben Kilogramm pro Quadratzentimeter entspricht. Das mag nicht besonders beeindruckend erscheinen, wenn man bedenkt, dass Krokodile zum Beispiel mit einer Kraft von etwa zweihundertfünfzig Kilogramm pro Quadratzentimeter zubeißen und wir Menschen mit einer Kraft von zehn Kilogramm pro Quadratzentimeter – was bedeutet, dass wir in der Lage sind, etwa zwanzigmal stärker zuzubeißen als Schlangen.

Richtig angewandt, erweist sich dieser geringe Druck jedoch als sehr wirksam bei der Tötung jeder Art von Lebewesen.

Vorausgesetzt, der Angreifer ist in der Lage, zumindest zum Teil den Brustkorb seines Opfers zu umschließen, denn dann reicht ein halbes Kilo pro Quadratzentimeter aus, um mit Beutetieren fertigzuwerden, die schwerer sind als die Schlange selbst. Die Abschnürung durch den Schuppenarm sorgt dafür, dass der arterielle Druck sinkt, während der venöse Druck ansteigt und sich die Venenklappen zu schließen beginnen. Das Herz der Beute ist überfordert, und die Leistung reicht nicht mehr aus, um die verschiedenen Organe und das Gewebe mit Blut zu versorgen, woraufhin diese aufgrund von Ischämie (Blutmangel im Gewebe) und der daraus resultierenden Hypoxie (Sauerstoffmangel im Blut) kollabieren, was innerhalb weniger Minuten zu einem Organversagen führt.

Ich starrte geschockt auf die Schlange, die meinen Arm fest im Griff hatte, und dachte gerade, dass ich, was auch passierte, verhindern musste, dass sie weitere Körperteile umschlang, als ein blutiges Rinnsal aus ihren Fängen lief. Während mir die Tragweite der Situation bewusst wurde und ich verstand, dass dieses Blut von mir stammte, erkannte ich mit Schrecken, dass jeglicher Rettungsversuch meinerseits von der Schlange als Widerstand ihrer Beute verstanden werden würde, was eine noch stärkere Einschnürung zur Folge hätte.

Inzwischen machte mir stärker als der Schmerz das Gewicht der Schlange zu schaffen. Mehr als zwanzig Kilo am ausgestreckten Arm zu halten, ist keine Kleinigkeit, geschweige denn, wenn der Arm eine Beute ist. Wobei der Adrenalinausstoß mir natürlich half. Ich zwang mich, vernünftig zu sein, und ging auf der Suche nach Hilfe die Treppe hinauf.

Ich erreichte das obere Stockwerk, stolperte ins Büro und

danach ins Schlafzimmer meiner Mutter, wo ich jedoch niemanden antraf. Dann nahm ich das Rauschen der Dusche am Ende des Flurs wahr. Als ich näher kam, hörte ich durch die Tür die Stimme meiner Mutter und die von Álvaro, ihrem neuen Lebensgefährten, der seit einigen Monaten bei uns wohnte. Super Timing!, dachte ich, während ich auf die Geräusche des frisch verliebten Paars im Bad lauschte und die Güera betrachtete, die meinen Arm malträtierte.

Für einen Moment wusste ich nicht, was ich tun sollte. War es angebracht, die Intimität unter der Dusche zu stören? War es wirklich nötig, das morgendliche Ritual im Badezimmer zu unterbrechen und mich der mütterlichen Blöße zu stellen? Lohnte es sich, in diesen freudschen Abgrund zu springen, um meinen Arm zu retten? Ich blieb noch ein paar Sekunden unentschlossen vor der Tür stehen, doch die vier Meter lange Schlange an meinem Arm besiegte jegliche Scham, und meine psychoanalytischen Fragen traten in den Hintergrund.

Ich riss die Tür auf und wurde von einer warmen Dampfwolke und erschrockenen Schreien empfangen.

Als meine Mutter sich von dem Schrecken erholt hatte, dass ihr jugendlicher Sohn es wagte, das Bad zu betreten, während sie sich mit ihrem Liebsten unter der Dusche vergnügte, wurde ihr bewusst, dass es sich um einen Notfall handelte. Ich glaube, ich habe niemals einen eindrücklicheren Ausdruck des Schreckens gesehen als den, der sich in diesem Moment auf ihrem Gesicht zeigte. In einer Mischung aus Panik und Entschiedenheit sprang meine Mutter hinter dem Duschvorhang hervor und griff nach einer Schere.

»Ich töte sie!«, erklärte sie, schwang die Schere hoch und trat entschieden auf mich zu.

Ich flehte sie an, dies nicht zu tun, appellierte an ihr Mitleid und versuchte ihr klarzumachen, dass die Schlange mich unabsichtlich gebissen hatte, dass es sich nur um eine Verwechslung handelte. Dass es meine Schuld war und nicht die des Tieres.

Natürlich reichten meine Erläuterungen nicht aus, um die Kampfbereitschaft derjenigen, die mich auf die Welt gebracht und aufgezogen hatte, zu mildern, aber sie zögerten den Gegenangriff eine Sekunde heraus. Und diese kurze Pause hat mich möglicherweise vor der Einarmigkeit bewahrt, denn es ist längst nicht so leicht, einen vier Meter langen Python zu erstechen, wie es scheinen mag. Tatsächlich handelt es sich dabei um eine beinah unmögliche Herausforderung. Wer weiß, wie das Monstrum auf die Bedrohung reagiert hätte?

Nachdem wir eine Weile überlegt hatten, beschlossen wir, dass die effektivste Strategie, um meinen Arm zu befreien, darin bestand, die Stoffwechselaktivität der Güera zu senken, indem wir sie unter der Dusche einem eiskalten Wasserstrahl aussetzten.

Nach und nach ließ die Abschnürung nach. Meine Angreiferin wurde sich der Tatsache bewusst, dass ich letztendlich doch nicht ihr Futter war, und verringerte den Druck. Vorsichtig wickelten wir das vier Meter lange Tier von meinem Arm ab. Álvaro half mit bemerkenswertem Geschick und verblüffender Gelassenheit angesichts des unvorhergesehenen Ereignisses, das die morgendliche Ruhe gestört hatte. Stoisch bewältigte der Philosoph-Mathematiker-Maler die sicherlich größte Herausforderung, die er je mit dem Nachwuchs seiner Partnerinnen erlebt hatte, und assistierte, ohne seinen Gleichmut zu verlieren, dabei, meinen Arm Zentimeter für Zentimeter zu befreien.

Wirklich problematisch wurde es, als wir den Kopf erreichten, der in meiner Hand feststeckte. Denn obwohl die Güera versuchte zu kooperieren, waren ihre Zähne fest in meinem Fleisch verankert. Und da diese Zähne hakenförmig sind, reicht es nicht aus, den Kopf entgegen der Bissrichtung zu ziehen. Ganz im Gegenteil erreicht man damit nur, das Gewebe komplett zu zerreißen. Am besten ist es, die Kiefer nach vorn und damit etwas tiefer in die Wunde zu drücken, bevor man versucht, sie zu entfernen, was, wie ich bestätigen kann, eine Folter ist.

Mit viel Geduld und mithilfe einer zum Hebel umfunktionierten Zahnbürste gelang es uns, den Kiefer der Schlange wegzuziehen, ohne meine Faust in zerfetztes Fleisch zu verwandeln. Auf dem Handrücken war der Bissabdruck des Tieres zu sehen: Dutzende stark blutende Löcher und ein paar Zähne, die die Schlange verloren hatte. In diesem Moment wurden sich sowohl meine Mutter als auch Álvaro ihrer Nacktheit bewusst und beeilten sich, ihre Blöße zu bedecken.

Nachdem die Krise überstanden war, fiel der Schleier der Irrealität, der unsere Leben in den letzten Minuten eingehüllt hatte. Die Scham stellte sich als Grundzustand menschlicher Beziehungen wieder ein, und der Ausdruck der Panik in unseren Gesichtern verwandelte sich in Verlegenheit.

Offensichtlich hatte der Neuzugang im Kreis unserer Familie seinen Initiationsritus bestanden. Denn Álvaro war nicht nur gezwungen gewesen, sich vor dem inquisitorischen Blick der Pubertät zu entblößen, sondern auch, in einer Szene, die einer Kurzgeschichte Horacio Quirogas hätte entstammen können, aktiv mitzuwirken.

Ich brachte den Python zurück in sein Terrarium. Die Ratte, der meine Dummheit das Leben gerettet hatte, lief fröhlich durchs Wohnzimmer. Meine Mutter desinfizierte meine Wunde, vergewisserte sich, dass nichts gebrochen war, und bestand darauf, einen Arzt zu rufen. Was angesichts dessen, dass Pythons keine Giftschlangen sind, nicht wirklich nötig war. Doch da es sich um einen nicht unerheblichen Vorfall handelte, wurde beschlossen, einen Spezialisten zu konsultieren.

»Ja, richtig, Herr Doktor, er wurde von einer Schlange gebissen«, hörte ich meine Mutter am Telefon sagen.

»Nein, keine Viper, ein ziemlich großer Python«, erklärte sie.

»Nein, die sind nicht giftig, sondern harmlos. Na ja, mehr oder weniger«, sagte meine Mutter mit einem vorwurfsvollen Blick in meine Richtung.

»Nein, Herr Doktor, er hat sie nicht gefunden. Die Schlange lebt hier bei uns im Haus.«

Am Ende war der Arzt verstörter als wir. In den folgenden Monaten rief er noch mehrmals an, um sich nach meinem Gesundheitszustand zu erkundigen. Es dauerte sechs Jahre, bis mein Handrücken vollständig verheilt war und ich darauf wieder etwas spüren konnte. Ich weiß nicht, ob das daran lag, dass der Python meine Nerven verletzt hat oder an irgendwelchen Proteasen in seinem Speichel. In jedem Fall achtete ich fortan darauf, vorsichtiger zu sein, zumindest im Umgang mit größeren Tieren. Und auch wenn ich noch zahlreiche Bisse von unterschiedlichen Reptilien einstecken musste, wurde ich niemals mehr das Opfer eines Beute jagenden Raubtiers.

Doch weit schlimmer als die seltenen Tragödien in Haushalten, wo Riesenschlangen wie konventionelle Haustiere gehalten werden, ist das, was in den letzten zwei Jahrzehnten an Orten wie zum Beispiel in Florida passiert ist. Dort gibt es derzeit eine invasive Population von Dunklen Tigerpythons, die in die Zehntausende geht und eine wahre Umweltkatastrophe darstellt.

Nach Schätzungen des World Wildlife Fund for Nature (WWF) sind invasive gebietsfremde Tierarten die zweithäufigste Ursache für den weltweiten Verlust der Biodiversität (nach der Zerstörung von Lebensräumen). Feuerfische in der Karibik, Papageien in Europa, Kaninchen und Kröten in Australien, Ziegen auf den Galapagosinseln, Schweine auf den Bahamas, Ratten und Katzen in praktisch allen Ecken der Welt, in denen Tiere in freier Wildbahn leben. Jedes dieser Beispiele stellt einen lebendigen Albtraum für die einheimischen Arten dar.

Vielleicht wurden die ersten Schlangen von unvernünftigen Menschen freigelassen, als die Jungtiere, die sie in der Zoohandlung als Haustiere gekauft hatten, immer größer wurden und sie keine bessere Idee hatten, als sie in der freien Natur auszusetzen. Oder der sogenannte »Nemo-Effekt« war schuld, wie der Impuls genannt wird, Tiere wegen des plötzlichen schlechten Gewissens, sie eingesperrt zu haben, einfach auszuwildern. Jedenfalls haben die in Südostasien beheimateten Schlangen in Florida einen Garten Eden gefunden, in dem sie sich sehr wohlfühlen.

Ohne natürliche Feinde, ohne Parasiten und Krankheitserreger, ganz zu schweigen von dem herrlichen Klima und der großen Auswahl an Beutetieren, breitete sich die Population rasend schnell aus und gelangte schon bald an die Spitze der Nahrungskette, da sie sogar die Mississippi-Alligatoren fressen. Und alle Anzeichen sprechen dafür, dass trotz entschlossener Bemühungen zur Eindämmung der Plage (zu denen unter anderen surrealen Praktiken auch Wettbewerbe wie die sogenannte »Python Challenge« zählen, bei der Unerschrockene gemeinsam auf die Jagd gehen und die Beute pro Meter bezahlt wird) die Eindringlinge gekommen sind, um zu bleiben. Was die gelegentlichen Fälle angeht, in denen Riesenschlangen Menschen angreifen, um sie zu verspeisen, gilt es klarzustellen, dass dies in unseren Zeiten nur selten vorkommt, obwohl die größten Weibchen gewisser Arten – genauer gesagt die Große Anakonda (die schwerste Schlange der Welt, die ein Gewicht von mehr als hundert Kilo erreichen kann) und der Netzpython (die längste Schlange, die bis zu sieben Meter lang werden kann) – absolut in der Lage wären, eine Person von durchschnittlicher Größe zu verschlingen.

Wenn überhaupt, wurden in den letzten Jahrzehnten ein paar tragische Begegnungen in den Tiefen des Amazonas-Regenwalds und auf einigen indonesischen und philippinischen Inseln dokumentiert. Diese ereigneten sich in der Regel in abgelegenen Gebieten des Dschungels und wurden entdeckt, nachdem die verdächtige Schlange gefangen wurde. Erst nach der Öffnung des toten Tiers wurde das Opfer gefunden, das sich im Verdauungsprozess befand. (Wobei nicht festzustellen war, ob es tatsächlich gejagt und getötet oder erst gefressen wurde, als es bereits tot war.)

Für unsere Vorfahren mag die Sache allerdings anders gewesen sein, wie das Zeugnis einer der letzten überlebenden Stämme von Jägern und Sammlern, der Agta in den Philippinischen Regenwäldern, vermuten lässt. Die Agta, zu denen etwa sechshundert Personen zählen, sind von kleiner Statur, werden in der Regel nicht größer als anderthalb Meter und sind selten schwerer als fünfundvierzig Kilo. Aus ihrer Erfahrung – etwa sechsundzwanzig Prozent von ihnen wurden von Netzpythons auf Nahrungssuche angegriffen – kann man schließen, dass für den Homo sapiens von einst Riesenschlangen eine weitere der alltäglichen Schwierigkeiten darstellten – ein Raubtier mehr unter den vielen, vor denen er sich in Acht nehmen musste.

Natürlich kommt es immer seltener vor, dass ein Agta einem Angriff dieser wilden Tiere zum Opfer fällt. Zum einen weil sie jetzt Macheten und Gewehre haben, um sich zu verteidigen, aber auch weil es jeden Tag unwahrscheinlicher wird, auf einen dieser Riesen in freier Wildbahn zu treffen, nicht nur auf den Philippinen, sondern überall auf dem Planeten. Wenn Schlangen im Allgemeinen schon gefährdet sind, so sind die Riesenschlangen ganz besonders vom Aussterben bedroht, da sie kaum eine Chance haben, lange genug zu leben, um ihre kolossalen Dimensionen zu erreichen, ohne vorher auf die kriegerische Hand des sprechenden Affen zu stoßen.

Ein paar Monate später, als die Wunde an meiner Hand zu vernarben begann, traf ich auf Jerónimo, jenen seltsamen Menschen, der bei der Ausübung meines Lasters mein Komplize werden sollte. Dabei handelte es sich um eine weitere jener Begegnungen, die sich als entscheidend erweisen sollten und mir zuweilen den beunruhigenden Eindruck vermitteln, dass die Welt – oder zumindest Mexiko-Stadt – ein viel kleinerer Ort ist, als es den Anschein hat. Denn wie lässt sich sonst erklären, dass sich in diesem urbanen Monstrum, in dem sich tagsüber mehr als zwanzig Millionen Menschen aufhalten, Ende der späten 1990er-Jahre die Wege der einzigen beiden Fünfzehnjährigen kreuzten, die in der Lage waren, die wissenschaftlichen Bezeichnungen sämtlicher Angehöriger der Familie der *Pythonidae* auswendig aufzuzählen.

Wie im Fall von Ana Luisa manifestierte sich der Höhepunkt des Zufalls in einer Tierhandlung in Coyoacán, die ich früher häufig aufsuchte, weil es dort die Zeitschriften *Reptiles* und *The Vivarium* gab, die ich mit Begeisterung gelesen habe. Außerdem hatte ich mich mit der Verkäuferin angefreundet, mit der ich mich regelmäßig unterhielt, um mir die Nachmittagsstunden zu vertreiben.

Ich erinnere mich noch, dass ich, über den gläsernen Verkaufstresen gebeugt, in einer der Zeitschriften blätterte, als die Verkäuferin ans Telefon ging und nach einer kurzen Pause genervt in den Hörer sprach: »Nein, Junge, ich hab dir ja schon gesagt, dass wir solche Tiere nicht verkaufen … Nein, ich glaube nicht, dass wir in nächster Zeit welche bekommen … Ja, Ratten schon, die kann ich besorgen. Wie viele brauchst du?«

Nachdem die Verkäuferin den Hörer aufgelegt hatte, notierte sie etwas auf einem Blatt Papier. Dann erzählte sie mir, dass dieser Junge seit Monaten mindestens einmal pro Woche anrief, weil er unbedingt irgendwelche Reptilien haben wollte, und ihr maßlos auf den Zeiger ging. Sie schüttelte ratlos den Kopf, bis ihr schließlich ein erhellender Gedanke kam und sie mich fragte, ob sie ihm meine Nummer geben dürfe. Ich nickte. Sie seufzte erleichtert, als sei ihr eine riesige Last von den Schultern genommen, und teilte mir mit, dass der Junge Jerónimo heiße.

Wenige Tage später rief er an, und wir vereinbarten, dass er gegen Ende der Woche bei mir vorbeikommen würde. Als ich die Haustür öffnete (wir lebten in einer Wohnanlage mit etwa sechs Häusern im Zentrum von Coyoacán), sah ich mich einem kräftigen, bleichen Jungen gegenüber. Das lange Haar hing ihm über die Schultern, er trug einen abgewetzten grauen Trenchcoat (obwohl es halb fünf Uhr nachmittags an einem sonnigen Tag war), und vor seiner Brust hing eine Videokamera. Mir kam sofort der Gedanke, dass er verrückt sein musste.

Mit der Zeit würde ich herausfinden, dass es sich dabei um zwei Markenzeichen handelte, die untrennbar mit seiner Person verbunden waren: seine ungewöhnliche Kleidung (die immer äußerst vernachlässigt war) und seine Videokamera, eine Leidenschaft, die er von seinem Vater geerbt hatte, der seinen Lebensunterhalt mit dem Drehen von Naturdokumentationen verdiente.

Als ich meinen exzentrischen Besucher durch mein kleines lebendes Museum führte, wurde deutlich, dass sein Wissen über die Herpetofauna noch umfangreicher war, als ich gedacht hatte. Während ich über die Herausforderungen und Techniken sprach, die mit der Pflege der Tiere verbunden waren, ging er auf die Biogeografie und die Evolutionsgeschichte ein. Mit anderen Worten: Ich beschränkte mich auf die Besonderheiten der Individuen, während er in der Lage war, die allgemeinen Prozesse zu beschreiben, die dazu geführt hatten, dass diese Spezies existierten.

»Du weißt ja, dass Reptilien und Amphibien nicht wirklich miteinander verwandt sind«, sagte er und offenbarte mir, dass die Herpetologie eine recht heikle Disziplin war, wenn es um phylogenetische Beziehungen ging. »Es ist sogar so, dass die Reptilien als Gruppe gar nicht existieren. Die Krokodile stehen den Vögeln und Dinosauriern näher als den Eidechsen und Schildkröten, aber wir bestehen darauf, sie zusammen zu klassifizieren«, sagte er. Damit sprach er etwas an, was ich noch nie bedacht hatte, nämlich dass wir die Natur in unsere bescheidenen taxonomischen Kategorien zwingen, indem wir versuchen, die Lebewesen in unsere voreingenommenen Vorstellungen und Skizzen von künstlichen Gemeinschaften einzupassen.

Den Rest des Nachmittags verbrachten wir damit, die Schlangen im Garten zu füttern, damit Jerónimo sie besser filmen konnte. Die großen Pythons ließ ich allerdings nicht frei, denn der Unfall mit der Güera war mir noch zu frisch in Erinnerung, um das Schicksal erneut durch ein Spiel mit dem reptilischen Feuer herauszufordern.

Ich muss zugeben, dass die Schlangen durchaus bemüht waren, sich vor der Kamera zu präsentieren. Die Boa schnappte sogar ein paarmal nach der Kamera, was Jerónimo derart überraschte, dass er in die dornigen Äste des Zitronenbaums fiel. Zugegebenermaßen bereitete es mir ein heimliches Vergnügen, dass der Junge mit dem seltsamen Aussehen und dem beneidenswerten biologischen Wissen derart ins Stolpern geriet. Ich war zwar nicht unbedingt der Meinung, dass wir uns in einem Konkurrenzkampf befanden, nahm diese Unsicherheit aber als Zeichen der Ebenbürtigkeit.

In jedem Fall stand am Ende des Besuches eines fest: Jerónimo und ich würden dicke Freunde werden (und auch wenn wir es damals noch nicht wussten, Kommilitonen an der Wissenschaftlichen Fakultät der UNAM). Ich war sogar bereit, ihm eine meiner Schlangen zu verkaufen. Und das ist etwas, was ich nur wenige Male in meinem Leben getan habe.

Im Nachhinein habe ich den Eindruck, dass der Angriff der Güera eine gewisse symbolische Bedeutung hatte. Denn man darf nicht vergessen, dass Einzelkinder die Behausung ihrer alleinerziehenden Mütter generell argwöhnisch bewachen und mögliche Verehrer immer ein Quell des Misstrauens sind.

Könnte der Angriff der Schlange möglicherweise als ein übertriebenes pubertäres Manöver gedeutet werden, um meine besitzergreifende Ablehnung auszudrücken? Ein verzweifelter Akt meinerseits, um zu verhindern, dass das Gleichgewicht im Nest durch die Ankunft eines neuen Anwärters auf die Aufmerksamkeit des Alphaweibchens gestört wird?

Zweifellos wäre dies ein reizvolles Thema für jeden Psychoanalytiker. Ich frage mich, welche wilden Theorien ein treuer Anhänger der freudschen Schule daraus entwickeln würde. Wahrscheinlich wären sie nicht allzu schmeichelhaft für mich.

Aber das ginge wahrscheinlich zu weit. Ich gebe zu, dass ich in dieser Phase meines Lebens ziemlich unerträglich war. Möglicherweise etwas verwöhnt. Jähzornig auf jeden Fall. Aber nicht so geistesgestört, dass ich, um die Exklusivität der mütterlichen Aufmerksamkeit zu verteidigen, freiwillig meinen Arm geopfert hätte. Es war reiner Zufall, dass sich Ödipus in Form einer außer Kontrolle geratenen Albinobestie manifestierte, und das genau zu dem Zeitpunkt, als sich das junge Paar im Bad befand. Auf jeden Fall kann man das Ereignis als Schocktherapie für alle Beteiligten bezeichnen.

Aber eine Sache war zumindest klar: Dass Álvaro nach diesem Vorfall nicht beschloss, die Flucht zu ergreifen, bedeutete, dass seine Absichten aufrichtig waren und er den Platz im Bett meiner Mutter verdiente.

Unnötig zu erwähnen, dass meine Mutter und er immer noch zusammen sind.

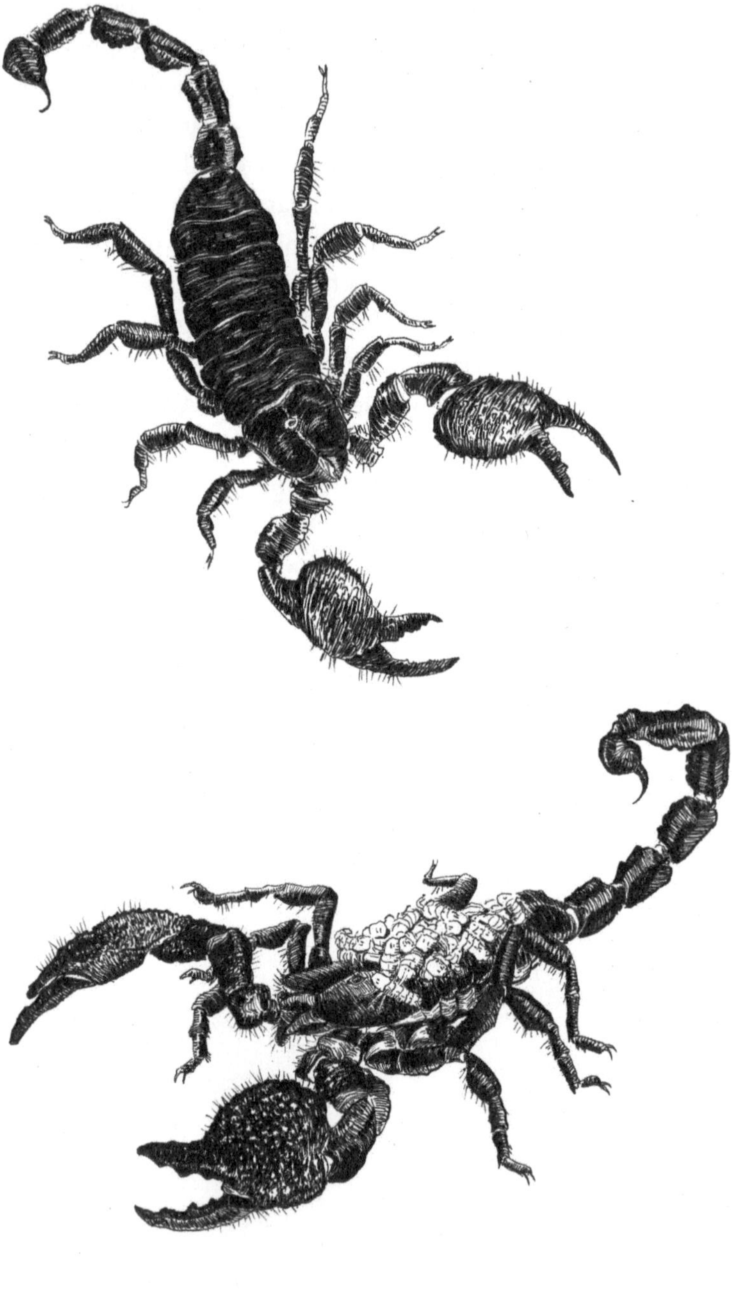

Kaiserskorpion, *Pandinus imperator*

Nichts reißt meine Zunft nachdrücklicher aus ihrer Passivität als die Anwesenheit eines Skorpions mit seiner entschlossenen, fast hochmütigen Art der Fortbewegung. Biomechanik in all ihrer Pracht. Sein stets aufgerichteter und einsatzbereiter Stachel verspricht Leichtsinnigen und Unvorsichtigen Höllenqualen. Seine Scheren verleihen ihm fingerähnliche Eigenschaften, und sein eingerollter Schwanz erinnert an eine Fibonacci-Spirale. Sie sind wirbellose Folterinstrumente. Kleine Gladiatoren mit segmentierter Bewaffnung. Kein anderes Spinnentier kann sich eines so fein gearbeiteten Exoskeletts und einer so bedrohlichen Erscheinung rühmen. Nur etwa vierzig Skorpionarten auf der Welt sind für den Menschen wirklich tödlich, aber diese reichen aus, um jede ungeplante Begegnung mit ihrer Art zu fürchten. Beharrliche Protagonisten mittelalterlicher Bestiarien, poetische Bilder und vom Unglück gezeichnete Erzählpassagen. Götter der antiken Welt. Kreaturen der Mythologie und des Tierkreises. Emblematische Konstellation am himmlischen Gewölbe. Woran kein Zweifel besteht, ist, dass sie ihren kaiserlichen Titel mit einer feierlichen Anmut tragen.

Steckbrief 3

Klasse: *Arachnida* **Ordnung:** *Scorpiones* **Familie:** *Scorpionidae* **Gattung:** *Pandinus*

Verbreitung: Weit verbreitete Bewohner der Wälder und Savannen Westafrikas, zum Beispiel im Kongo, im Senegal, in Sierra Leone, Gabun, der Elfenbeinküste, Ghana, Guinea, Nigeria und Togo.

Status: Unter anderem wegen ihrer Beliebtheit auf dem Heimtiermarkt ist ihre Wildpopulation stark dezimiert worden, und die Art ist in Anhang II des Washingtoner Artenschutzabkommens CITES aufgeführt.

Ernährung: Sie sind reine Fleischfresser und jagen hauptsächlich Insekten und andere Spinnentiere. Größere Exemplare fressen auch Reptilien und kleine Säugetiere.

Aussehen: Sie sind eindrucksvolle, plumpe und kräftige Organismen, ihre glänzende schwarze Farbe verleiht ihnen ein metallisches Aussehen. Zusätzlich zu ihrem beeindruckenden Stachel verfügen sie über mächtige Scheren.

Größe: Sie gehören zu den größten Vertretern der Gruppe der Skorpione und erreichen eine Länge von bis zu 20 cm und ein Gewicht von etwa 30 g, wobei die durchschnittliche Länge bei 12 bis 18 cm liegt.

Lebenserwartung: In freier Wildbahn werden sie etwa 5 bis 8 Jahre alt, in Gefangenschaft liegt der Rekord bei etwa 10 Jahren.

Diorama 3: Cupido in Spinnengestalt

Das schönste Geschenk – um nicht zu sagen das einzige –, das ich an einem 14. Februar je erhalten habe, bekam ich mit neunzehn Jahren. Tatsächlich war meine Begeisterung für dieses tellurische Datum des globalen Marketings schon immer gering. Es ist sogar so, dass ich diesen aufgezwungenen jährlichen »Tag der Liebe und der Freundschaft« eher ablehne. Daher war die Überraschung groß, als ich am Valentinstag zur Wissenschaftlichen Fakultät der UNAM kam (wo ich im zweiten Semester Biologie studierte) und meine damalige Freundin Ana Cristina mich mit einem Schuhkarton in den Händen erwartete.

Ich nahm den Karton verwirrt und ein wenig misstrauisch entgegen. Eigentlich teilte sie meine Meinung über den eben erwähnten Tag, sodass ich annahm, dass es sich um einen Scherz handelte. Und die erwartungsvolle Unruhe, die ihr anzumerken war, schien meinen Verdacht zu bestätigen.

Ich stellte fest, dass sich im Deckel des Kartons kleine Löcher befanden, woraus ich schloss, dass er ein lebendes Wesen enthielt. Doch als ich mich eifrig anschickte, das Paket zu öffnen, hielt ein plötzlicher Schrei Ana Cristinas mich zurück:

»Pass auf, Junge! Lass dich nicht stechen.«

In diesem Moment fiel mir auf, dass aus einem der Löcher ein schwarzes Beinchen herausschaute. Es war lang und spitz. Ich berührte es mit der Fingerkuppe, und die Textur fühlte sich metallisch an (wie geglühter Draht). Ich zog ein wenig an dem

Bein und war erstaunt über seine Härte und den Widerstand, den es leistete.

Mit deutlich mehr Vorsicht und zunehmender Neugierde machte ich mich erneut daran, den Deckel abzunehmen. Ich hatte die unterschiedlichsten Bilder vor Augen, wie der Besitzer dieser Extremität wohl aussehen könnte. Dabei war ich mir sicher, dass es sich um irgendeinen Gliederfüßer handeln musste, aber welches Insekt konnte so wehrhafte Beine haben? Ein Krebs vielleicht …

Mit größter Umsicht öffnete ich den Karton. Doch als ich die Bewohner sah, war mein erster Reflex, ihn sofort wieder zu schließen, und ich musste mich zusammenreißen, um den Karton nicht auf den Boden fallen zu lassen. Denn es handelte sich um zwei riesige, glänzende schwarze Spinnentiere. Zweifellos waren es die größten Skorpione, die ich je gesehen hatte. Sie wirkten wie aus Obsidian gemacht, zwei Stücke vulkanischen Gesteinglases aus der ägyptischen Unterwelt.

»Das sind Kaiserskorpione«, sagte Ana Cristina.

Als mein Verstand die glänzenden Konturen analysierte und die Informationen verarbeitete, dachte ich, dass sie mich auch an Alien oder eine andere düstere Erfindung von H. R. Giger erinnerten.

»Und sie sind ein Paar«, fügte meine Freundin hinzu.

Vielleicht können nicht viele Menschen die emotionale Reaktion nachvollziehen, die dies in mir auslöste, aber für mich war es das romantischste Geschenk überhaupt.

»Warte ab, bis du sie im Schwarzlicht siehst, du wirst sterben«, meinte Ana Cristina und überreichte mir einen weiteren Teil des Geschenks, eine Leuchtstofflampe mit einer dunkelvioletten Röhre.

Obwohl ich mir der psychedelischen Herrlichkeit des

Schwarzlichts durchaus bewusst war – schließlich besuchten wir zu jener Zeit häufig Festivals für elektronische Musik, wo Fluoreszenz-Displays alltäglich waren –, muss ich zugeben, dass ich seinen Einsatz in diesem Kontext eher beunruhigend empfand.

Natürlich sind wir nicht zur Vorlesung gegangen, sondern so schnell wie möglich nach Hause gerannt, um die neuen Familienmitglieder dort willkommen zu heißen. Wir wählten unter dem Stapel an Terrarien, die auf der Terrasse lagerten, eines mit einer Länge von einem Meter achtzig aus und füllten es mit Sand, Steinen und trockenen Ästen, um die wirbellosen Tiere dann darin freizulassen.

Die Skorpione begannen mit erhobenem Stachel die Umgebung zu erkunden. Erst da fiel mir auf, wie groß sie mit ihren locker zwölf Zentimetern Länge wirklich waren. Sie waren in etwa genauso lang und breit wie die Fernbedienung des Fernsehers. Ihre Dimensionen entsprachen eher denen der Familie der Flusskrebse und nicht der Klasse der Spinnentiere. Unnötig zu sagen, dass sie mit ihren Scheren, die so dick wie Pfirsichkerne waren, und mit ihrem Hinterleib, den sie wie eine Peitsche drohend über ihren Körper erhoben, einen äußerst einschüchternden Anblick boten.

»Sollen wir sie rausnehmen?«, fragte Ana Cristina aufgeregt.

»Warten wir lieber, bis sie sich ein bisschen beruhigt haben. Sicher sind sie nach der ganzen Unruhe ziemlich gestresst«, antwortete ich in dem Bemühen, mir die Angst nicht anmerken zu lassen, die sie mir einjagten.

Etwa ein Jahr nach dem Zwischenfall mit der Güera waren wir umgezogen. Wie zu erwarten war, kam Álvaro, um zu bleiben, sodass die Familie neben der wachsenden Zahl von Tieren, die bei uns lebten, nun aus vier Personen bestand (da auch Lety bei uns wohnte, die Hausangestellte, die seit ein paar Jahren für uns arbeitete und genau wie Álvaro beschlossen hatte, sich von dem Zoo nicht vertreiben zu lassen).

Der Hauptgrund für den Umzug war verständlicherweise, dass wir mehr Platz brauchten, und dass wir es uns leisten konnten, verdankten wir El Güero – dem älteren Bruder meiner Mutter –, der kurz zuvor verstorben war, und der Erbschaft, die er seinen Schwestern vermacht hatte. Jedoch habe ich den Eindruck, dass auch die Reibereien mit den Nachbarn keine geringe Rolle dabei spielten, dass wir die Wohnanlage im Zentrum von Coyoacán verließen.

Denn obwohl es sich um eine hübsche Wohnanlage mit wenigen Häusern und vielen Bäumen handelte, gab es unter den wenigen Bewohnern oft Anlass für Streit. In den meisten Fällen lag das an uns, da es wohl nicht so angenehm war, das Grundstück an der Calle Higuera 21 BIS mit meinen Tieren und mir zu teilen.

Zum einen war da das große Terrarium, in dem meine Pythonschlangen lebten und das direkt vor unserem Haus stand. Da es das erste der Anlage war und direkt neben dem Parkplatz lag, waren die anderen Bewohner und ihre Besucher gezwungen, an dem Terrarium vorbeizugehen. Das war an normalen Tagen meiner Meinung nach absolut zumutbar – außer natürlich für Menschen, die an einer Schlangenphobie litten, oder für jeden respektablen Bürger, der der Ansicht war, dass zwei Schlangen mit einer Länge von mehr als drei Metern keine angemessenen Haustiere für einen Jugendlichen waren. Doch an den Tagen der Fütterung nahm die Sache durchaus unappetitliche Züge an, vor allem, wenn Kaninchen oder Hühner auf dem Speiseplan standen (Tiere, für die Primaten üblicherweise eine größere Empathie empfinden – zumindest in lebendem Zustand und nicht auf dem Teller – als für die Ratten, die das übliche Menü bildeten).

Und neben dem allgegenwärtigen Anblick der Pythons gab es noch andere Gewohnheiten in meinem Leben, die für das Zusammenleben mit fremden Menschen eher problematisch waren. Zum Beispiel, dass ich mich nicht davon abhalten ließ, auf dem Parkplatz der Wohnanlage Basketball zu spielen, wobei die geheiligten Autos der anderen Bewohner schon mal vom Ball getroffen wurden. Oder dass ich ständig Pflanzen, Erde und Steine aus dem gemeinsamen Garten stahl, um die Behausungen meiner Tiere auszustatten. Ganz zu schweigen von der gelegentlichen Flucht einiger meiner Prachtexemplare.

Ich erinnere mich noch gut an die Gelegenheit, als mein Frosch Goliat – den ich in der naiven Überzeugung aus dem Teich mit den Axolotl befreit hatte, dass er auf unserem Teil des Grundstücks bleiben würde – im Wasserspeicher unseres Nachbarn in Haus zwei schwamm.

Wie sein wissenschaftlicher Name, *Conraua goliath*, ahnen lässt, waren die Proportionen des betreffenden Froschlurchs beträchtlich. Auch wenn er seine endgültigen Ausmaße noch nicht erreicht hatte (eine Länge von bis zu zweiunddreißig Zentimetern, neben einem Gewicht von drei Kilo), war er bereits so groß wie eine Papaya. Und dieser afrikanische Riesenfrosch hat es nicht nur geschafft, den zwei Meter hohen Zaun zu überwinden, der seinen eigenen Teich umgab, sondern ihm fiel nichts Besseres ein, als seine neu gewonnene Freiheit dafür zu nutzen, in den unterirdischen Wasserspeicher von Señor Grajales zu springen (der ausgerechnet der Vater des Nachbarmädchens war, das mir gefiel) und damit Hunderte Liter der kostbaren Flüssigkeit zu gefährden.

Für jemanden, der mit den Besonderheiten des Lebens in Mexiko-Stadt nicht vertraut ist, sind die Folgen eines solchen Verstoßes vielleicht nicht ganz so offensichtlich. Allerdings ist es so, dass in dieser Großstadt, die einst ein Becken mit fünf großen Seen war, in das fünfundvierzig Flüsse mündeten, und der der Monsun sintflutartige Regenfälle beschert, das Wasser knapp ist. Das mag paradox erscheinen, aber die Bewohner sind an regelmäßige Phasen gewohnt, in denen es an fließendem Wasser mangelt, während die Straßen vom Regen überschwemmt werden. Mit anderen Worten, die Versorgung mit der kostbaren Flüssigkeit durch die Regierung ist nicht garantiert, und jeglicher Zugriff auf die Wasservorräte eines anderen stellt ein Vergehen dar, das gerichtliche Konsequenzen mit sich bringen kann. Zum Glück war Señor Grajales einer unserer Verbündeten in der Wohnanlage, sodass der Zwischenfall mit der Amphibie – um nicht zu sagen die Nachlässigkeit des pubertären Jugendlichen, der auf das Tier achten sollte – nicht eskalierte.

Ich weiß nicht, ob der Vorfall mit dem Goliathfrosch das Ereignis, das schließlich zu unserem Auszug aus der Wohnanlage führte, zusätzlich anheizte. Vielleicht aktivierte der heimliche Tauchgang in der Zisterne von Señor Grajales die Neuronen unserer Gegner. Wer weiß das schon. Was ich aber versichern kann, ist, dass ein paar Monate später das Wasser in unserem Haus plötzlich von einer seltsamen Textur war. Es war auf einmal leicht schleimig, sodass es beim Duschen beinah kleben blieb.

Wir vermuteten, dass sich im Wassertank Schlick angesammelt hatte, doch als wir auf die Dachterrasse hinaufgingen, um dies zu überprüfen, war nichts Derartiges zu finden. Was seltsam war, weil die Sache immer schlimmer wurde. Inzwischen war zu der seltsamen Konsistenz des Wassers noch ein übler Geruch hinzugekommen.

Diese Situation hielt noch zwei, drei Tage an, bis wir auf die Idee kamen, mal an der Zisterne nachzusehen. Dabei stellte meine Mutter fest, dass das Vorhängeschloss aufgebrochen worden war. Als wir daraufhin den Deckel entfernten, löste sich das Rätsel in einer Wolke an üblem Gestank, denn in unserem Trinkwassertank schwamm der verwesende Kadaver des Hundes, der der Eigentümerin der Wohnanlage gehörte. Zugegebenermaßen handelte es sich dabei um ein hässliches und launisches Tier, einen Pudel mit vorstehendem Unterkiefer, der es auf kleine Kinder abgesehen hatte, es aber dennoch nicht verdiente, auf diese Art zu enden.

Zum ersten Mal in meinem Leben gab es stichhaltige Gründe, meiner Mutter vorzuwerfen, dass sie mich zwang, mir dreimal am Tag die Zähne zu putzen. Immerhin hatten wir uns die Münder mit den Ausflüssen eines sich zersetzenden Hundes gespült. Natürlich kann man darüber streiten, was schlimmer ist: die Körperflüssigkeiten eines Rassehundes oder die eines Riesenfroschs. Woran jedoch kein Zweifel bestand, war die Tatsache, dass wir diese Wohnanlage so schnell wie möglich verlassen mussten.

All diese Anzeichen wurden zusätzlich noch durch das exponentielle Wachstum meiner Sammlung an räuberischem Getier verstärkt, die proportional zu meiner zunehmenden Geschicklichkeit bei der Haltung auf schwindelerregende Weise angestiegen war. Denn diese brachte nicht nur mit sich, dass sich die Lebenszeit der Organismen deutlich verlängerte, sondern auch, dass sie sich in nicht wenigen Fällen auffällig vermehrten.

Jedenfalls war mein kleiner improvisierter Zoo gar nicht mehr so klein, und in unserer neuen Residenz stand meinen

Tieren ein eigenes Zimmer zur Verfügung. »Das Reptilienzimmer«, wie wir den Raum nannten, wobei er in Wahrheit genauso viele Wirbellose und Amphibien beherbergte wie Angehörige der Klasse der *Reptilia*. Jedenfalls hatte ich mit sechzehn Jahren zum ersten Mal das Glück, über einen Bereich für mein lebendes Museum zu verfügen, wie ich ihn mir immer erträumt hatte. (Natürlich handelte es sich, bedingt durch die Materialien und das Budget, die mir zur Verfügung standen, um eine eher handgezimmerte Version.)

Dort, wo früher Schränke und Schubladen standen, befanden sich nun gläserne Behausungen von beträchtlicher Größe für die Schlangen. Die Nischen in den Wänden wurden zu vertikalen Terrarien für Geckos und Chamäleons. Zwei breite Becken dienten den Schildkröten als Zuhause. Und den restlichen Platz nahmen Glasbehälter und Holzkisten mit Drahtgeflecht in unterschiedlicher Größe ein. Außerdem errichteten wir ein kleines Gehege im Garten, damit einige der Tiere ein Sonnenbad nehmen konnten, und ein kleiner Schuppen auf dem Parkplatz diente als Nahrungslager (also zur Beherbergung von Ratten, Grillen, Mehlkäfern, Schwarzkäferlarven, Seidenraupen, Madagaskar-Fauchschaben und anderer Arten, die ich züchtete, um meine Haustiere zu ernähren). Wie sehr ich es genoss, ein verwöhntes Einzelkind zu sein!

Einer der größten Vorteile der Unterbringung aller Tiere im selben Raum war, dass dies die Schaffung eines Mikroklimas mit ganzjährig hoher Temperatur und Luftfeuchtigkeit erleichterte. Abgesehen davon, dass die Begrenzung eine gewisse Sicherheit vor eventueller Fluchtaktivität darstellte. Zumindest dachte ich das.

Natürlich stießen die neuen Mieter im Reptilienzimmer weder bei meiner Mutter noch bei Álvaro auf größere Sympathie. Oder sagen wir, zumindest nicht direkt. Allerdings wurde so ziemlich jedes Lebewesen in unsere Familie aufgenommen, solange es bei meiner Mutter keine Allergie auslöste und es sich nicht um eine Tarantel oder eine Giftschlange handelte. Die Neuankömmlinge wurden also mit einigen Bedenken bei uns begrüßt, wobei der fantastische Anblick der Skorpione unter dem ultravioletten Licht dazu beitrug, die Vorurteile gegenüber ihrer drohenden Gestalt ein wenig abzuschwächen.

Dieses beinah magische Phänomen hatte ich selbst einige Stunden, nachdem ich an jenem Valentinstag nach Hause gekommen war, entdeckt. Als wir das Terrarium eingerichtet, die kleinen Monster in ihr neues Heim gesetzt und das Schwarzlicht eingeschaltet hatten, verstand ich endlich, was Ana Cristina meinte, als sie mir versichert hatte: »Du wirst sterben.« Das heißt, zunächst verstand ich gar nichts. Ich war einfach nur verblüfft von dem, was sich mir bot.

Auf der anderen Seite der Glasscheibe leuchteten die Skorpione in einem phosphoreszierenden Pistaziengrün. Sie leuchteten so intensiv, dass man hätte meinen können, sie selbst strahlten das Licht aus. Es war, als wäre ihr Exoskelett mit fluoreszierender Emaille überzogen, als wäre ihre Anatomie aus dem künstlichen Magma von Lavalampen gemacht oder der blau-grünen Substanz des biolumineszenten Planktons, das in mondlosen Nächten im Mangrovensumpf leuchtet.

Für einen Moment überkam mich erneut der Verdacht, dass dies alles Teil einer raffinierten List war. Wie war es möglich, dass ein passionierter Naturforscher wie ich ein biologisches Phänomen solcher Tragweite nicht kannte? War es möglich, dass Ana Cristina nur mit meinen Gefühlen spielte? Handelte es sich vielleicht um irgendeine Art von Test?

Ich schaltete das fluoreszierende Schwarzlicht aus, und die Skorpione gewannen sofort ihr glänzendes schwarzes Aussehen zurück. Und als ich es wieder einschaltete, war ich erneut von diesem beispiellosen Farbton beeindruckt, der eher zum Farbspektrum psychedelischer Träume als zur Tierwelt passte.

Ich ließ meine Netzhäute so lange über die leuchtende Oberfläche der Gliederfüßer lecken, bis ihre Umrisse zu verschwimmen begannen.

Was ich zu diesem Zeitpunkt noch nicht wusste, war, dass ich damals meinen ersten Einblick in die ultraviolette Dimension der Zoologie erhielt. Und wenn ich anfangs annahm, das Leuchten der Kaiserskorpione machte sie einzigartig, sollte es nicht lange dauern, bis ich feststellte, dass, was stechende Spinnentiere angeht, genau das Gegenteil der Fall ist. Denn alle Spezies dieser Art leuchten unter ultraviolettem Licht. Und nachdem ich einige Jahre später die Gelegenheit – oder vielleicht das Pech – hatte, das Phänomen des phosphoreszierenden Spinnentier-Glühens in freier Wildbahn zu erleben, bin ich niemals mehr einfach so durch die nächtliche Vegetation gelaufen.

Wir befanden uns in Chiapas, in der Nähe von Yaxchilán, auf einer Exkursion mehrerer Biologen, um Studien in der lokalen Fauna durchzuführen. Ich war zusammen mit dem guten Jerónimo für die Reptilien und Amphibien zuständig, und wir waren bereits seit etwa einer Woche mit unseren Arbeiten vor Ort beschäftigt. Bis zu diesem Zeitpunkt hatte ich mich bei der nächtlichen Suche nach Fröschen und Schlangen im Regenwald immer relativ wohlgefühlt. Daher nickten wir ziemlich selbstgefällig, als unsere Kollegen aus dem Bereich der Arachnologie uns fragten, ob wir bereit seien, »Haar zu fühlen«.

Mit einem gleichzeitig ungläubigen und nachsichtigen Lächeln im Gesicht forderten die Arachnologen uns auf, ihnen zu folgen. In diesem Moment wusste ich noch nicht, wie ich diesen Ausdruck, der in den Gesichtern unserer Kollegen aufblitzte, deuten sollte, doch schon bald wurde mir klar, dass er wahrscheinlich darauf zurückzuführen war, dass wir Biologen alle auf die gleiche Sache hereinfielen: Wir nahmen das Angebot ein wenig übermütig und geringschätzig an, ohne uns bewusst zu sein, dass es von diesem Moment an kein Zurück mehr geben sollte.

Wir gingen ein paar Minuten lang schweigend voran, um dann den Weg zu verlassen. Nachdem wir etwa zwanzig Meter durchs Unterholz gelaufen waren, erreichten wir eine kleine Lichtung zwischen den Bäumen, an der wir stehen blieben. Der Regenwald war kühl und laut, voller Amphibiengeräusche und Gliederfüßerzirpen. In diesem Moment baten die Kollegen uns, die Taschenlampen auszuschalten.

Nach ein paar Sekunden in der Dunkelheit, die mir als eine Art Vorankündigung im Gedächtnis geblieben sind, aktivierten die Arachnologen schließlich ihre Ausrüstung, die aus einer Reihe von Schwarzlichtscheinwerfern bestand, welche, ihrer Reichweite nach ziemlich stark gewesen sein müssen (nicht zu vergleichen mit der bescheidenen Lampe bei mir zu Hause). Allerdings hatte ich nicht viel Zeit, lange darüber nachzudenken, denn im selben Moment wurde um uns herum eine Vielzahl von leuchtenden Punkten sichtbar.

Für einen Augenblick musste ich an die im Dunkeln leuchtenden Plastiksterne an den Decken von Kinderzimmern denken, als mir schlagartig bewusst wurde, dass jeder einzelne all dieser Lichtpunkten, die ich sah, nichts Geringerem entsprach als der beunruhigenden Anwesenheit von Dutzenden Skorpionen. Die fluoreszierende Konstellation besprenkelte Baumstämme, Äste und Steine ringsum, von denen nicht wenige nur ein paar Zentimeter von uns entfernt waren. (Wobei ich mal annehme, dass sie gar nicht wussten, dass ihre wahre Erscheinung durch die technischen Tricks der Primaten manipuliert wurde.)

Auf diese Art und Weise entdeckte ich zwei entscheidende Dinge. Erstens, dass nicht nur Kaiserskorpione über die Gabe des psychedelischen Leuchtens verfügen, sondern alle Tiere ihrer Art – denn so scheinen sie sich gegenseitig zu erkennen, da ihre Augen die Fähigkeit haben, den ultravioletten Bereich des elektromagnetischen Spektrums wahrzunehmen. Und zweitens, dass die Häufigkeit dieser wirbellosen Tiere im Regenwald von Südostmexiko gelinde gesagt beunruhigend ist. Und diese beiden Offenbarungen sind schuld daran, dass es mir nie wieder möglich war, mich jenseits der Dämmerung in der Wildnis vollkommen zu entspannen. Na ja, das und die mangelnde Sicherheit sowie die blutige Gewalt, die das Land seit einigen Jahrzehnten erschüttert.

Ein paar Tage später äußerte Jerónimo eine gewisse Skepsis darüber, ob sich Skorpione tatsächlich durch diese ultravioletten Fluoreszenzbereiche gegenseitig wahrnehmen können. Meinem Freund schien es unwahrscheinlich, dass der Mond (außer vielleicht in den hellsten Phasen des Zyklus') genug UV-Strahlen reflektiert, da es sich ja um hauptsächlich nachtaktive Spinnentiere handele.

»Denn was passiert in bewölkten Nächten? Sehen sie sich dann nicht und laufen sich gegenseitig über den Haufen?«, fragte er lachend, während wir uns darauf vorbereiteten, erneut in den Regenwald hinauszugehen, in dem es, wie wir nun wussten, vor Skorpionen wimmelte.

»Denk dran, Junge, nicht alles ist für etwas gut«, beharrte Jerónimo. »Es kann doch auch sein, dass das Leuchten einfach nur eine Eigenschaft des Materials ist, aus dem das Exoskelett besteht. Du weißt schon, ein optischer Zufall, der für sie keine große Bedeutung hat.«

Für einen Moment dachte ich, dass Jerónimo recht haben könnte. Tatsächlich folgt die lebende Welt keinem streng utilitaristischen Muster (und schon gar keinem intelligenten Konzept), denn es gibt viele Eigenschaften von Lebewesen, die keine spezifische Funktion für sie haben, die sie aber andererseits auch nicht behindern. Eigenschaften also, die sich weder positiv noch negativ auf die natürliche Auslese auswirken und daher keinen direkten Einfluss auf das Überleben haben. Die also nicht adaptiv sind.

Doch als wir die Arachnologen danach fragten, erfuhren wir, dass die Angelegenheit in diesem Fall noch ungewöhnlicher ist als die beeindruckenden Farben der Spinnentiere im Schwarzlicht.

Unsere Kollegen erzählten uns, dass genau das im Fachbereich viele Jahre über heiß diskutiert wurde, also die Frage, ob sich die Skorpione ihres psychedelischen Glühens überhaupt bewusst sind. So wurden ihnen in einigen Experimenten zum Beispiel die Augen verbunden (bis zu fünf Paare an der Vorderseite ihres Kopfes), ohne dass dies ihr Verhalten zu beeinflussen schien. Das ließ zunächst mal darauf schließen, dass ihre visuelle Wahrnehmung entbehrlich ist und ihre Fluoreszenz daher wahrscheinlich kein wichtiges evolutionäres Merkmal darstellt.

Als Jerónimo das hörte, erschien auf seinem Gesicht ein beinah hochmütiger Ausdruck. Doch die Arachnologen fuhren mit ihrer Erklärung fort: Neuere Studien hätten bewiesen, dass die Skorpione über Fotorezeptorzellen verfügen, die über die gesamte Oberfläche ihres Körpers verteilt sind. Höchst sensible Zellen, die hauptsächlich durch die Spektralfarben Grün und Blau angeregt werden. Das wiederum weise darauf hin, dass die visuelle Wahrnehmung der Spinnentiere über den ganzen Körper erfolge, als ob sie eine Art rudimentäres Auge seien. Außerdem gebe es in den neuesten Forschungen Hinweise darauf, dass das Flackern der Sterne für diese Tiere ausreiche, um zwischen Schatten und offenem Raum zu unterscheiden, und sehr wahrscheinlich auch, um sich gegenseitig zu erkennen.

»Aber das ist noch nicht alles«, sagte einer der Spinnenforscher, »denn diese Art der ultravioletten Biofluoreszenz wurde nicht nur bei Skorpionen beobachtet, sondern auch bei vielen anderen nachtaktiven Wirbellosen. Mehr noch, auch Uhus, Eulen, Gleithörnchen, Opossums, Laubfrösche und nicht wenige Pflanzen und Pilze scheinen auf ihren Oberflächen Lichteingänge kodiert zu haben, die in diesen Bereichen des Lichtspektrums liegen. Deshalb ist es höchstwahrscheinlich, dass dies für einen großen Teil der Fauna von erheblicher Bedeutung ist.«

»Das ist wie ein ganzer Regenbogen von Ansichten und Signalen, die uns verborgen bleiben«, schloss ein anderer Arachnologe.

Es ist auffällig, dass ich von all den Skorpionen, denen ich im Laufe der Jahre begegnet bin, in denen ich inzwischen auf diesem Gebiet forsche, niemals gestochen wurde. Dabei ist Mexiko mit etwa dreihundert verschiedenen Arten der insgesamt etwa tausendvierhundert nicht nur das Land mit der größten Vielfalt dieser Spinnentiere auf der Welt, sondern auch das Land mit der höchsten jährlichen Rate an Skorpionstichen.

Es mag sein, dass nur vierzehn dieser dreihundert Arten (die zur Gattung der *Centruroides* gehören) tatsächlich von medizinischer Bedeutung sind, da sie bei ihrem Stich ein starkes neurotoxisches Gift absondern, das für den Menschen tödlich sein kann. Jedoch macht das weite Verbreitungsgebiet dieser Arten, zu dem auch die Bundesstaaten am Pazifikhang (von Sinaloa bis Oaxaca) gehören sowie ein großer Teil der Zentralstaaten – insbesondere Durango, das in der kollektiven Vorstellung zum Skorpiongebiet schlechthin geworden ist –, die Angelegenheit für die Bewohner des Landes zu einem ziemlich beunruhigenden Thema.

Die Volksweisheit sagt: »*Si no es güero, no mata*« – nur die hellen sind tödlich. Und tatsächlich haben die zweifellos gefährlichsten Skorpione der oben genannten Gattung meistens eine helle Färbung mit bernsteingelben oder orangefarbenen Gliedmaßen und einem Körper in kaffee- oder cappuccinofarbenen oder etwas bräunlicheren Schattierungen. Um jedoch eine allgemeinere Norm festzulegen – deren Geltungsbereich sich nicht nur auf die in Mexiko verbreiteten Skorpione und auf die Farben der Tiere beschränkt –, gilt es, die anatomischen Merkmale wie die Scheren und den Hinterleib zu beachten.

Natürlich wird es Ausnahmen von der Regel geben, aber nachdem, was ich von einer Reihe von Experten gehört habe, gilt: Je dünner die Scheren sind und je länger der Schwanz im Verhältnis zum Körper ist, desto höher ist die Toxizität des Giftes. Und da man nie weiß, ob sich diese Parameter nicht eines Tages als äußerst nützlich erweisen könnten, lohnt es sich sicher, sie an einem nicht allzu weit entlegenen Ort im Hinterkopf abzuspeichern.

Nach zwei Monaten in meiner Obhut wirkten die Skorpione durchaus gesund und zufrieden. (Soweit man das über Gliederfüßer sagen kann: Sie gingen gierig auf die Jagd nach Grillen und Mäusen, sie vergruben sich mit ihren Scheren ein Stück weit in der Erde und durchstreiften nachts voller Energie ihren Lebensraum.) Und dann passierte das, was bei Tierpaaren unter günstigen Bedingungen üblicherweise eintritt: Der unerbittliche Ruf der Natur wurde laut, und sie vermehrten sich.

Ana Cristina und ich beobachteten mehrfach gerührt, wie sie sich mit einem seltsamen rituellen Tanz gegenseitig umwarben, bei dem beide sich gegenüberstellten, ihre Scheren ineinander verhakten und sich in die gleiche Richtung drehten. Tatsächlich hatte diese Choreografie der Spinnentiere jedoch weniger mit Taktgefühl zu tun als damit, dass das Männchen das Weibchen – das deutlich kräftiger war als er – zu unterwerfen versuchte. Das jedoch gab erst nach, nachdem der Verehrer bewiesen hatte, dass er eine gute Partie war, was im Reich der Skorpione durchaus von Bedeutung ist, denn sollte der Versuch misslingen, läuft das Männchen Gefahr, anstatt als Ehemann als Mahlzeit der Dame zu enden.

Nach einer Woche der Schmeichelei endete der Tanz schließlich in einer finalen Pirouette: Dem Männchen gelang es, das Weibchen so zu führen, dass es das Spermapaket (Spermatophore) aufnahm, das das Männchen zuvor am Substrat abgesetzt hatte, und die Befruchtung fand statt. Jedoch mussten wir wie bei der menschlichen Fortpflanzung fast neun Monate warten, um die Nachkommen der kurzen erotischen Begegnung kennenzulernen. Die Kaiserskorpione sind wie alle anderen Skorpione lebendgebärende Organismen. Im Gegensatz zu den meisten wirbellosen Tieren pflanzen sie sich nicht in Form von Eiern fort, sondern die Entwicklung der Embryonen findet im

Körper der Mutter statt, und die Weibchen bringen quicklebendige, putzmuntere Junge zur Welt.

Nach der langen Tragzeit, in der die werdende Mutter so weit anschwoll, bis sie den Umfang einer Gurke erreichte, wurden elf kleine Skorpione geboren.

Für diejenigen, die noch nie die Gelegenheit hatten, ein Skorpionbaby aus der Nähe zu sehen, sollte vielleicht erwähnt werden, dass sie nicht so niedlich sind, wie man es sich vorstellen könnte. Tatsächlich sind sie in den ersten Lebenstagen eher ein wenig abstoßend. Sie sind weißlich gefärbt und haben, da ihr Exoskelett noch nicht vollkommen chitinisiert ist, eine eher weiche Konsistenz ähnlich der einer Käferlarve oder des Fruchtfleischs einer Litschi.

Wenn die Jungen auf die Welt gekommen sind, steigen sie auf den Rücken ihrer Mutter – so machten es auch die, die bei mir zu Hause geboren waren – und bleiben dort bis zur ersten Häutung. Die weiblichen Skorpione (genau wie die meisten anderen Spinnentiere) kümmern sich um ihre Jungen und verteidigen sie. Das geht in einigen Fällen sogar so weit, dass sich die Mütter selbst opfern und sich ihren Nachkommen als erste Mahlzeit hingeben. Aber das ist nicht bei allen Arten der Fall. Im speziellen Fall der Kaiserskorpione geschieht eher das Gegenteil: Wenn der Moment gekommen ist, in dem die Kleinen bereit sind, für sich selbst zu sorgen, endet die elterliche Fürsorge abrupt, und der Nachwuchs, der nicht sofort die Flucht ergreift, wird von seiner Mutter genießerisch verspeist.

Jedenfalls trug auch meine frischgebackene Skorpionmutter ihre weißlichen Kinder huckepack, als das Unglück geschah. Wie es aufgrund der tellurischen Bedingungen, auf denen die mexikanische Hauptstadt errichtet wurde, von Zeit zu Zeit der Fall ist, bebte die Erde plötzlich heftig. Ich erinnere mich nicht genau an die Stärke der Erschütterungen, aber sie reichten aus, dass Bilder herunterfielen, in dünneren Wänden Risse im Putz entstanden und mein Skorpion-Terrarium kaputtging. Vielleicht lag die Schuld eher bei mir als bei dem Erdbeben, weil mir nicht aufgefallen war, dass der Tisch, auf dem das Terrarium stand, von Holzwürmern befallen war. Das führte dazu, dass eines der Beine abknickte und das Terrarium auf dem Boden aufschlug, wobei eine der Seitenwände zerbrach.

Als ich im Reptilienzimmer ankam, hatten sich die Skorpionmutter und ihre Familie bereits aus dem Staub gemacht. Den Vater fand ich schnell: Ich erwischte ihn, als er hinter ein Regal krabbeln wollte. Das Weibchen und ihre Jungen dagegen waren nirgendwo zu entdecken.

Abgesehen von der Erfahrung in der Begleitung der Arachnologen, ist der Ort, wo ich die meisten Exemplare dieser Spinnentiere gesehen habe, Acapulco im Bundesstaat Guerrero.

Ich weiß nicht, ob das, was ich bei dieser Gelegenheit (nach einer Woche ununterbrochener Unwetter) bei den wirbellosen Raubtieren beobachtete, auf eine Art Fressrausch zurückzuführen ist, oder ob es sich um eine Routineaktivität an diesem Ort handelte. Vielleicht hatte das Grundstück, auf dem ich mich befand, damit zu tun, da es an einem stark bewachsenen Hang in der Küstenregion (direkt vor der Insel la Roqueta) lag. Jedenfalls zählte ich in einem Zeitraum von nicht mal drei Stunden zwölf Exemplare. Und das, ohne nach ihnen gesucht zu haben. Im Gegenteil sah es so aus, als kämen die meisten dieser Skorpione absichtlich auf uns zu. Tatsächlich erwischte ich ein paar von ihnen, wie sie schamlos unter der Haustür hindurchschlüpften, um entschlossen, mit den Scheren im Anschlag, einzudringen.

Ich weiß nicht, zu welcher Art genau sie gehörten, aber sie hatten die Farbe von Kaffee oder Schokolade, waren mit einer Länge von sieben Zentimetern ziemlich groß, hatten schmale Scheren, einen langen Hinterleib und waren die aggressivsten Skorpione, die ich je erlebt habe. Als ich ein Glas über die Eindringlinge stülpte, um sie aufzuhalten und aus der Wohnung zu entfernen, stellte ich beunruhigt fest, wie sie mit ihrem Hinterleib über das Glas kratzten und gleichzeitig versuchten, ihren spitzen Stachel in die durchsichtige Oberfläche zu treiben.

Angesichts dieses Wutausbruchs wundert es mich nicht, dass Guerrero der Bundesstaat mit den meisten Skorpion-Unfällen im Land ist und weltweit an der Spitze der jährlichen Anzahl an Stichen steht. So war es nicht verwunderlich, dass meine Freundin Daniela noch in derselben Nacht die Statistik untermauerte, als einer dieser wütenden Skorpione von einem Holzbalken an der Decke fiel und auf ihrem Rücken landete.

Unnötig zu erwähnen, dass die Nachricht von der Flucht der Skorpionmutter mit ihrem Nachwuchs bei den anderen Hausbewohnern und bei Ana Cristina nicht gut ankam. Zum Teil, weil wir sie und ihre Jungen nach der neunmonatigen Beobachtung während der Tragzeit ins Herz geschlossen hatten, aber vor allem, weil sie, sosehr wir sie auch schätzten, immer noch Skorpione waren.

Die flüchtigen Spinnentiere konnten zu unheilvollen Begegnungen führen. Zu vielen möglichen Stichen. Und zweifellos bedrückte mich als Biologe auch die Verantwortungslosigkeit, dass die Tiere das Haus verlassen und zu einer invasiven fremden Art oder zum Albtraum für die Nachbarn werden konnten.

Das Gift der Kaiserskorpione ist nicht besonders stark. Auch wenn es ausreicht, um ihre Beute zu lähmen – um dann die

Verdauungsflüssigkeit in sie hineinzupumpen, die das Gewebe auflöst und es in den nahrhaften Saft verwandelt, den das Raubtier mit seinen strohhalmartigen Cheliceren aufsaugt –, stellt es für einen durchschnittlichen erwachsenen Menschen keine größere Gefahr dar. (Es sei denn, er reagiert allergisch auf das Gift oder leidet an einer Herzkrankheit, denn in diesem Fall ist es ratsam, sich so weit wie möglich von ihren Hinterleibern fernzuhalten.) Allerdings ist so ein Stich extrem schmerzhaft. Mehr wegen der Größe des Stachels als wegen des Giftes an sich.

Laut Jerónimo, der schon in der ersten Woche von einem meiner Skorpione gestochen wurde – denn wie es seinem tollkühnen Naturell entspricht, ließ mein Freund sie nicht in Ruhe –, fühlt sich der Stich an, als jagte einem jemand einen Reißnagel ins Fleisch, um ihn dann im Kreis zu drehen. Eine Erfahrung, auf die, wie mir scheint, die meisten Menschen lieber verzichten, auch wenn sie als medizinisch unbedenklich gilt.

Zumindest sind Kaiserskorpione nicht so schwer zu handhaben wie andere Vertreter ihrer Art, da sie aufgrund ihrer beträchtlichen Ausmaße nur in der Lage sind, ihren Hinterleib in Position zu bringen und den gefürchteten Stich auszuführen, wenn sie ihr Ziel mit den Scheren festhalten. Das heißt, um die Kraft ihres Stachels zu entfalten, brauchen sie wie der Bügel einer Mausefalle eine Möglichkeit der Verankerung, auf die sie ihre Kraft richten können, um ihren Hinterleib so aufzurichten, dass ihr Körper die Form einer Parabel annimmt. All das gilt natürlich nur, wenn man es mit einem ausgewachsenen Exemplar zu tun hat, das sicher eingesperrt ist und nicht frei im Haus herumläuft.

In den auf den Ausbruch folgenden Wochen veränderte

sich die tägliche Dynamik in unserem Zuhause ein wenig. Wir untersuchten unsere Schuhe, bevor wir sie anzogen, schüttelten Handtücher und Kleidungsstücke aus, bevor wir sie benutzten, und vergewisserten uns, dass sich kein wirbelloser Bettgenosse unter der Decke versteckt hatte, bevor wir ins Bett gingen. Man musste ständig auf der Hut sein. In dauerhaftem Alarmzustand. Der Schlüssel lag darin, sie zu überraschen, bevor sie uns überraschten. Es war, als lebten wir in Durango statt in Mexiko-City.

Schlimmer noch: Wir hatten das einzige Bollwerk des Friedens in der aztekischen Megalopolis verloren. Die Ruhe unseres Privateigentums wurde von den Flüchtlingen zerstört.

Es war, als ob das Risiko, das es mit sich bringt, zu Unzeiten durch die Straßen der mexikanischen Hauptstadt zu flanieren, unser Heim erreicht hätte. Wir waren der Gefahr nicht mehr nur auf öffentlichen Straßen ausgesetzt, sondern auch in unseren eigenen Räumen. Eine neue Angst, der wir uns täglich stellen mussten. Zu dem Katalog der möglichen Schäden und Neurosen – Überfälle, Entführungen, Amöbiasen, Verkehrsunfälle, polizeiliche Erpressungen, Erdbeben, Überflutungen und der ständigen Gefahr eines Vulkanausbruchs – kam nun noch die lästige Möglichkeit hinzu, im unerwartetsten Moment der häuslichen Intimität von einem Skorpion gestochen zu werden.

Unsere Wachsamkeit durfte in keinem Moment nachlassen. Das Heiligtum war geschändet.

Das einzige Mal, dass ich Skorpione gegessen habe, geschah in Gesellschaft meines Cousins Sepo. Wir befanden uns auf einer unserer Erkundungsreisen durch die mexikanische Republik, die wir so oft wie möglich gemeinsam unternahmen, um sowohl das Land als auch die regionale Gastronomie kennenzulernen, gerade in Durango. Manchmal haben wir gezeltet, bei anderen Gelegenheiten sind wir geritten oder mehrere Tage lang gewandert, oder wir setzten uns einfach ins Auto und fuhren zur Küste. Unser Ziel waren die abgelegensten Ortschaften, die wir finden konnten, um dort das zu probieren, was uns angeboten wurde.

So kam es, dass wir Stinktiere zu essen bekamen, Schildkröteneier, Würmer in allen möglichen Varianten, Klapperschlange, *Atta mexicana* (eine Art der Blattschneiderameisen), Leguane, Fliegenlarven, Gürteltiere, Brühe aus abgestandenen Wildbretknochen, viel mehr Chili, als wir ertragen konnten, und einmal sogar einen in Chilisauce geschmorten Pelikan, den ein paar Soldaten im Biosphärenreservat La Encrucijada im Bundesstaat Chiapas für uns zubereiteten.

Es gibt nichts Besseres als einen leeren Magen nach einer zermürbenden Reise, um die Bandbreite der Möglichkeiten des Essbaren zu erweitern. Letztlich ist der Geschmack ein Sinn, der sich über das Experimentieren definiert, und unsere Vorlieben bei der Ernährung (genauso wie unsere ethische Einstellung) beruhen auf Privilegien, die wir in der Realität der Feldforschung nicht aufrechterhalten können. Ganz zu schweigen, dass auf dem Land alles gegessen wird, was auf den Tisch kommt, wenn man nicht verhungern will.

Aber von all den Dingen, die ich während der Reisen mit meinem Cousin in den Mund genommen habe, waren die Skorpione wohl das unangenehmste Erlebnis für meine Geschmacksknospen. Nicht so sehr wegen des gustatorischen Erlebnisses, das ehrlich gesagt einiges zu wünschen übrig ließ, sondern wegen der Physiognomie des Tieres. Denn selbst gebraten hat es etwas extrem Beunruhigendes, sich eine derartige Anatomie zwischen Zunge und Gaumen zu schieben. Es ist etwas, was dem Instinkt widerspricht (oder zumindest allem, was man uns krabbelnden Landwirbeltieren beigebracht hat). Und das gilt umso mehr, wenn man sich, wie die Tradition vorschreibt, das ganze Spinnentier auf einmal zwischen die Kiemen schiebt. Immerhin hat der Mezcal, den es zu dem Gliederfüßer dazu gab, geholfen, das Kauen des knusprigen Panzers etwas geschmeidiger zu machen.

»Nicht so skeptisch, die schmecken wie Garnelen, nur dass sie nicht aus dem Wasser kommen«, meinte der Alte, der uns die Skorpione serviert hatte.

Und tatsächlich fühlte sich die raue Textur des Chitinpanzers an den Innenseiten der Wangen an wie getrocknete Garnelen. Heutzutage macht die Entomophagie (eine in Mexiko, Lateinamerika und in Südostasien weit verbreitete Praxis), zumindest was den Proteingehalt angeht, wesentlich mehr Sinn als alle anderen fleischfressenden Gewohnheiten, die unsere Spezies bevorzugt, da Insekten und Spinnentiere in der Regel drei- bis viermal mehr Proteine pro Bissen enthalten als die meisten Wirbeltiere. Außerdem können sie vom Organismus viel effizienter aufgenommen werden (vor allem, wenn sie, wie es üblich ist, im Ganzen verzehrt werden). Tatsächlich ist in armen Ländern, in denen diese Tiere üblicherweise gegessen werden, die Unterernährungsrate bei Kindern deutlich niedriger als in anderen Ländern.

Also ist es, wenn der erste Eindruck erst mal überwunden ist, durchaus rational, diese Lebewesen zu essen, ganz abgesehen von der Nachhaltigkeit für den Planeten. Vielleicht liegt darin eine der wenigen Hoffnungen für das langfristige Überleben der Menschheit, wir werden sehen. Aber in der Zwischenzeit müssen wir einfach so wie mein Cousin und ich damals unsere kulturellen Fesseln sprengen.

Ich glaube, dass wir letztlich jeder etwa ein Dutzend Skorpione gegessen haben. Keine Ahnung, wie Sepo das sieht, aber ich fühle mich den Eidechsen deutlich näher, jetzt, da ich ihre kulinarischen Vorlieben voll und ganz verstehe.

Nach und nach gelang es Ana Cristina, Jerónimo und mir im Laufe der Monate nach dem Erdbeben, das den Ausbruch ermöglicht hatte, und mithilfe der Schwarzlichttechnik, die meisten der Flüchtlinge zu finden.

Mehrere spürten wir in Schränken auf, einen hinter dem Schallplattenregal und die meisten im Speiseschrank. Leider waren einige tot oder fielen der Schuhsohle eines unserer Besucher zum Opfer, der nicht gewarnt worden war. Und mindestens zwei wurden von einem Waran verschlungen, nachdem sie (keine Ahnung, wie) in seine Behausung eingedrungen waren. Das erkannten wir an den Resten der Chininpanzer, die im Terrarium verstreut waren. (Und tatsächlich leuchten die in der Cuticula des Exoskeletts enthaltenen Proteine, auch wenn das Leben bereits erloschen ist, unter ultravioletten Strahlen in einer noch nie dagewesenen Weise; sogar Fossilien, die Hunderte von Millionen Jahre alt sind, erstrahlen in phosphoreszierenden Farbtönen, was darauf hindeutet, dass es sich dabei um eine sehr alte Anpassung handelt, die im Panzer eingebettet ist.)

Die Mutter fand ich erst fast ein halbes Jahr später. Ich entdeckte sie in der Küche, um genau zu sein, unter dem Ofen. Sie war ziemlich dick und sah sehr gesund aus, wahrscheinlich hatte sie sich von Küchenschaben und Spinnen ernährt. (Skorpione sind also, wenn man darüber nachdenkt, ein gutes Mittel gegen eine Insektenplage.) Doch obwohl sich schließlich das Paar, mit dem alles angefangen hatte, wieder in meinem Besitz befand, beschloss ich, auf die Züchtung weiterer Nachkommenschaft zu verzichten. Denn es ist definitiv etwas anderes, wenn einem ein Frosch entwischt oder eine einigermaßen zahme Schlange als ein zwanzig Zentimeter langer Skorpion. Der kaiserliche Stachel forderte keine weiteren Opfer (mit Ausnahme von Jerónimo, aber der war selbst schuld), und für eine Weile kehrte bei uns zu Hause wieder Ruhe ein. Zumindest bis Lupe entwischte, das Krokodil, aber das ist eine andere Geschichte.

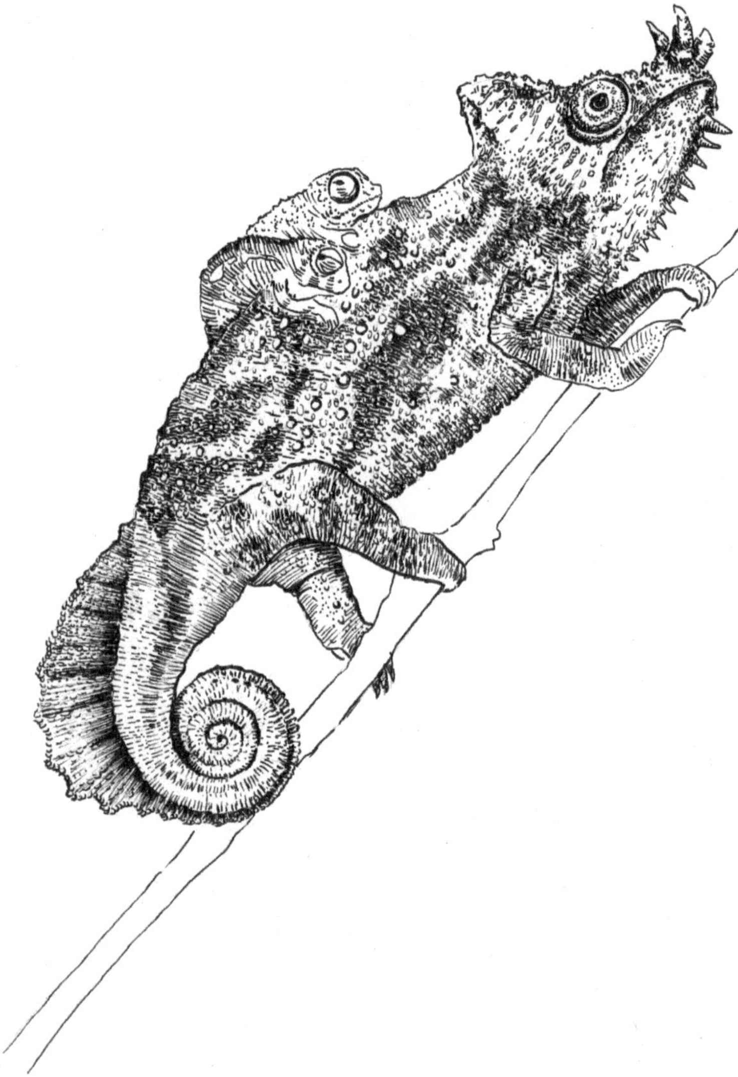

Vierhornchamäleon, *Trioceros quadricornis*

Der Farbwechsel der Chamäleons kann einen nur ins Staunen versetzen. Ein Wunder sich entfaltender Nuancen. Eine Alchimie an Tinkturen auf Schuppenhaut. Ein Relikt des aquarellfarbenen Baldachins des Waldes. Doch als ob das kaleidoskopische Geschenk ihres Gewebes noch nicht ausreiche, weiten diese Baumharlekine ihre evolutionären Grenzen noch zu weiteren ungeahnten Möglichkeiten aus: konisch geformte bewegliche Augen mit unabhängigen Sehfeldern, eine herausschnellbare, klebrige Zunge, die so lang ist wie das Tier selbst, aneinander liegende Zehen (drei zur einen und zwei zur anderen Seite), ein Greifschwanz, der sich in einer perfekten Spirale zusammenrollt, eine Krone auf dem Kopf und ein spitzer Kamm auf dem Rücken. Ein einschlägiger Beweis, dass es die Natur mit der Welt der Fantasie locker aufnehmen kann. Unerschöpfliche Kreaturen des Labyrinths, Gastgeber des Maskenballs im Spiegelkabinett. Geschmeidig, exzentrisch, mimetisch erheben sie sich fabelhaft in lyrischer Poesie als beispiellose Metapher für den Wandel des Scheins. Würdevoll, besonnen, zögernd wie ein Blatt, das sich im Wind wiegt, ist ihre Gestalt sowohl in der Literatur als auch im kollektiven Gedächtnis allgegenwärtig.

Steckbrief 4

Klasse: *Reptilia* **Ordnung:** *Squamata* **Familie:** Chamaeleonidae **Gattung:** *Trioceros*

Verbreitung: Beschränkt auf hochgelegene Nebelwälder (zwischen 1 000 und 2 200 m Höhe) in den Bergen von Kamerun und kleine Populationen in Nigeria.

Status: Gilt als gefährdete Art, die durch die Zerstörung von Lebensraum durch Abholzung möglicherweise bald als bedroht eingestuft werden muss. Die Art ist in Anhang II des Washingtoner Artenschutzabkommens CITES aufgeführt.

Ernährung: Sie sind hauptsächlich Insektenfresser und zeigen eine ausgeprägte Vorliebe für Schmetterlinge und andere Fluginsekten, obwohl sie auch Grillen, Raupen, Käfer usw. jagen.

Aussehen: Die Männchen haben vier Hörner an der Nasenspitze und einen segelartigen Kamm am vorderen Teil des Schwanzes; außerdem haben beide Geschlechter einen kleinen Helm auf dem Kopf, ein Rückensegel und auffällige Gularschuppen. Ihre Grundfärbung ist leuchtend grün mit Schattierungen von blau, weiß, gelb siena-, orange- und rosafarben sowie himmelblau.

Größe: Männchen 30–35 cm / Weibchen 25–29 cm. Geringes Gewicht für ihre Größe.

Lebenserwartung: Es gibt keine Daten über in freier Wildbahn lebende Exemplare, in Gefangenschaft werden sie in der Regel zwischen 5 und 7 Jahre alt, die Weibchen in Abhängigkeit von ihrem Fortpflanzungszyklus etwas weniger, eher 3 bis 5 Jahre.

Diorama 4: Chamäleons im Nebel und Schlangen über den Wolken

Ich saß in einem Flugzeug in zwölftausend Metern Höhe, flog mitten durch die Wolken und stand kurz davor, ein leicht illegales Manöver in die Tat umzusetzen, als der Kapitän den Beginn des Sinkflugs ankündigte.

Ich hatte sofort einen Kloß im Hals. Nicht so sehr wegen der heftigen Erschütterungen, die beim Überfliegen der riesigen mexikanischen Hauptstadt völlig normal sind (die, von heftigen Winden umweht, in beträchtlicher Höhe liegt, was starke Turbulenzen bei der Landung garantiert), sondern weil sich der Moment näherte, in dem ich das Niemandsland des Zollbereichs am Flughafen Benito Juárez durchqueren musste.

In dem Bemühen, meine Unruhe zu überspielen, machte ich das für respektable Passagiere charakteristische ernste Gesicht. Ich will nicht paranoid klingen, aber sagen wir, dass meine Situation ein wenig heikel war.

Ich reiste zusammen mit meinen beiden Lieblingscousinen Rut und María in einem Linienflug von Houston, Texas, nach Mexiko-Stadt und quälte mich mit den beunruhigen Gedanken, die einen überkommen, wenn man im Gefängnis landen kann. Das klingt vielleicht ein wenig übertrieben, doch tatsächlich konnte ich mir mit meinen einundzwanzig Jahren in der Aufregung nach dem 11. September kaum einen anderen Ausgang vorstellen, wenn man mich entlarven würde.

»Kurier« war wohl das richtige Wort, allerdings war ich keiner, der Drogen schmuggelte. Oder vielleicht »Schlepper«, aber nicht im Sinne von illegaler Migration von Menschen und in der entgegengesetzten Richtung des üblichen Flüchtlingsstroms auf dem amerikanischen Kontinent. Die Handlung war illegal, ja, aber tatsächlich waren die Schlangen, die ich in meinen Hosentaschen versteckt hatte, nicht mal gefährlich.

Ein paar Stunden zuvor hatte ich die beiden Tiere – ein herrliches Paar Regenbogenboas – in zwei Stoffbeutel gesteckt und diese jeweils in eine der Seitentaschen meiner Cargohose, bevor ich durch die Sicherheitskontrolle am texanischen Flughafen gegangen war. Außerdem reisten in meiner Weste unerkannt vier winzige Vierhornchamäleon-Babys mit, die ich in mit feuchtem Moos ausgelegte Kassettenhüllen gesteckt hatte, damit sie nicht austrockneten.

Sollte sich nun allerdings der Begriff »Artenhandel« als plausible Erklärung für meine Situation aufdrängen, muss unbedingt klargestellt werden, dass es sich nicht um ein ganz so verwerfliches Verbrechen handelte. Im Gegenteil waren die Tiere, die ich heimlich mit mir herumtrug, von völlig legaler Herkunft (zumindest in den USA) und in Gefangenschaft geboren. Aber in jedem Fall hätte die Operation als »Schmuggel« verurteilt werden können, da die Tiere eine internationale Grenze überquerten, ohne deklariert worden zu sein. Und der Urheber der Idee, dieses Wagnis einzugehen, war wie üblich Jerónimo.

Ich schmiegte mich ängstlich in den Sitz, während ich die kostbaren Beulen in meinen Taschen streichelte. Dann tröstete ich mich mit dem Gedanken, dass, wenn meine Cousinen und ich es geschafft hatten, den Inhalt bis zu diesem Zeitpunkt zu verbergen, uns dies vielleicht auch bei der Ankunft gelingen würde. Alles hing das von unserem Glück mit der Zollampel ab (der rudimentären Methode, mit der die mexikanischen Zollbeamten entschieden, wer durchsucht wurde und wer nicht). Ich atmete tief durch und versuchte mich zu entspannen.

Allerdings war die Ruhe nur von kurzer Dauer, denn ein paar Momente später überfiel mich eine weitere Sorge: Wenn ich mit einem Schlangenpaar und vier blinden Chamäleon-Passagieren reiste, was mochten dann die anderen Leute im Flugzeug dabeihaben?

Meine Cousinen und ich waren in jenem Dezember zu Beginn des einundzwanzigsten Jahrhunderts nach Houston gereist, um Weihnachtsgeschenke für die Familie einzukaufen – eine Tradition wohlhabender Mexikaner, die wir uns noch nie angemaßt hatten, bis uns das Erbe von El Güero ein paar Jahre vorübergehenden Wohlstands bescherte.

Wir hatten uns bewusst für dieses Brachland des Kapitalismus entschieden, wo es nicht mal Bürgersteige für Fußgänger gab, weil sich dort *The Galleria* befand: eine gigantische Mall mit mehr als vierhundert Geschäften auf fünf Etagen. Genau das Gegenteil von dem, was ich als eine angenehme Umgebung bezeichnen würde – ganz zu schweigen davon, dass es sich um den Antipoden der Hippie-Kommune handelte, in der meine Cousinen aufgewachsen waren –, und genau deswegen war es der perfekte Ort für diese kurze kleinbürgerliche Flucht in den maßlosen Konsum.

In dieser Zeit wurde Mexiko-Stadt noch nicht von den Einkaufszentren dominiert, die jetzt alle vierzehn Tage in einem Viertel nach dem anderen aus dem Boden schießen. Wenn überhaupt gab es ein oder zwei megalithische Konstruktionen an den äußersten Rändern der Metropole. Jedenfalls machte es damals noch Sinn, zum Einkaufen ins Nachbarland zu fliegen.

Es ist billiger, hieß es. Man kann Dinge kaufen, von denen man auf dieser Seite der Grenze nur träumen kann, versicherten Kenner. Und all das für weniger als die Hälfte von dem, was ein Wochenende in Acapulco kostet. Ich erinnere mich noch, dass unser dreitägiger Ausflug ein Angebot der Fluggesellschaft war, das den Flug, die Übernachtungen im Hotel, Frühstück und den täglichen Transfer zum Einkaufszentrum enthielt.

Die ersten beiden Tage unseres Aufenthalts verbrachten wir von Sonnenaufgang bis zum Sonnenuntergang in *The Galleria*, um all die Bestellungen abzuarbeiten, die man uns aufgetragen hatte. Dabei schleppten wir einen schweren Koffer hinter uns her, in dem wir unsere Einkäufe transportierten. (Wir nannten ihn Humberto den Toten, natürlich zu Ehren von El Güero, aber auch weil er so groß war, dass locker eine Leiche hineingepasst hätte.)

Der dritte Tag stand, da unser Rückflug erst für den Abend geplant war, für unsere persönlichen Interessen zur Verfügung. María und Rut entschieden sich für das *Contemporary Art Museum*, während ich mir irgendeine Entschuldigung ausdachte, um zu einem Reptiliengeschäft zu gehen, über das ich mich vorab informiert hatte.

Was bei der Recherche im Internet meine Aufmerksamkeit erregt hatte, war, dass Sandy O'Connor, die Eigentümerin von *Reptile Heaven*, ausschließlich Tiere verkaufte, die sie selbst gezüchtet hatte. Für jemanden, der nicht von Herpetophilie besessen ist, ist es sicher schwer, sich die Emotionen vorzustellen, die mich überkamen, als ich das Geschäft von der Straße aus sah. Allerdings darf dabei nicht vergessen werden, dass ich mich zu diesem Zeitpunkt auf dem Höhepunkt meiner Abhängigkeit befand und dies mein erster Besuch einer solchen Einrichtung war.

Die Weltgesundheitsorganisation (WHO) definiert Abhängigkeit als einen »seelischen, eventuell auch körperlichen Zustand, der dadurch charakterisiert ist, dass ein Mensch trotz körperlicher, seelischer oder sozialer Nachteile ein unüberwindbares Verlangen nach einer bestimmten Substanz oder einem bestimmten Verhalten empfindet, das er nicht mehr steuern kann und von dem er beherrscht wird«. Nach diesen Parametern müssen Personen, um von Abhängigkeit sprechen zu können, über einen Zeitraum von zwölf Monaten drei oder mehr der folgenden Kriterien aufweisen:

- Unbezwingbares Verlangen zur Einnahme und Beschaffung des Mittels oder zur Ausübung der Aktivität.
- Verlust der Kontrolle über das eigene Verhalten.
- Psychische und meist auch physische Abhängigkeit von der Wirkung der Droge.
- Tendenz zur Dosissteigerung (Toleranzerhöhung).
- Verlust der Kontrolle über das eigene Verhalten (immer mehr Zeitinvestition in das Objekt der Abhängigkeit).
- Schädlichkeit für den Einzelnen und/oder die Gesellschaft (neben beträchtlicher Geldausgabe).

Bei der Abhängigkeit, um die es hier geht, waren diese sechs Kriterien mehr als erfüllt. Von der Toleranzerhöhung und der daraus entstehenden Tendenz zur Dosissteigerung – diesem ständigen Drang, die Sammlung zu erweitern und wenn möglich immer mehr Arten hinzuzufügen, deren Haltung besonders schwierig ist – bis zum Verlust der Kontrolle oder der Unmöglichkeit, mich für längere Zeit von dem Ort, wo sich die Tiere befanden, zu entfernen.

Um die Analogie zu anderen Abhängigkeiten zu verstärken, könnte man natürlich auch noch den freiwilligen Verzicht auf soziale Aktivitäten und die Verschlechterung von affektiven Beziehungen (infolge der Anforderungen der Haltung der Tiere) anführen. Oder die Neuordnung der täglichen Prioritäten, denn für jeden, der sich diesem Hobby verschrieben hat, gibt es nichts Wichtigeres als seine Tiere. (Und ich weiß aus erster Hand von Fällen, in denen deswegen Ehen geschieden wurden, von Zwangsräumungen, unbezahlbaren Schulden, Gerichtsverfahren und Arbeitsplatzverlust.)

Abschließend sei noch auf die beträchtlichen finanziellen Investitionen hingewiesen, die erforderlich sind, um eine solche Sammlung über die Jahre zu erhalten, und die nicht unerheblichen möglichen Gesundheitsschäden (wie ich sie bei dem Unfall mit der Güera bereits am eigenen Leib erfahren hatte).

Zusammengefasst bedeutet dies also, dass ich in jeder Hinsicht ein Abhängiger im wahrsten Sinne des Wortes war.

Allerdings will ich auch nicht den falschen Eindruck erwecken, dass ich ein vollkommen unkontrollierter Schuppen-Junkie war. Generell gingen der Entscheidung, mir zwei Exemplare irgendeiner besonderen Spezies anzuschaffen, Monate der Recherche über die Besonderheiten bei der Haltung und der Ausarbeitung und sorgfältigen Ausgestaltung des Lebensraums voraus. Danach kam das komplexe Problem der Anschaffung.

In jenen Zeiten war es ein Riesendrama, exotische Tiere nach Mexiko einzuführen, auch wenn sie in Gefangenschaft geboren waren und man über alle nötigen gültigen Papiere verfügte. Die Sache brachte eine Unzahl von bürokratischem Aufwand mit sich, die hohe Wahrscheinlichkeit, zum Opfer der Korruption beim Zoll zu werden, und die unabdingbare Voraussetzung, dass die Tiere mehrere Wochen lang in den Lagerhäusern am

Flughafen unter Quarantäne verbrachten (Nicht-Orte im Handelssystem und absolut nicht dafür geeignet, solche empfindlichen Lebewesen gesund zu erhalten).

In Mexiko selbst gab es nur wenige Zuchtstationen, die auf solche Tiere spezialisiert waren, sodass es extrem schwierig war, an passable Exemplare zu kommen, die, wenn auch nicht optimal, so doch zumindest akzeptabel waren und das zu einem vernünftigen Preis. Natürlich ohne auf den Schwarzmarkt zurückzugreifen oder auf diese fragwürdige Tierhandelskette, was für mich aus Prinzip nicht infrage kam. All das hatte mich letztendlich so weit gebracht, die Möglichkeit in Betracht zu ziehen, die Angelegenheit auf andere Art zu regeln, und so kam es, dass ich an jenem Tag im *Reptile Heaven* landete.

Ich tauchte für Stunden in den Terrarien dieses Reptilien-Paradieses ab, und mein Gehirn schüttete Dopamin in Strömen aus, während mein Blick zwischen Zwergchamäleons, fliegenden Geckos, beinlosen Eidechsen, Wasserwaranen und Fransenschildkröten hin und her wanderte. Tiere, die ich vorher nur in Büchern und Zeitschriften hatte bewundern können und die ich nun nicht nur leibhaftig vor mir sah, sondern sogar erwerben konnte. Natürlich waren die meisten von ihnen für die Schmuggelaktion, die ich im Sinn hatte, nicht geeignet. Tatsächlich hatte ich schon vor meiner Abreise aus Mexiko entschieden, dass sich meine Erfolgsmöglichkeiten auf in dieser Saison geborene Jungtiere beschränkten. Das hatte mir Jerónimo erklärt, der eine solche Operation bereits einmal realisiert hatte: »Junge, mach, was du willst, aber du solltest dir verkneifen, ein Tier zu kaufen, das nicht in deine Hosentaschen passt.«

Als ich schließlich das Regenbogenboa-Paar auswählte, das ich mitnehmen wollte, zeigte Sandy mir Bilder der Eltern und

Großeltern. Und der schillernde Stammbaum räumte auch noch meine letzten Zweifel aus, ob es sich lohnte, zum zoologischen Schlepper zu werden und die Grenze kaltblütig mit meinen illegalen Migranten unter dem Arm zu überqueren. Um das Risiko, in flagranti erwischt zu werden, noch lohnenswerter zu machen, erwarb ich dazu vier hübsche winzige Vierhornchamäleon-Babys.

Nachdem der Einkauf getätigt war, musste ich nur noch meine unfreiwilligen Komplizinnen einweihen. Mit dem kleinen Nachteil, dass meine Cousinen unter einer Reptilienphobie litten.

Ein paar Monate vor der Reise nach Houston und nach einer Wartezeit von fast einem Jahr hatte ich endlich die Papiere erhalten, die mich als UMA auswiesen (Management Unit for Wildlife Conservation), die vom SEMARNAT (Sekretariat für Umwelt und natürliche Ressourcen) vergeben wurden. Das bedeutete, dass mein Herpetarium oder zumindest ein Teil davon bei den staatlichen Behörden als registrierte Zuchtstation für exotische Fauna zugelassen war. »Vida Fría Reproductores« – Neuerschaffung Kaltes Leben – war der Name, den ich meiner UMA gab, und die Arten, die ich »halten, vermehren und verwerten« durfte (so die Worte der Regierung für Zucht in Gefangenschaft), waren: Abgottschlangen (Boa constrictor), Blauzungenskinke und Schleierchamäleons.

Wir befanden uns am Beginn eines neuen Jahrhunderts, und das Jahr 2000 warf seinen Schatten voller vielversprechender Gefühle voraus. Zumindest war das mein Eindruck mit fast achtzehn Jahren und damit kurz vor dem Erreichen der Volljährigkeit. Und was konnte es Besseres geben, als diese neue Ära mit der Realisierung meines ersten beruflichen Projekts zu beginnen? Außerdem befand sich die Universität gerade im Streik, sodass sich, auch wenn ich die Zulassung zum Biologiestudium an der Wissenschaftlichen Fakultät bereits erhalten hatte, dessen Beginn um mindestens ein Jahr verzögern würde, was mir jede Menge Zeit einräumte.

Damals träumte ich davon, in die Fußstapfen des Schriftstellers und Naturforschers Gerald Durrell zu treten, der nicht nur in die entlegensten Winkel der Erde gereist war, um beispielhafte Tiere zu finden, sondern auch auf einer der britischen Kanalinseln ein eigenes Zentrum zur Erhaltung und Zucht von bedrohten Arten gegründet hatte, den Jersey Zoo. Und meine UMA war ein erster kleiner Schritt in diese Richtung, dachte ich. Ein etwas hinkender Vergleich natürlich, denn die von Durrell im Jahr 1959 gegründete Einrichtung – die ihre Arbeit mit Lemuren, Zwergaffen und stark vom Aussterben bedrohten Papageien begann – beherbergte zu Beginn des einundzwanzigsten Jahrhunderts mehr als hundertzwanzig verschiedene Arten. Dagegen war mein bescheidenes lebendes Museum eine Winzigkeit, aber irgendwie muss man ja anfangen.

»Guten Tag, sehr erfreut, ich bin der Eigentümer der UMA Vida Fría Reproductores.« Mit diesen Worten wollte ich meiner Vorstellung nach die Leute in ferner Zukunft begrüßen.

Welche Leute? Na ja, wichtige Leute, diejenigen mit Einfluss auf die nationale Biodiversität: Mitarbeiter von Naturschutzprogrammen, Koordinatoren von Reservaten und natürlichen Schutzgebieten, Vertreter von Tierrettungsstiftungen. Ich erinnere mich, dass ich für meine UMA eine E-Mail-Adresse einrichtete und mir meine ersten Visitenkarten drucken ließ. Ich hatte mich selbstständig gemacht, ohne damit Geld zu verdienen, aber immerhin war es ein Job.

Es war ein großes Glück, dass ich so motiviert war, denn die mexikanische Bürokratie hatte mir mit der Frustration, die in Mexiko mit der Erledigung jeglicher Amtshandlung einhergeht, bereits einen ersten Streich gespielt. Meinen ersten Langstreckenlauf unter der institutionellen Korruption. So hatte sich ein Verfahren, das höchstens ein paar Wochen hätte dauern dürfen, über mehr als acht Monate hingezogen. Und das, nachdem ich erreicht hatte, dass meine Dokumente zugelassen wurden, ein Kunststück, das unzählige Besuche am einzigen Schalter für Verfahren und Dienstleistungen erforderte, wo ich jedes Mal ein weiteres Informationshäppchen erhielt, das mir zuvor höflich verschwiegen worden war.

»Sie haben doch die zweifachen Fotokopien all Ihrer Dokumente mitgebracht?«

»Nein, junger Mann, die Angaben auf der Website sind falsch. Sie brauchen drei Empfehlungsschreiben, nicht zwei, und die müssen in den letzten Tagen ausgestellt worden sein.«

»Dieser Beleg gilt nicht als Adressnachweis, es tut mir leid.«

»Dieser auch nicht, er darf nicht älter als ein Monat sein.«

»Nein, junger Mann, dieses Format gilt nicht mehr. Es wurde vor ein paar Monaten geändert, als die Verwaltung umstrukturiert wurde, und das neue kann noch nicht online heruntergeladen werden.«

»Diese Geburtsurkunde reicht nicht, es muss eine beglaubigte Kopie sein.«

»So zusammengeheftet kann ich das nicht annehmen, was glauben Sie denn?«

»Die Unterschriften müssen mit blauer Tinte vorgenommen werden.«

»Ah, hat man Ihnen das nicht gesagt? Sie müssen die Fotokopien jetzt in dreifacher Ausfertigung vorlegen.«

Bis eines Tages das Wunder geschah: Nachdem die Frau hinter dem Schalter die vielen Seiten meines Antrags durchgegangen war, legte sie mit einem gleichzeitig ungläubigen und komplizenhaften Lächeln meine Akte auf den großen Stapel auf der Seite ihres Schreibtischs und sagte:

»Jetzt sind alle nötigen Dokumente vorhanden. Das wäre alles, junger Mann; der zuständige Fachbereich wird Sie kontaktieren, wenn Ihre Akte geprüft worden ist.«

»Und, entschuldigen Sie, wie lange wird das dauern?«

»Bei einem Vorgang wie dem Ihren normalerweise zwei bis drei Wochen, wenn er einmal beim zuständigen Fachbereich in Bearbeitung ist.«

Seitdem waren etwas mehr als sieben Monate vergangen, und ich hatte vom Fachbereich noch nichts gehört. Ich erkundigte mich regelmäßig in kurzen Abständen bei der Frau am Schalter nach den Fortschritten.

»Hier steht, dass der Managementplan bereits angenommen wurde, und das ist das Wichtigste. Der Rest sind nur noch Formalitäten.«

»Und wie lange wird das Ihrer Meinung nach jetzt noch dauern?«

»Ich würde sagen, ein paar Tage. Auf keinen Fall länger als eine Woche.«

Meine Mutter, Álvaro und ich hatten den Verdacht, dass die Herrschaften vom Sekretariat für Umwelt und natürliche Ressourcen für die Freigabe auf eine monetäre Geste unsererseits warteten. Eine Hand wäscht die andere, wie man so schön sagt. Eine kleine Bestechung also, um die Räder des Systems zu schmieren. Das war im Mexiko des letzten Jahrhunderts eine übliche Praxis und hatte sich, wie es aussah, im gerade begonnenen neuen Jahrhundert nicht geändert. Doch ich weigerte mich rundweg, nachzugeben. Den Anweisungen der Regierung nach war dieses Verfahren kostenlos, und so wollte ich es haben. Außerdem war der Managementplan der UMA bereits angenommen, weshalb sie den Bescheid ja nicht ewig hinauszögern konnten. Oder doch?

Wahrscheinlich wäre ich in einer Sackgasse gelandet, wenn meine Mutter nicht eingegriffen hätte. Es genügte, dass die angesehene Ärztin gegenüber der Dame hinter dem Schalter in empörtem Tonfall ihre akademischen Verdienste erwähnte, um beim stellvertretenden Direktor des zuständigen Fachbereichs einen Termin zu bekommen.

Zu dieser Zeit befand sich das Sekretariat für Umwelt und natürliche Ressourcen in einer seiner turbulentesten Phasen. Es gab zahlreiche Korruptionsvorwürfe: maßgeschneiderte Umweltverträglichkeitsstudien für den Meistbietenden, Genehmigungen für den Abbau natürlicher Ressourcen in Schutzgebieten, Genehmigungen für touristische Erschließungen in ökologischen Vorrangzonen, Sondergenehmigungen für die Viehwirtschaft, die Grundwasserleiter gefährdeten, Versteigerung von Jagdlizenzen, Nichtbeachtung der angemessenen Abfallentsorgung in Hotels und anderen transnationalen Unternehmen, Genehmigungen zur Anlage von Mülldeponien in Cenoten und Mangroven und so weiter.

Zum Beispiel war da der Fall des schamlosen Direktors, der bei der Gabelbock-Jagd erwischt wurde (eine stark vom Aussterben bedrohte Tierart) und dabei militärische Waffen benutzt hatte. Andere Delegierte wurden dabei fotografiert, wie sie an den Küsten Oaxacas Meeresschildkröten aßen, und einige weitere beim Handel mit durch das Artenschutzabkommen CITES geschützten Spezies. Sagen wir, es war nicht gerade der beste Zeitpunkt für einen weiteren Skandal, weshalb der stellvertretende Leiter des Fachbereichs uns brav empfing.

Meine Mutter kam gleich zur Sache (oder besser gesagt, ging gleich auf den Mann los). Ich kann mich nicht mehr an ihre genauen Worte erinnern, aber der Vorwurf lautete in etwa, wie es sein konnte, dass ein unbedeutendes Projekt blockiert wurde, das im Haus einer ehrbaren Familie durchgeführt wurde und zudem in einem lächerlichen Zehn-Quadratmeter-Raum, während sie gleichzeitig vor den Schandtaten von Bergbauunternehmen, Immobilienentwicklern, illegalen Holzfällern, Pflanzenplünderern und den nicht bezifferbaren Märkten, auf denen mit Wildtieren gehandelt wurde, die ihrem natürlichen Lebensraum entrissen worden waren, die Augen verschließen konnten.

»Was ist mit dem Sonora-Markt? Warum unternehmen Sie nichts dagegen? Da werden alle Arten von illegalen und bedrohten Tieren verkauft«, warf meine Mutter, wie ich mich zu erinnern meine, gegen Ende des Gesprächs dem stellvertretenden Direktor des zuständigen Fachbereichs vor.

Wir verließen den Ort mit der Urkunde der UMA Vida Fría Reproductores unter dem Arm.

Zurück im Hotel sah ich mich mit der Schwierigkeit konfrontiert, die ich vorausgesehen hatte: Auf die Nachricht meiner neuen Errungenschaften hin erklärten María und Rut in einem Anfall von Hysterie, dass ich den Verstand verloren hätte, wenn ich glaubte, dass sie im selben Flugzeug wie ich mit meinen blinden Passagieren zurückfliegen würden. Und da sie meine großen Cousinen und wir eine eng verbundene Familie waren, konnte ich sie nicht einfach so zur Hölle schicken.

Außerdem, seien wir ehrlich, vermittelt die Herde Sicherheit, vor allem bei einer so heiklen Operation. Um meine Cousinen zu überzeugen, musste ich auf mein gesamtes Repertoire an Überredungskünsten zurückgreifen, die ich als Einzelkind gelernt hatte.

Als meine Cousinen feststellten, dass die kleinen Boas nur dreißig Zentimeter lang waren, und die Stoffbeutel, in denen sie reisen sollten, ausbruchssicher, beruhigten sie sich ein wenig, wozu die Schönheit der Exemplare zusätzlich beitrug. Dabei muss man wissen, dass Regenbogenboas *(Epicrates cenchria cenchria)*, die im brasilianischen Amazonasgebiet heimisch sind, zu den anmutigsten Erscheinungsformen der Herpetofauna zählen. Daher sind sie in der Lage, selbst bei Menschen wie Rut und María, die Reptilien ansonsten so gar nichts abgewinnen konnten, eine gewisse Sensibilität zu wecken. Das mag an der einzigartigen ziegelroten Farbe liegen, auf der schwarze Muster rosa- und orangefarbene fluoreszierende Ovale umrahmen, und dem schillernden Effekt ihrer Haut bei Lichteinfall, der ihnen ihren Namen eingebracht hat. Bläuliche und violette Glitzerpunkte funkeln auf jeder ihrer Schuppen, sodass es aussieht, als wäre die Schlange mit einem Öl- oder Seifenfilm überzogen. Nicht umsonst beschreibt Maggie Nelson sie als »ein glühend leuchtender Strang. Buttercups Farben [der Name der betreffenden Regenbogenboa] waren für mich ein Quell unendlicher Faszination.«

Allerdings glaube ich, dass vor allem die Chamäleons meine Cousinen überzeugt haben. Sie waren etwa daumenlang mit riesigen Augen für ihre geringe Größe (die fast den ganzen Kopf einnahmen), dünnen Gliedmaßen und zögerlichen Bewegungen. Ihre exquisiten Schuppen und die subtilen Kämme schienen von einem Virtuosen der Miniaturkunst geschaffen worden zu sein, und obwohl sie erst ein paar Wochen alt waren, wechselten sie bereits auf hypnotische Weise die Farbe.

Mit ihrer würdevollen Zerbrechlichkeit lösten sie den Wunsch aus, sie um jeden Preis beschützen zu wollen.

»Oh, schau mal, es sieht aus, als könnte es den Blick nicht von mir abwenden«, sagte María gerührt.

Ich argumentierte, dass wir mit der Einfuhr der Tiere nach Mexiko, auch wenn sie geschmuggelt wurden, den illegalen Handel mit ihren Artgenossen bekämpften. Natürlich war ich mir bewusst, dass das widersinnig klang, aber die Idee war, dass die Exemplare als Zuchttiere dienen und damit eine Alternative auf dem mexikanischen Markt darstellen würden, sodass andere Hobby-Herpetophile (und/oder -Süchtige) die Möglichkeit haben würden, in Gefangenschaft geborene Tiere zu erwerben, anstatt auf den Schwarzmarkt oder auf Ladenketten mit überhöhten Preisen und niedriger Moral zurückgreifen oder die Sicherheitsvorkehrungen der Fluggesellschaften testen zu müssen.

Nach einer langen, flehenden und hitzigen Erklärung-Rechtfertigung-Diskussion und der Garantie eines kompletten Haftungsausschlusses für den Fall, dass ich erwischt werden würde, erklärten sich meine Cousinen schließlich bereit, dasselbe Flugzeug wie mein Getier zu benutzen. Sie wollten jedoch auf keinen Fall an der Schmuggelaktion beteiligt sein, was mich nicht sonderlich beunruhigte, da ich mir sicher war, dass man auf Flughäfen nur durchsucht wurde, wenn man einen guten Grund dafür bot. Zumindest war es das, was ich naiverweise dachte.

Ich glaube, dass von allen Tieren, mit denen ich im Laufe der Jahre das Glück hatte, mein Leben zu teilen, die Chamäleons diejenigen waren, die mir die größte Freude bereiteten. Sowohl die Schleierchamäleons, mit denen ich meine UMA Vida Fría Reproductores gründete, als auch die Vierhornchamäleons. Wobei Letztere von allen Organismen, die ich je besessen habe, zweifellos die mit den komplexesten Anforderungen bei der Haltung waren. (Und gerade die Herausforderungen bei der Pflege stellen eine der größten Tücken bei der Hobby-Sucht dar, die wir gerade ergründen.)

Aber bevor wir uns näher mit ihrer Haltung beschäftigen, wäre eine kurze Beschreibung der betreffenden Tiere nicht unwichtig. Schließlich geht es um eine der einzigartigsten Kreaturen des gesamten Tierreichs. Die Schleierchamäleons, *Chamaeleo calyptratus,* die in den Küstenebenen der Republik Jemen und Saudi-Arabiens beheimatet sind, sehen ziemlich eindrucksvoll aus. Ausgewachsene Männchen sind etwa so groß wie ein Buch, haben einen starren, dreieckigen Kamm von vier oder fünf Zentimetern auf dem Kopf (daher der Name »Schleier«) und an den Flanken eine kaleidoskopische Farbpalette: Schattierungen wie Aquarellfarben, die sich im Wasser auflösen und nur für wenige Sekunden auf der Haut erscheinen, während ein Ton in den nächsten übergeht.

Die Vierhornchamäleons, *Trioceros quadricornis,* sind sogar noch prächtiger. Mit ihren perlmuttartigen Schuppen von unterschiedlicher Größe, konischen Hörnern auf der Nase, dem konvexen Schädel, breiten Kämmen, die sich wie Segel über Rücken und Schwanz erstrecken, auffälligen dreieckigen Kehllappen und Farbtönen, die zwischen hellgrün, rostorange, braun, blau-grau und pastellblau wechseln (und an Moose und Flechten erinnern), sind sie würdige Mitglieder des Bestiariums der realen Tiere, die einem vorkommen, als hätte man sie erfunden.

Nachdem wir nun wissen, wie sie aussehen, können wir uns ihren Bedürfnissen zuwenden. Sie verlangen höchst genaue Tages- und Nachttemperaturbereiche, eine gute Luftqualität, große bewaldete Flächen, Vollspektrumsbeleuchtung (mit UV- und UVB-Strahlen), eine abwechslungsreiche und reichhaltige Ernährung mit lebenden Insekten (ergänzt mit Kalzium und Vitaminen) und fließendes Wasser – wie viele andere Echsen und baumbewohnende Schlangen trinken Chamäleons keine Flüssigkeit aus stehenden Behältern, sondern nur Tropfen, die auf dem Laub kondensieren und abperlen, sodass es unerlässlich ist, ihr Terrain regelmäßig zu besprühen, um den Effekt von Regen oder Tau zu erzeugen. Aber die Vierhornchamäleons brauchen außerdem auch noch Nebel.

Wie alle anderen Bewohner des Bergnebelwaldes ertragen Vierhornchamäleons keine hohen Temperaturen und fühlen sich mit einem nächtlichen Temperaturabfall von fünf bis sieben Grad bei 22 Grad Celsius am wohlsten. Außerdem brauchen sie eine sehr hohe Luftfeuchtigkeit, die tagsüber 95 Prozent übersteigt. Um dies zu erreichen, hatte ich im Bereich des Treppenhauses – dem kühlsten Ort im Haus – zwei Terrarien aufgestellt, in einer der unteren Ecken des Raums einen Luftbefeuchter angebracht und einen Ventilator in der gegenüberliegenden oberen Ecke. Wenn dann beide Geräte mithilfe einer Zeitschaltuhr gleichzeitig in Gang gesetzt wurden, saugte der Ventilator den Wasserdampf aus dem Befeuchter auf, sodass ein Nebelvorhang erzeugt wurde, der sich im gesamten Bereich der Terrarien verteilte. So wurden die Paare, die die Basis meiner Zucht bildeten, dreimal am Tag von einer Nebelbank umhüllt.

Und um nichts dem Zufall zu überlassen und feststellen zu können, ob diese Umgebung tatsächlich eine getreue Reproduktion des Bergnebelwaldes war, fügte ich der Vegetation der Terrarien Bromelien und Orchideen hinzu, die in dem dortigen Ökosystem gedeihen, um sie als Bio-Indikatoren zu nutzen: Würden die Pflanzen eingehen, wusste ich, dass die Gesundheit der Tiere gefährdet war. Doch sowohl die Pflanzen als auch die Chamäleons überlebten mehrere Jahre.

Ich erinnere mich, dass meine Chamäleons am liebsten Raupen und Schmetterlinge fraßen, was eine zusätzliche Herausforderung darstellte, da es gar nicht so einfach ist, diese wirbellosen Tiere in einer der größten Städte der Erde zu finden. Aber es war die Sache wert. Zuzusehen, wie sie mit ihrer Schleuderzunge Schmetterlinge im Flug schnappten und sie dann mit Hingabe zerkauten, war eine meiner Lieblingsbeschäftigungen.

Die Schleierchamäleons ihrerseits akzeptierten gern jede Beute, die ihr Blickfeld kreuzte. Das größte Männchen meiner Zucht fraß gelegentlich sogar Mäusebabys und nahm dabei eine sehr eigentümliche Färbung an. Denn anders, als man annehmen mag, wechseln Chamäleons nicht aus mimetischen Gründen die Farbe, sondern als Mittel der Kommunikation.

In der Bevölkerung herrscht der Irrglaube, dass Chamäleons ihre Farbe ändern, um sich an die Umgebung anzupassen. Dabei sind die Experten auf diesem Gebiet die Kopffüßer (Kraken, Kalmare, Sepien), die in der Tat die Farben und Texturen der Elemente der Umgebung mit einer derartigen Geschicklichkeit und Schnelligkeit annehmen, dass sie damit alle vorgefassten Meinungen über die Zoologie auf der Erde herausfordern. Die Chamäleons dagegen verändern ihr Aussehen nicht, um vor den Augen der Zuschauer zu verschwinden. Sie tun es im Gegenteil, um aufzufallen, um zu Zwecken der sozialen Interaktion und der Fortpflanzung ihren Gemütszustand zu verdeutlichen, um möglichen Partnern ihr Interesse oder ihre Ablehnung mitzuteilen, um Rivalen auf ihre territorialen Besitzansprüche hinzuweisen oder alle Tiere anderer Arten einzuschüchtern, die sich mit ihnen anlegen wollen – im Falle des Menschen, um ihn zu verwirren.

Ich weiß nicht, ob ich so weit gehen würde, zu behaupten, dass sie übellaunig sind, denn das würde an Anthropomorphismus grenzen, aber man könnte sagen, dass ihr Temperament recht explosiv ist und dass sie dies mit der Färbung ihrer Schuppen ausdrücken. In der Art eines lebenden Plakats ihrer emotionalen Reaktionen: ein sich ständig veränderndes Zyklorama von Zeichen und Warnungen, die nach einem chromatischen Schlüssel angeordnet sind. Und die Art und Weise, wie diese rätselhafte Sprache der Schattierungen und Farbtöne funktioniert, hat mit schillernden Zellen ihrer Haut zu tun, die Iridophoren genannt werden.

Anders als bei den oben erwähnten Kopffüßern, deren abrupte Farbwechsel auf Schwankungen in der Konzentration der Zellpigmente in ihrem Gewebe zurückzuführen sind, liegt die Fähigkeit zur Farbveränderung der Chamäleons in durchsichtigen Nanokristallen, die das Licht reflektieren. Um genauer zu sein: durch photonische Nanokristalle, die in den Iridophoren ihrer Haut enthalten sind, je nach der Position dieser Kristalle in den Zellen, dem entsprechenden Brechungswinkel und der davon abhängigen Wellenlänge des elektromagnetischen Spektrums, das zurückgeworfen wird (des Farbstrahls, der von jeder Zelle im Licht ausgestrahlt wird). Um die Sache noch zu verfeinern und auf eine mikroskopische Dimension zu bringen, haben Chamäleons zwei sich überlappende Schichten dieser Iridophoren in ihrem Gewebe, und durch Veränderung des Abstands zwischen diesen beiden Schichten, dem Spiel mit der Konfiguration und der Interaktion der Matrizes winziger Prismen, die sie besitzen, können die Tiere auf die Palette an Farbtönen zugreifen, die sie auszeichnet.

Wenn sie sich in einem vollkommenen Ruhezustand befinden, also wenn sie schlafen, entspannen sich ihre Hautschichten, wodurch sich der Abstand zwischen den beiden Iridophorenschichten auf ein Minimum reduziert, was den Tieren eine grünlich-weiße Färbung verleiht. Nur für den Fall, dass sich jemand fragen sollte, welche Farbe Chamäleons haben, wenn sie ruhen. Ob sie träumen oder nicht, wissen wir nicht – auf jeden Fall träumen sie nicht wie Kraken, die in ihren Ruhephasen ständig die Farbe wechseln, was darauf hindeutet, dass sie auf mentale Reize reagieren. Genauso wenig können wir sagen, warum ihr Skelett unter der Einwirkung von ultraviolettem Licht durch die Haut hindurch in fluoreszierenden Blautönen leuchtet (ähnlich wie die Exoskelette der Skorpione), aber es besteht kein Zweifel daran, dass die unglaublichsten Darbietungen ihrer chromatischen Sprache für die Fortpflanzung reserviert sind.

Was letztendlich wohl gar keine große Überraschung ist, denn welchen Sinn sollte die fantastische Fähigkeit eines Regenbogens in der Haut haben, wenn nicht den, ihn dazu zu nutzen, einen Partner oder eine Partnerin anzuziehen.

Beim Liebeswerben der Schleierchamäleons zum Beispiel nehmen die Männchen eine äußerst auffällige Färbung an: Auf den Flanken zeigen sie stark kontrastierende Muster in kanarien- und senfgelben, kaffee- und schokoladenbraunen, himmel- und metallisch blauen, smaragd- und mintgrünen Farbschattierungen mit kobaltblauen Flecken, die über den gesamten Körper verteilt sind. Darüber hinaus dehnen sie ihre Anatomie bis zum Maximum ihrer Kapazität. Sie strecken den Schwanz in horizontalen Bewegungen und rollen ihn wieder ein und blähen in dem hemmungslosen Versuch, das Weibchen zu beeindrucken, ihren Kehlsack auf. Dieses wiederum reagiert darauf, indem es blaue Punkte auf seine Flanke zaubert, wenn es dafür empfänglich ist, oder es wird vollkommen schwarz mit gelben Streifen und blauen Punkten auf der gesamten Körperoberfläche, um davor zu warnen, das es bereits genug hat.

Im Laufe der Jahre habe ich bei meinen Chamäleons immer wieder ein solches Balzverhalten beobachtet, gefolgt von einer recht ruppigen Kopulation und dann, nach einem Monat der Trächtigkeit, einer ausgeklügelten Abfolge, bei der ich dem Weibchen zunächst ein geeignetes Medium zur Ablage seiner zwanzig oder dreißig Eier zur Verfügung stellen musste (Eimer mit Sand oder feuchter Erde, in denen es Tunnel graben konnte, und tief genug, um komplett hineinzupassen). War dies geschafft, habe ich die Eier ausgegraben und in einem Plastikbehälter oder einem Schuhkarton auf ein Mineral namens Vermiculit gelegt und das Ganze wiederum auf den Brutplatz gestellt: entweder unter eine Wärmelampe (im Fall der Schleierchamäleons) oder in eine Kühlbox (im Fall der Vierhornchamäleons, die vor hohen Temperaturen geschützt werden müssen). An dem jeweiligen Ort mussten die Eier dann etwa sechs Monate bleiben und ständig überwacht werden, bevor die Jungen endlich schlüpften.

Das war ein äußerst mühsames Unterfangen mit vielen Möglichkeiten des Scheiterns. Aber es gibt nur wenige Dinge, die mit dem Zauber vergleichbar sind, dabei zu sein, wenn ein Chamäleonbaby mit seiner zarten Physiognomie und einer Länge von nur wenigen Zentimetern mit ausgestrecktem Schwanz aus seinem Ei schlüpft, nach und nach die Schale verlässt und wenige Minuten nach seiner Geburt beginnt, die Farbe zu verändern.

Der Check-in war eine Qual. Mit zugeschnürter Kehle und einem bitteren Geschmack im Mund reihten wir uns in die lange Schlange ein, wählten unsere Sitzplätze, gaben das Gepäck auf (einschließlich der Begleichung der Kosten des Übergepäcks wegen Humberto dem Toten), und danach füllten wir diesen sinnlosen kleinen Fragebogen aus, in dem potenzielle Terroristen gestehen sollen, dass sie eine Bombe oder Waffen irgendeiner Art bei sich tragen.

Anschließend gingen wir raus, um zu rauchen. Die Anspannung stieg, je näher der Zeitpunkt kam, an dem wir uns der Sicherheitskontrolle stellen mussten. Der Plan war simpel: Ich würde mit den Boas in den Seitentaschen meiner Hose und den Kassettenhüllen mit den Chamäleons in der Weste unter dem Torbogen des Metalldetektors hindurchgehen. Die größte Möglichkeit, Erfolg zu haben, bestand darin, kurze, sichere Schritte zu machen und die ganze Zeit über ruhig zu bleiben. Das klang zu einfach, um wahr zu sein, und wie üblich in solchen Situationen war es das auch nicht.

Ich hatte nicht bedacht, dass sich in der Aufregung nach dem 11. September 2001 die Regeln geändert hatten. Mit einem Krampf im Magen stellte ich fest, dass man nun auch die Schuhe, den Gürtel und jede Art von Jacke ausziehen musste, abgesehen davon, dass einige zufällig ausgewählte Passagiere von den Sicherheitsleuten abgetastet wurden. Ich verfluchte Jerónimo, der, als er mir versichert hatte, dass die ganze Prozedur ein Witz sei, das nicht erwähnt hatte.

Ich war kurz davor, mich zu übergeben, da ich ernsthaft an dem Erfolg meiner Mission zu zweifeln begann. Als ich gerade in Erwägung zog, mich doch lieber zurückzuziehen, wurde angezeigt, dass wir uns sofort zum Boardingbereich begeben mussten.

Ich flüchtete mich hinter eine Säule, um möglichst nicht aufzufallen, und sortierte die Chamäleons in meinen Rucksack um. Da sie so klein waren und ihre Skelette so fein, war es gut möglich, dass die Röntgenstrahlen sie nicht entdecken würden. Die Schlangen dagegen hatten keine Chance, beim Scan unbemerkt zu bleiben, sodass ich die zufällige Durchsuchung riskieren musste.

Mit dem unangenehmen Gefühl meines unregelmäßig klopfenden Herzens in der Brust reihte ich mich in die Schlange an der Sicherheitskontrolle ein. Meine Cousinen folgten mir mit langen bleichen Gesichtern in einem Abstand von etwa zwei Metern. Ich achtete darauf, sehr kleine Schritte und keine plötzlichen Bewegungen zu machen, damit die Beulen in meinen Taschen möglichst nicht auffielen. Als ich meinen Pass und meine Bordkarte übergab, erschien mir das Lächeln des Mannes, der sie kontrollierte, ziemlich grimmig. Vielleicht wusste er schon, dass es nur noch eine Frage von Minuten war, bis ich festgenommen würde.

Ich legte den Rucksack auf das Band und ging, den Blick zu Boden gerichtet, durch den Bogen mit dem Metalldetektor. Mit meinen beunruhigenden Gedanken beschäftigt und in meiner kaum zu verbergenden Angst, um nicht zu sagen Panik, bemerkte ich überhaupt nicht, dass meine Cousinen hinter mir ein geschicktes Ablenkungsmanöver durchführten. In dem Bewusstsein, dass wir Männer uns in gewissen Aspekten seit der Zeit des Cro-Magnon-Menschen nicht sehr verändert haben, begannen sie mit dem diensthabenden Beamten zu flirten. Sie schäkerten mit ihm, während ich völlig unbemerkt blieb. Der Mann war von den koketten Andeutungen derart fasziniert, dass wir mit Leichtigkeit eine Anakonda durch die Kontrolle hätten schmuggeln können.

Mit zitternden Händen nahm ich meinen Rucksack vom Band und trat sofort auf die Rolltreppe.

Als meine Cousinen hinter mir den Boardingbereich erreichten, waren wir kurz davor, dem Adrenalin freien Lauf zu lassen, mussten uns jedoch mit aller Macht zügeln, da zu viel Freude den Unmut des wachsamen Flughafenpersonals um uns herum erregt hätte. Bevor wir nicht im Flugzeug in zwölftausend Metern Höhe über dem Meeresspiegel saßen, konnten wir unseren Sieg (auch wenn es nur ein vorübergehender war) nicht feiern.

Konrad Lorenz erwähnt in seinen Büchern, dass Tiere je nach der Art ihrer Pflege in verschiedene Gruppen eingeteilt werden können: Es gibt solche, die wegen ihrer Empfindsamkeit, ihrer anfälligen Gesundheit und der strengen Anforderungen an ihre Umwelt nicht im Haus gehalten werden können, andere sind aufgrund ihrer Destruktivität, ihres unangenehmen Geruchs oder weil sie zu laut sind, nicht zu ertragen, und wieder andere, die zwar geeignet sind, sind nicht interessant genug, weil es sich um Arten handelt, deren Verhalten so wenig reizvoll ist, dass sie den begeisterten Heimzoologen unterfordern. »Und von dem Rest, der weder allzu empfindlich ist noch die Nerven zu sehr belastet, ist der überwiegende Teil so langweilig, dass die Kosten der Anschaffung und die Mühe der Pflege sich nicht lohnen«, behauptet er in Bezug auf Meerschweinchen, Kanarienvögel, Goldfische, Käfig-Papageien, Angorakatzen, Schoßhündchen und so weiter – wobei er erstaunlicherweise den Goldhamster ausschließt, der seiner Meinung nach »herzerfreuend« und »drollig und graziös« ist. Etwas später kommt er zu dem Schluss: »Welches Tier man anschaffen soll, hängt von verschiedenen Faktoren ab; zunächst davon, was man selbst von dem Tiere will und erwartet. Ferner aber davon, welche tägliche Mühewaltung man aufzubringen gewillt ist, wie gut oder schlecht die Nerven hinsichtlich Lärmempfindlichkeit sind, wann und wie lange man von zu Hause abwesend ist und dergleichen mehr.«

Nach dieser Aussage überrascht es ein wenig, dass Lorenz beschloss, sein Heim hauptsächlich mit Vögeln zu teilen, denn jahrelang züchtete er Scharen von Graugänsen, Enten, Papageien und Dohlen, die frei im Haus herumliefen. Ich schätze, er war Chaos und Lärm gegenüber ein sehr toleranter Mensch, der nicht besonders viel Wert auf Hygiene legte.

Ich weiß nicht, was der sogenannte Vater der Ethologie (und Träger des Nobelpreises für Physiologie oder Medizin im Jahr 1973) von den Chamäleons gehalten hätte oder ob er die Gelegenheit hatte, auf direkte Weise mit einem dieser Reptilien zu interagieren, aber höchstwahrscheinlich hätte er sie der ersten Kategorie zugeordnet: der der hochempfindlichen Organismen, die nur schwer bei gutem Gesundheitszustand zu halten sind. Und während ausgewachsene Chamäleons bereits anspruchsvoll erscheinen mögen, sind die Jungtiere ein Vollzeitjob. Vor allem wenn man unterschiedliche Arten züchtet, die im Jahr zahlreiche Nachkommen auf die Welt bringen. Denn neben den höchst genauen Temperatur- und Feuchtigkeitsbedingungen fordern die kleinen Echsen jeden Tag auch noch Dutzende von winzigen Beutetieren. Genauer gesagt: Grillen von der Größe eines Stecknadelkopfes, Käferlarven, die mit Linsen oder Fruchtfliegen verwechselt werden können (und vorzugsweise flügellos sind, da sie sonst leicht entkommen). Wenn man bedenkt, dass das durchschnittliche Gelege eines Schleierchamäleons aus etwa zwanzig oder dreißig Eiern besteht und das eines Vierhornchamäleons aus etwa einem Dutzend, kann man sich eine Vorstellung von der Menge der Beute machen, um die es hier geht.

Vielleicht ist die Beschaffung der nötigen Stückmenge bei dem breiten Angebot an kommerziellen Anbietern heutzutage nur noch eine Frage der Kaufkraft, zu jener Zeit war dies jedoch ein zermürbender Kraftakt. Wenn in der UMA Geburten stattfanden – wobei ich darauf achtete, dass dies nicht zu oft hintereinander passierte –, verbrachte ich viele Stunden auf Händen und Knien in Parks und den Gärten der Fakultät, um winzige Tierchen zu sammeln. Ich füllte Glasgefäße mit Asseln, Spinnen, Wanzen, Zecken und Marienkäfern. Außerdem durchforstete ich die Genetiklabors der Universität nach Fruchtfliegen. (*Drosophila* zählten schon immer zu den beliebtesten Versuchsobjekten, um die Gesetze der Vererbungslehre zu erforschen, weshalb sie regelmäßig gezüchtet wurden.) Und natürlich legte ich mir auch eine eigene Grillen-, Schmetterlings- und Käferzucht zu. Das Problem dabei war nur, dass diese Insekten ihre ganz eigenen Pflege- und Versorgungsansprüche haben, und manchmal war die Brühe teurer als die Fleischbällchen, wie man in Sinaloa zu sagen pflegt.

Aber es war die Sache wert. Denn es war eine Freude, zuzusehen, wie die Tierchen mit ihrer Mini-Projektilzunge ihre Beute jagten und sie anschließende mit prähistorischem Pläsier kauten. Es tat mir gut, ihre Entwicklung zu beobachten, Zeuge zu sein, wie sie nach und nach mehr Farben in ihre Hautpalette aufnahmen. Manchmal machten sie den Eindruck, bei jeder Mahlzeit zu wachsen oder jeden Tag zumindest ein paar Millimeter. Sie verdoppelten ihre Größe Monat für Monat, wobei sie die alte Haut ablegten wie eine Hülle aus rissigem Papier (die sie manchmal auch verzehrten), bis es nach einem Jahr beinah unglaublich war, dass sie nur zwölf

Monate zuvor in der Größe eines Fingerknochens aus einem Ei geschlüpft waren.

Die Chamäleons waren, na ja, wunderbar und spektakulär, aber definitiv nicht jedermanns Sache. Tatsächlich wurde mir mit der Zeit klar, dass es trotz aller guten Absichten nur wenige Menschen gab, die wirklich bereit waren, die von Konrad Lorenz erwähnten täglichen Anstrengungen zu investieren, denn einige der in meiner UMA gezüchteten Chamäleons konnten nicht mal ihren zweiten Geburtstag in ihrem neuen Zuhause feiern (anders als die Schlangen, von denen einige zum Zeitpunkt der Niederschrift dieses Textes noch am Leben sind). Daher gab ich, obwohl ich über die erforderlichen Genehmigungen verfügte, die Idee auf, die Chamäleons zu kommerziellen Zwecken zu züchten.

Schon im Flugzeug fühlte ich mich etwas sicherer. Jener Teil der Operation, den ich für den riskantesten hielt, weil er sich auf dem Staatsgebiet der USA abspielte, war überstanden. Nun lagen nur noch die Ankunft in Mexiko und die Ampel am Zoll vor uns.

Diese war zuvor schon mehrmals auf Rot gesprungen, wenn ich an der Reihe war, und ich hatte feststellen können, wie gründlich die Beamten bei der Durchsuchung sein konnten, wenn sie in der Stimmung waren, andere zu ärgern. Zum Beispiel wenn sie Lust auf eine Delikatesse aus einem fernen Land hatten oder wenn sie in dem Gepäck hartnäckig nach dem geringsten Motiv für ihre raffinierten Erpressungsversuche fahndeten. Auch wenn es unwahrscheinlich war, dass sie von mir verlangen würden, den Inhalt meiner Taschen zu leeren, konnte man bei der mexikanischen Polizei nie wissen, was einen erwartete.

Ich steckte die Chamäleons wieder in meine Weste, stellte den Sitz in die am wenigsten quälende Position und versuchte, mich von der Anspannung der letzten Stunden zu erholen.

Der Rest des Fluges verlief ohne größere Zwischenfälle, abgesehen davon, dass die Boas ihren nächtlichen Gewohnheiten gemäß munter wurden und sich in meinen Taschen zu regen begannen – ein überraschender Anblick für den kleinen Jungen in der Reihe vor mir, der mich hin und wieder durch den Spalt zwischen den Sitzen beobachtete. Um nicht zu riskieren, dass er die seltsamen Bewegungen in meiner Hose seiner Mutter meldete, sah ich mich gezwungen, sein Schweigen mit Pfefferminzbonbons zu kaufen. (Zum Glück hatte ich eine volle Packung dabei, denn das unersättliche Kind forderte alle zehn Minuten ein weiteres.) Die Chamäleons ihrerseits verschliefen den ganzen Flug.

Erfahrene Reisende behaupten, dass die Ampel am Zoll des Flughafens nicht – wie offiziell angegeben – nach dem Zufallsprinzip funktioniert, sondern auf den Schweiß an dem Finger reagiert, der auf den Knopf drückt. (Das heißt, wenn man nervös ist, geht das rote Licht an, und man wird durchsucht.) Es gibt auch die Theorie, dass die Methode noch einfacher ist, nämlich dass auf zweimaliges Grün Rot folgt. (Was bedeutet, dass, wenn der Vorgänger Rot hat, man sicher sein kann, mit Grün durchzukommen.) Und schließlich sind da noch diejenigen, die versichern, dass all das nicht von Bedeutung ist, sondern dass die Ampel von Beamten betrieben wird, die hinter einem falschen Spiegel in der Seitenwand des Gangs sitzen und entscheiden, wer aufgehalten wird.

An all diese Dinge dachten wir, während wir auf die Ankunft von Humberto dem Toten auf dem Gepäckband warteten. Meine Cousinen wirkten angespannt und warfen verstohlene Blicke auf die Soldaten und ihre Hunde, die an der Zolllinie die Passagiere beschnüffelten. Tatsächlich hatte ich mir so viele Sorgen um die Ampel gemacht, dass ich die Hunde vergessen hatte. Ich fragte mich, ob sie wohl in der Lage waren, die Reptilien zu wittern. Oder besser gesagt, wusste ich natürlich, dass ihre scharfen Nasen sie unter normalen Umständen über eine Entfernung von mehreren Metern entdecken konnten. Was ich also vielmehr überlegte, war, ob diese hochtrainierten Hunde (die fast immer Junkies waren) auf einen schwachen Reptiliengeruch achten würden, wenn das, was sie finden sollten, Drogen und Sprengstoff waren.

Allerdings blieb uns der Test ihrer Wahrnehmungsfähigkeit erspart, da wir das Glück hatten, dass wir zur gleichen Zeit den Zoll passierten wie die Passagiere eines Flugs aus Spanien. All die Käsesorten und Wurstwaren müssen wie ein olfaktorischer Schutzschirm gewirkt haben, denn als wir an den Hunden vorbeikamen, schmachteten sie wimmernd und sabbernd einen Koffer nach dem anderen an. Ich gehe mal davon aus, dass eine gute Wurst jegliche Konditionierung eines Hundes sabotiert.

Als wir den Bereich mit den Ampeln erreichten – ich erinnere mich, dass in jener Nacht drei in Betrieb waren –, positionierten wir uns strategisch geschickt hinter einer Familie, bei der die Ampel gerade auf Rot gesprungen war. Ich wischte meinen Daumen unauffällig an meiner Hose ab (wegen der Sache mit dem Schweiß), tat mein Bestes, um möglichst gleichgültig auszusehen, und drückte auf den Knopf. Keine Ahnung, welche der Variablen in unserem Fall entscheidend war, aber wir erhielten Grün. Also schnappten wir uns unsere Koffer und beeilten uns unter den wütenden Beschwerden einer Frau, der man gerade drei Pakete Serrano-Schinken und zwei katalanische Würste abgenommen hatte, das Weite zu suchen.

Nach diesem Erfolg wiederholte ich meine Schmuggelaktion noch zweimal. Beim ersten Mal mit zwei Kenia-Sandboas, *Gongylophis colubrinus*, auf einem Flug von San Diego aus, den ich allein antrat. Und das zweite Mal zum Leidwesen meiner Exfreundin Ana Cristina (mit der ich mich weiterhin gut verstand und in jenem Winter New York besuchte) mit einem Paar göttlicher Teppichpythons, *Morelia spilota cheynei,* mit einem auffälligen leuchtend gelben Muster auf schwarzem Hintergrund. Diese mussten wir unserer Reiseroute gemäß zuerst mit dem Zug von New York nach Kanada bringen und dann mit dem Flugzeug von Montreal nach Mexiko.

Auf dem letzten Abschnitt wäre ich beinah bei der Sicherheitskontrolle am Flughafen von Montreal erwischt worden. Und das wegen einer blöden Schere, die ich vergessen hatte, in das aufgegebene Gepäck zu stecken – Trick 17 mit Selbstüberlistung –, und die, als mein Rucksack das Röntgengerät passierte, den Alarm auslöste.

Das Sicherheitspersonal nahm mich zur Seite, um meinen Rucksack zu leeren und mich zu befragen. Ana Cristina beobachtete die Szene mit bestürztem Gesichtsausdruck von der anderen Seite des Metalldetektors aus. Anschließend wurden meine restlichen Habseligkeiten durchsucht. Ich war bereits davon überzeugt, dass die Sache gelaufen war, dass sie mich als Nächstes genauestens abtasten würden und dann der Teufel los wäre. Doch die Beamten hielten es nicht für nötig, Hand an mich zu legen, und nachdem sie alles lieblos wieder zurück in meinen Rucksack gestopft hatten, erlaubten sie mir weiterzugehen. Ein Hoch auf die Kanadier.

In jedem Fall war ich danach kuriert. Von da an ging ich kein weiteres Wagnis mehr ein. Was ich damals noch nicht wusste, war, dass dies die letzten Schlangen sein würden, die ich erwerben sollte. Oder besser gesagt, die letzten Tiere. Denn danach zogen im Reptilienzimmer nur noch Mieter ein, die ich geschenkt bekam oder irgendwelchen Rettungsaktionen entstammten.

Spitzkrokodil, *Crocodylus acutus*

Wenn man die Bezeichnung antediluvianisch auf irgendein Landwirbeltier unserer Zeit anwenden kann, dann auf das Fluss- und Brackwasserkrokodil. Ein undurchdringlicher, kahler Panzer aus knochigen Schuppen, eine halbe Tonne Muskeln auf dem Rücken, ein Schwanz wie ein Vorschlaghammer und der mächtigste Kiefer im Tierreich. Unauffällig gleiten sie unter Wasser, um dann an den Ufern tropischer Flüsse explosionsartig zuzuschlagen. Sie sind enger mit den Vögeln und den Dinosauriern verwandt als mit den Reptilien, denen sie normalerweise zugeordnet werden, nisten seit achtzig Millionen Jahren in Sümpfen und sind die fleischgewordene Wildheit an sich. Semiaquatisch, nachtaktiv, gelegentlich lethargisch, aber blitzschnell und maßlos, sobald sich die Gelegenheit bietet, sind sie der Höhepunkt der Schöpfung des kontinentalen Süßwasserraubtiers. Der Albtraum von Captain Hook, das Delirium Roald Dahls, der Gott Sobek im alten Ägypten. Cipactli für die Kinder von Aztlán. Ewige Schatten der Seefahrer auf dem Nil und dem Orinoko, dem Amazonas, dem Papaloapan, dem Usumacinto, dem Tigris und dem Eufrat gleichermaßen.

Steckbrief 5

Klasse: *Reptilia* **Ordnung:** *Crocodilia* **Familie:** *Crocodyliae*
Gattung: *Crocodylus*

Verbreitung: Die am weitesten verbreitete amerikanische Krokodilart. Ihr Lebensraum reicht von Florida und den Antillen bis nach Peru, einschließlich der gesamten Pazifikseite und des Südostens Mexikos sowie Mittelamerikas, Kolumbiens, Venezuelas und Ecuadors. Üblicherweise sind sie in küstennahen und brackigen Umgebungen zu finden wie Mangroven, Flussmündungen, Atollen und Inseln.

Status: Sie gelten als gefährdet, obwohl es in einigen Bereichen ihres ausgedehnten Verbreitungsgebietes reiche Populationen gibt. Die Art ist in Anhang I des Washingtoner Artenschutzabkommens CITES aufgeführt.

Ernährung: Sie sind in den Ökosystemen, die sie bewohnen, das Raubtier Nummer eins und Fleischfresser mit einer sehr abwechslungsreichen Ernährung, die Fische, Krustentiere, Säugetiere, Reptilien, Vögel und sogar Haie umfasst, die sie jagen, wenn sie das Meer aufsuchen.

Aussehen: Sie sind wuchtig, haben einen kräftigen Schwanz und einen lang gestreckten Kopf. Ihre Farbe ist gewöhnlich olivgrün mit gelben und kaffeebraunen Streifen, weißem Bauch und dunkelbraunem Rücken.

Größe: Sie sind nach den australischen Salzwasserkrokodilen die zweitgrößte Art. Es wurden schon Exemplare mit einer Länge von mehr als 5 m und einem Gewicht von 900 kg gesehen, wobei Durchschnittsgröße und -gewicht bei den Männchen bei etwa 3–4 m und 350 kg liegt und bei den Weibchen bei 2,5–3 m und 150 kg.

Lebenserwartung: Der Rekord in Gefangenschaft liegt bei 80 Jahren, üblich sind jedoch 40 bis 60 Jahre.

Diorama 5: Krokodilstränen

Ich erhielt den Anruf in einer relativ stabilen Phase meiner UMA. Bei den Abgottschlangen hatten sich einige Geburten ereignet, einige erfolglose Balzversuche bei den Blauzungenskinken, und ein paar Chamäleon-Gelege waren geschlüpft; abgesehen davon gab es bei den restlichen Bewohnern des Reptilienzimmers nicht viel Neues. Es waren lange Zeit über keine Todesfälle mehr vorgekommen, keine Unfälle oder Ausbrüche, und nachts wurde das Haus vom Froschgesang erfüllt.

Doch dieses Gleichgewicht wurde von der Stimme der Frau am anderen Ende der Telefonleitung gestört, die wie die eines großen Hundes klang. Sie bat mich äußerst höflich, so bald wie möglich im Büro des Sekretariats für Umwelt und natürliche Ressourcen zu erscheinen.

Als ich herauszufinden versuchte, wofür ich gebraucht wurde, erhielt ich ein langes, heiseres Schnauben zur Antwort. Man gab mir zu verstehen, dass ich meinen Pflichten als registrierter Züchter exotischer Wildtiere nachkommen solle und dass es sich um eine dringende Angelegenheit handele.

Das erschreckte mich, doch soweit ich mich erinnern konnte, waren meine Papiere trotz der Lethargie der Bürokratie in biologischen Fragen in Ordnung. Sogar die vor Jahren ins Land geschmuggelten Tiere waren inzwischen legalisiert, und mit Ausnahme gelegentlicher Schenkungen an die UMA war die Sammlung (die zu diesem Zeitpunkt etwa vierzig Exemplare umfasste) nicht erweitert worden. Aber die Regierung war die Regierung, und wenn man in diesem Land etwas »legal« machen wollte, musste man auf sie hören. Also bestätigte ich brav meine Anwesenheit am folgenden Morgen.

Bei einer früheren Angelegenheit wurde ich mal zu inoffiziellen Arbeiten in einer Niederlassung der PROFEPA, dem Sekretariat für Umweltschutz, vorgeladen. Damals bestand meine Mission darin, bei der Konfiszierung von Reptilien zu helfen. Um genauer zu sein, war meine Beratung bei der korrekten Identifizierung einer Charge illegal gehandelter Chamäleons gefragt. Dabei ging es nicht darum, als Zeuge auszusagen oder aktiv an der Verhandlung teilzunehmen, sondern nur darum, zu welcher Art die Echsen meiner Meinung nach gehörten, die mir auf Fotos gezeigt wurden, und, wenn möglich, festzustellen, ob es sich um in Gefangenschaft geborene oder in freier Wildbahn gekidnappte Exemplare handelte.

Dabei muss klargestellt werden, dass die Taxonomie von Chamäleons wie die vieler anderer Reptilien keine Kleinigkeit ist, vor allem ohne angemessene Informationen oder geografische Daten über den Herkunftsort der Organismen (über die die Beamten, die mich an jenem Tag vorgeladen hatten, nicht verfügten).

Um feststellen zu können, zu welcher Klasse ein bestimmtes Chamäleonexemplar gehört, ist es notwendig, auf die Färbung und die Form gewisser anatomischer Strukturen zu achten (zum Beispiel, ob ihre Nägel rot, schwarz oder durchsichtig oder ob ihre Kehlbärte dreieckig oder konisch sind), ihre Körperproportionen zu beurteilen (Länge des Kopfes im Verhältnis zum Schwanz oder die relative Größe der Rücken- und Hinterhauptkämme), viele Schuppen zu zählen und dann zur Sicherheit erneut zu zählen, um anschließend alle Beobachtungen mit den Angaben in den einschlägigen zoologischen Bestimmungsbüchern zu vergleichen.

Eine akribische Arbeit, oh Mann, die mich einige Stunden gekostet hat, bis ich zu dem Schluss kam, dass die fraglichen Exemplare aus der freien Wildbahn zu stammen schienen (und damit ein Verstoß gegen die Bestimmungen von CITES vorlag), da die Innenseiten ihrer Mäuler gelblich waren und nicht die charakteristische rosa Färbung von in Gefangenschaft geborener Chamäleons aufwiesen. Man bedankte sich für meine Zeit und meine Dienste und entließ mich dann mit dem Hinweis, dass mein Urteil dem anderer Sachverständiger in der Akte (der berühmten »Voruntersuchung« des Falls) hinzugefügt werden würde.

Ich nahm an, dass sie diesmal etwas Ähnliches von mir wollten. Vielleicht sollte ich irgendeine Natter oder einen Axolotl identifizieren. Doch das war ein Irrtum, denn mir stand eine deutlich anspruchsvollere und heiklere Angelegenheit bevor.

In der Generaldirektion für Wildtiere war an dem Morgen, als ich dem Aufruf Folge leistete, jede Menge los. Ich wurde durch einen langen Gang in das Innere des Gebäudes geführt, bis wir zu einer kleinen Kammer kamen, die mit Fotos von Jaguaren und Buckelwalen geschmückt war. Dort wurde ich von einem niedrigen Beamten empfangen, dessen Gesicht mich an das eines Ameisenbären erinnerte.

Nach einer höflichen Begrüßung und dem Dank, dass ich stets auf die Gültigkeit meiner Papiere und die Erfüllung aller anderen Pflichten achtete, kam er direkt zum Thema. Er informierte mich, dass wenige Tage zuvor eine umfangreiche Beschlagnahmung auf dem Flughafen erfolgt war. Wie es schien, waren ein paar asiatische Händler mit einer beträchtlichen Anzahl lebender Tiere in ihren Koffern erwischt worden.

Dabei waren mehrere Dutzend Tiere illegaler Herkunft sichergestellt worden, die sich nun in einem Lagerhaus befanden.

»Aha …«, sagte ich und fragte, welche Rolle ich in dem Fall spielen sollte.

»Na ja, es handelt sich um Reptilien«, antwortete der Mann und schnaubte durch seine große Nase.

Was dann folgte, war eine jener für mexikanische Bürokraten typischen verworrenen, mehrdeutigen Ansprachen, bei denen nicht ganz klar wird, ob das, was sie von einem verlangen, eine Pflicht, eine Verbindlichkeit, ein Akt des guten Willens, ein Gefallen oder alles zusammen ist.

Jedenfalls ging es darum, dass das Lagerhaus vollkommen überfüllt war und die Behörden überforderte. Die Tiere mussten zweifellos an einen anderen Ort gebracht werden. Sie mussten einen vorübergehenden Zufluchtsort finden, um dann so schnell wie möglich zu klären, wo sie auf längere Sicht untergebracht werden konnten. Natürlich würden nicht alle Exemplare Platz in meiner UMA finden, aber vielleicht konnte ich zumindest eines aufnehmen. Daher, erklärte der Beamte mit dem Ameisenbärengesicht, während er hektisch auf der Tastatur seines Computers herumtippte, schicke er mir in diesem Moment per E-Mail die Adresse des Lagerhauses sowie die Nummer des betreffenden Postens.

»Und ich wäre Ihnen dankbar, wenn Sie das heute noch erledigen könnten«, sagte der Beamte und führte mich zugleich auch schon zur Tür der Kammer.

Ich nickte, da ich davon ausging, keine andere Wahl zu haben. Außerdem würde die Sache schon nicht so schlimm sein, dachte ich. Denn ein Exemplar mehr in meiner Sammlung konnte ja kein größeres Problem darstellen.

Was sich einmal mehr als Irrtum herausstellen sollte.

Das Lagerhaus, in dem sich die beschlagnahmten Tiere befanden, war genau so, wie man es von einem behördlichen Unterbringungsort mit geringer finanzieller Ausstattung erwarten musste. Überfüllte Räume, ein muffiger, fauliger Geruch und Lebewesen in einem so beklagenswerten Zustand, dass es schien, als klammerten sie sich nur noch aus Gewohnheit ans Leben.

Angesichts solcher Szenen drängt sich einem die Frage auf, ob es nicht besser gewesen wäre, die Tiere wären nicht beschlagnahmt worden. Natürlich ist das keine banale Angelegenheit, aber man muss sich nur daran erinnern, was mit den Tausenden beschlagnahmten Tieren aus mexikanischen Zirkussen geschah, als die Partido Verde Ecologista de México (die Grüne Ökologische Partei Mexikos) 2015 das Gesetz verabschiedete, das den Auftritt von Tieren bei Veranstaltungen verbot. Woraufhin die meisten dieser Tiere (darunter Königstiger, Lamas, Paviane, Klammeraffen, Kamele, Löwen, Jaguare, Bären, Papageien, Seehunde und Elefanten) ein schlimmeres Schicksal erlitten als das vorherige. Ein großer Anteil von ihnen wurde entweder sofort getötet oder verendete in solchen Lagerhäusern, und ein anderer Teil wurde auf dem Schwarzmarkt verkauft. Tatsächlich kann das Sekretariat für Umweltschutz bis heute nur den Verbleib von 212 der insgesamt etwa zweitausend registrierten Exemplare nachweisen, der Rest wurde als unauffindbar deklariert. Wobei es sich um ein altbekanntes typischen Vorgehen der mexikanischen Behörden handelt: Man führt eine Vermisstenliste und legt den Fall dann zu den Akten.

Der Lagerleiter führte mich in einen Randbereich des Schuppens und wies lustlos auf ein Regal, in dem sich mehrere unscheinbare Plastikbehälter befanden. Durch die halb durchsichtigen Wände waren plötzliche Bewegungen wahrzunehmen, an den Silhouetten war jedoch nicht zu erkennen, um welche Tierart es sich handelte.

Ich versuchte die mit Filzstift beschriebenen Klebebandstücke auf den Behältern zu lesen: Mexikanische Mokassinotter, Berg-Klapperschlange, Greifschwanz-Lanzenotter, Terciopelo-Lanzenotter, Mittelamerikanische Springende Lanzenotter, Puffotter. Meine Kehle war auf einmal wie zugeschnürt. Soweit ich es erkennen konnte, enthielten all diese Behälter Giftschlangen.

Das könnt ihr vergessen, dachte ich, denn mit meinem reichen Erfahrungsschatz an flüchtigen Schlangen sah ich mich außerstande, eine Giftschlange zu adoptieren (auch wenn es nur vorübergehend sein sollte). Abgesehen davon, dass meine Mutter niemals einen derart gefährlichen Gast in ihrem Haus akzeptieren würde. »Und was ist, wenn sie entwischt? Müssen wir dann in ein Hotel ziehen?«, hörte ich sie in meiner Vorstellung bereits sagen.

Für einen Moment spielte ich mit dem Gedanken, wie ich sie wohl überzeuge könnte, sollte ich eines dieser Tiere mit nach Hause nehmen, denn es erschien mir als Einzelkind eine interessante Herausforderung, um meine argumentativen Grenzen auszuloten. Doch schon nach wenigen Minuten vergaß ich meine kleine Träumerei, denn auch mir machte der Gedanke Angst, mein Heim mit einem Tier zu teilen, das in der Lage war, mich zu töten. Also fuhr ich mit der Inspektion der angebrachten Etiketten fort. Als ich damit fertig war, hatte ich nur eines entdeckt, bei dem es sich nicht um ein giftiges Reptil handelte.

In zittrigen Druckbuchstaben war darauf das Wort KROKODIL zu lesen.

Ich öffnete den Behälter und erblickte eines der niedlichsten Geschöpfe des Naturreichs: ein Baby-Krokodil. Dieses kleine Tierchen war so anmutig, dass es aussah, als wäre es von einem großen Meister der Teotihuacan-Keramik geformt worden. Vollkommen unbeweglich erwiderte es meinen Blick mit seinen riesigen grünen Augen (glänzend wie Murmeln) und zeigte mir sein Maul voller winziger Zähne. Ich schätzte, dass es erst wenige Wochen alt war.

»Seine Geschwister sind gestern gestorben«, erklärte der Lagerleiter und machte mit seinen Händen eine Geste der Hilflosigkeit.

Die Sache war entschieden: Ich würde dieses kleine Waisenkind mitnehmen. Wie hätte ich das verwehren können, schließlich würde es nur für kurze Zeit sein, und wahrscheinlich gehörte es einer der beiden in Mexiko heimischen Krokodilarten an, die nur selten länger als zweieinhalb Meter lang wurden, also den Beulenkrokodilen, *Crocodylus moreletii,* oder den Nördlichen Krokodilkaimanen, *Caiman crocodylus fuscus.*

Doch ich irrte mich zum dritten Mal an diesem Tag und diesmal in jeglicher Hinsicht: sowohl was die Art anging, zu dem das kleine Krokodil gehörte, als auch in Bezug auf die Zeit, die wir gemeinsam verbringen würden.

In Playa Paraíso hatte ich einmal die Gelegenheit, eine ganze Brut kleiner Krokodile streicheln zu können. Es waren etwa fünfundzwanzig, und sie befanden sich in einer rosafarbenen Plastikwanne im hinteren Teil der Laubhütte von El Majestad, dem Dealer, bei dem wir *chiva* kauften, wenn wir uns auf den Weg an die Küste von Guerrero machten, um uns ein opiumhaltiges Vergnügen zu gönnen.

Wenn ich *chiva* sage, meine ich Opiumgummi, *black tar heroin* oder *mexican brown heroin,* wie es im Ausland genannt wird, die häufigste Form von Mohnderivaten, die auf dem mexikanischen Markt gehandelt werden, wobei unser Land zu den weltweit führenden Produzenten zählt. Dass der Ort, den wir dafür aufsuchten, Paraíso – Paradies – heißt, obwohl er alles andere als ein solches ist, und dass dort ausgerechnet eine der emblematischen Substanzen aus Baudelaires *Die künstlichen Paradiese* abgefüllt wurde, war dabei ein seltsamer Zufall.

Zu der Zeit, als ich zweiundzwanzig Jahre alt war und Biologie studierte, war *chiva* an der Wissenschaftlichen Fakultät gerade in Mode. Oder zumindest in bestimmten Kreisen der Studentenschaft, die sich gern mal auf eine Expedition zu den abgelegensten Grenzen von veränderten Bewusstseinszuständen begaben. Und zu denen gehörte auch ich. Ich nehme an, dass sich bei Menschen mit einer zwanghaften Persönlichkeit die Süchte nicht auf einen Bereich beschränken. Sagen wir, dass die Reptilien und die Amphibien nur eines meiner Laster waren.

Ich habe keine Ahnung, woher die kleinen Krokodile stammten, kann es mir aber ungefähr vorstellen. Höchstwahrscheinlich aus den Mangrovensümpfen um die Lagune in der Nähe des Küstenorts, wo diese Tiere reichlich vorkamen. Allerdings konnte ich mir nicht vorstellen, wie man an sie herangekommen war. Was hatten sie mit der Mutter angestellt, die ihre Kinder zweifellos mit dem für Krokodilmütter typischen Argwohn bewacht hatte? Die Vorstellung, dass sie sie vielleicht getötet hatten, bedrückte mich. Und als ich nachfragte, erhielt ich ein Angebot zur Antwort:

»Was ist, Junge? Willst du sie mitnehmen, oder warum fragst du?«, sagte El Majestad von seinem üblichen Platz in der Hängematte aus.

Er war so dick wie ein Buddha und schwitzte wie ein Schwein, seine nackte Brust war voller Tattoos, und ich erinnere mich, dass er sich ständig rühmte, sieben Ehefrauen zu haben. Ich wartete, bis El Majestad die Dämpfe des Opiumgummis eingeatmet hatte, und dann, bis seine verdrehten Augen wieder ihre normale Position einnahmen, um nachdrücklich den Kopf zu schütteln und ihm zu verstehen zu geben, dass die kleinen Krokodile mich nicht interessierten. Es war schon riskant genug, mit drei Pingpongbällen aus Opiumgummi im Gepäck unter den Augen der Militärposten in die Stadt zurückzukehren, da konnte ich auf fünfundzwanzig illegale Krokodile gut verzichten.

Ich fragte mich, was juristisch gesehen wohl schlimmer war, die Drogen oder die Tiere? Nein, im Grunde wusste ich ganz genau, dass die Menge an *chiva*, die wir mitnehmen wollten, für weitaus mehr Ärger sorgen würde als jeglicher illegaler Tierhandel (selbst wenn es sich um Quetzale anstatt Krokodile gehandelt hätte). Worüber ich wirklich nachdachte, war, wann sich die Beurteilung des Schmuggels der beiden Waren in den Augen des Gesetzes wohl ändern würde. Wann würden Wildtiere so selten sein, dass es eine höhere Strafe dafür gab, die letzten Überlebenden zu schmuggeln, als für den Heroin-Rohstoff? Und die Feststellung, dass ich dies wahrscheinlich noch miterleben würde, war etwas, das mich deprimierte.

»Komm schon, Junge!« El Majestad ließ nicht locker und genehmigte sich einen weiteren Zug Opiumdampf. »Nimm sie alle, und ich mach dir einen super Preis!«

Ich schüttelte erneut den Kopf und sah gleichzeitig zu, wie El Majestads Kinder zu der Plastikwanne gingen und mit den kleinen Krokodilen zu spielen begannen. Die Kinder waren höchstens drei oder vier Jahre alt.

Dann richtete ich meine Aufmerksamkeit auf die Umgebung. Hinter der Laubhütte befand sich eine Müllhalde. Aber um ehrlich zu sein, sah der ganze Ort nicht besser aus. Wie es in den meisten ländlichen Gegenden Mexikos der Fall ist, mit Ausnahme des Strandes (den die Anwohner während der Touristensaison sauber halten), war die gesamte Siedlung eine einzige Mülldeponie. Kaputte Waschmaschinen, die zwischen den Palmen herumlagen, rostige Töpfe und Pfannen, zerfledderte Kleidungsstücke, die am Stacheldraht hingen, kopflose Puppen, Motorgehäuse, Betonfundamente und herumliegende Eisenstangen an Bauruinen, die von Unkraut überwuchert waren; Bierdosen, Zigarettenkippen, Windeln, Dosen, sonnengebleichter Plastikabfall und Rost nicht identifizierbarer Herkunft überall.

Die unausweichlichen Spuren der Zivilisation. Das Erbe des Homo sapiens: Müll und noch mehr Müll. Nicht dass es den ausschließlich in Mexiko oder in ländlichen Gebieten gibt, im Gegenteil, nur je wohlhabender ein Land ist, desto eifriger bemühen sich die Regierenden, den Müll zu verstecken. Denn der Aufstieg bringt Dividenden mit sich, mit denen man jemanden bezahlen kann, der den Abfall wegbringt, um ihn irgendwo anders abzuladen. Weit weg vom Gewissen der Menschen. Wenn möglich in einem anderen Teil der Welt, so wie es Deutschland, Belgien, Holland, Frankreich und andere Nationen mit solventer Volkswirtschaft machen, die sich rühmen, »ökologisch« zu sein, während sie ihren Müll entsorgen, indem sie ihn in jedes Entwicklungsland transportieren, das bereit ist, diese Last zu tragen. (Allein im Jahr 2018 hat die Europäische Union 20,9 Millionen Tonnen Abfall exportiert, hauptsächlich in die Türkei, nach China und Indien. In derselben Zeit exportierten die USA allein 1,07 Milliarden Tonnen Plastik.)

In jedem Fall habe ich die Offenheit einkommensschwacher ländlicher Gebiete wie Playa Paraíso immer geschätzt, wo es unmöglich ist, den Schein zu wahren und die Auswirkungen unseres täglichen Tuns zu ignorieren, egal, wie klein das Dorf ist.

Ich richtete meine Aufmerksamkeit wieder auf die Wanne mit den Krokodilen. Die Kinder amüsierten sich inzwischen damit, ihnen Steine in die Mäuler zu schieben. Die Tiere taten mir leid. Was würde aus ihnen werden?

Ein paar Stunden, nachdem das kleine Krokodil im Reptilienzimmer angekommen war, schwamm es glücklich in seinem neuen Heim herum. Weit weg von jenem Schuppen, in dem seine Geschwister verendet waren. Es hatte mit Begeisterung die Ährenfische verschlungen, die ich ihm nach der ersten Akklimatisierung angeboten hatte, und sonnte sich nun entspannt unter der Wärmelampe. Ich nutzte diese Auszeit, um seine biologische Identifikationstafel zu studieren.

Nachdem ich festgestellt hatte, dass es weder hervorstehende Augenlider noch eine flache Schnauze hatte, wusste ich, dass es definitiv kein Krokodilkaiman war.

Ich zählte Schuppen und analysierte morphologische Eigenschaften. Das Ergebnis beunruhigte mich ein wenig, denn alles wies darauf hin, dass es sich auch nicht um ein Beulenkrokodil *(Crocodylus moreletii)* handelte, sondern um ein Spitzkrokodil *(Crocodylus acutus)*. Das nicht mehr oder weniger als die zweitgrößte Krokodilart auf der Erde ist. Eine kolossale Bestie, die bis zu fünf Meter lang und über fünfhundert Kilo schwer werden kann und eines der wenigen in Mexiko lebenden Tiere ist, die wirklich in der Lage sind, einen Menschen zu verschlingen, wenn die Umstände es zulassen. (Tatsächlich ist Mexiko mit 151 gemeldeten Vorfällen seit 1995 das Land mit den meisten Krokodilangriffen auf dem amerikanischen Kontinent.)

Umso besser, dass die Regierung mir aufgetragen hatte, den Nachwuchs einer solchen Bestie nur für kurze Zeit zu beherbergen, dachte ich, um mich zu beruhigen. Denn somit war es sehr wahrscheinlich, dass die »freiwillige« Unterbringung in meiner UMA enden würde, bevor das Tier eine möglicherweise gefährliche Größe erreichte. Womit ich mich zum letzten Mal an diesem Tag irrte und diesmal deutlich.

Die Monate summierten sich, und schließlich waren zwei Jahre vergangen, ohne dass ich etwas vom Sekretariat für Umwelt und natürliche Ressourcen gehört hatte. Das Krokodilkind war inzwischen überhaupt nicht mehr niedlich. Es war nun etwas länger als anderthalb Meter (und schien nur aus dem Kopf mit den spitzen Zähnen und dem mächtigen Schwanz zu bestehen) und in der Lage, eine pfundschwere Ratte mit der Leichtigkeit zu töten, mit der man eine leere Bierdose zusammendrückt.

Nach und nach hatte unser angeblich vorübergehender Mieter im Reptilienzimmer die Dimensionen der verschiedenen Behausungen, die wir ihm zur Verfügung stellen konnten, gesprengt und bewohnte nun ein riesiges Fischbecken, das wir nach der Schließung eines Aquariums geerbt hatten. Es war unübersehbar, dass auch dieses gläserne Heim etwas zu klein für ihn war, aber wir waren nicht in der Lage, ihm etwas Größeres anzubieten. Inzwischen war es auch nicht mehr möglich, ihn heimlich in der Badewanne schwimmen zu lassen, wie wir es früher oft gemacht hatten, als er noch kleiner gewesen war.

Da es ziemlich schwierig ist, das Geschlecht eines jungen Krokodils festzustellen, hatten wir in den ersten Monaten seines Aufenthalts in der UMA beschlossen, es Lupe zu nennen (ein Name, der, zumindest in Mexiko, sowohl ein männlicher als auch ein weiblicher ist).

Lupe war ein unruhiges Tier, sehr schnell und ausgesprochen gefräßig. Jedes Mal, wenn das Krokodil die Fleischstücke witterte, die den größten Teil seiner Nahrung darstellten, drehte es durch. Dann schob es sich mit heftigen Schwanzstößen so weit nach oben, dass sein Kopf über den Rand der gläsernen Behausung ragte, und schnappte bei der geringsten Bewegung zu.

Natürlich hatten alle Hausbewohner ein wenig Angst vor ihm. Wie sollte es anders sein. Schon zu dieser Zeit hätte das Tier einem, wenn man nicht aufpasste, locker die Hand abbeißen können.

Es war klar, dass ich Lupe nicht mehr viel länger würde beherbergen können. Ich war weder dazu in der Lage, noch hatte ich Lust dazu. Doch all meine Versuche, von der Generaldirektion für Wildtiere irgendeine Auskunft zu erhalten, verliefen erfolglos.

In der kurzen Zeit war der Verwaltungsstab des Sekretariats für Umwelt und natürliche Ressourcen bereits zweimal ausgetauscht worden (natürlich wieder wegen Korruptionsskandalen), und der Beamte mit dem Ameisenbärengesicht arbeitete auch nicht mehr dort. Und was noch schlimmer war: Die Übergabe war nirgendwo dokumentiert worden. Mit anderen Worten: Der »Gefallen«, der mir aufgezwungen worden war, hatte niemals stattgefunden.

Demnach wies alles darauf hin, dass ich ganz allein für Lupe verantwortlich war.

Zu der Zeit, als es mir gelungen war, mich aus den Fängen des Heroins zu befreien, und ich daran arbeitete, meine cineastischen Träume zu verwirklichen, kam es schließlich dazu, dass Lupe ein Mitglied meiner Familie tatsächlich in Gefahr brachte. Ich befand mich gerade in Pachuca im Bundesstaat Hidalgo und war bei einem Kurzfilmprojekt des CUEC – der Filmhochschule an der UNAM – als Kameraassistent im Einsatz, als Lupe auf die Idee kam, das Aquarium zu verlassen. Zugegebenermaßen war dies nicht der erste Versuch, aber der erste erfolgreiche.

Wovon Krokodile wohl träumen? Ich nehme an, dass sich zumindest die, die in Gefangenschaft leben, nach Freiheit sehnen. Jedenfalls schaffte Lupe es, über den gläsernen Rand des Aquariums zu klettern, die Abdeckung anzuheben und sein Heim zu verlassen. Wie der Zufall es wollte, stand genau an diesem Tag die Tür des Reptilienzimmers offen, die sonst immer geschlossen ist, sodass die flüchtige Bestie die Treppe hinunterspazieren konnte, die ins Wohnzimmer führt, um sich dort zwischen den Möbeln ein gutes Versteck zu suchen.

Es war bereits ziemlich spät, als Lety, die Hausangestellte, die bei uns wohnte, vom Supermarkt zurückkam. Mit ihrer generell guten Laune trug sie mehrere volle Einkaufstaschen ins Haus. Sie ging durchs Wohnzimmer Richtung Küche, ohne das Licht anzumachen, und ahnte natürlich nichts von der Anwesenheit des schuppigen Schattens, der hinter dem Sessel lauerte.

Ich habe keine Ahnung, was Lupe in diesem Moment geritten hat. Oder besser gesagt, was seinen Appetit anregte. Denn selbst die zierliche Lety war eine viel zu große Beute für ein Reptil von anderthalb Metern. Vielleicht war das, was den gerade entronnenen Flüchtling so gereizt hat, der Duft irgendeines Fleischprodukts, das sich in einer der Einkaufstaschen befand. Wobei es auch möglich ist, dass das Tier aus Mangel an Erfahrung bei der Jagd im offenen Gelände seinen Ehrgeiz nicht zügeln konnte. Hunger hatte es immer, was das angeht, ist die Sache also klar. Und Instinkt ist etwas, das man auch nach Jahren der Gefangenschaft nicht verliert. Jedenfalls verließ das

Raubtier ohne Vorwarnung sein Versteck und stürzte sich auf seine Beute (welches Ziel auch immer es dabei im Sinn hatte).

Zwischen Lupes spitzen Zähnen und Letys saftiger Wade lagen nur wenig Meter Parkett. Dabei muss man wissen, dass Krokodile auf kurze Distanz die erstaunliche Geschwindigkeit von fünfunddreißig Kilometern pro Stunde erreichen können (was deutlich mehr ist, als ein normaler Mensch leisten kann). Ich bin noch nie von einem Krokodil gejagt worden, aber durchaus von großen Leguanen und Waranen, und ich kann versichern, dass sie wesentlich schneller sind, als ein Mensch reagieren kann.

Die Würfel waren gefallen: Wenn es dem Krokodil gelang, das Überraschungsmoment zu nutzen, würde es an diesem Abend Menschenfleisch probieren. Allerdings stieß es bei seinem Manöver gegen ein Tischbein, wodurch eine Blumenvase umfiel und auf dem Boden zerschellte. Der Krach ließ Lety zusammenfahren, und mehr aus Reflex als dass sie wirklich realisierte, was das für ein Schatten war, der sich da auf sie stürzte, schob sie die Einkaufstaschen zwischen ihre Beine und den Angreifer, sodass das Krokodil seine Zähne in einen Milchkarton hieb.

Daraufhin reagierte Lety wie jede Frau, die das Landleben gewohnt ist: Sie griff nach einem Besen, schützte sich mit der Kehrschaufel und ging auf das Ungeheuer los, was dazu führte, dass der Täter zum Opfer wurde und, vom frustrierenden Ergebnis seines Angriffs verwirrt, auf der Suche nach Rettung die Flucht ergriff.

Als ich zwei Stunden später, von der Nachricht alarmiert, aus Pachuca zurückkehrte, fand ich Lupe wieder in seinem Aquarium vor. Ich habe keine Ahnung, wie es ihm gelungen ist, aber das Krokodil saß gemütlich im Wasser und tat, als ob nichts gewesen wäre. Als ich es dort so friedlich zwischen den Lilien herumplanschen sah, fiel es mir zunächst schwer, an die Flucht und den angeblichen Angriff zu glauben, aber der zerbissene Milchkarton war ein eindeutiger Beweis, und außerdem hatte Lety keinen Grund, sich eine solche Geschichte auszudenken. Und wie um mich endgültig zu überzeugen, wiederholte das Krokodil am nächsten Tag sein Fluchtmanöver, um – warum auch nicht – in das Becken meiner Schnappschildkröte einzudringen, die nicht umsonst den Namen Mon*Star trug.

Mon*Star war nicht irgendeine Schildkröte, sondern einige Jahre zuvor aus der Wohnung einer meiner Uni-Dozentinnen geborgen worden, weil ihr Sohn nicht mehr mit ihr fertigwurde. (Was durchaus seinen Grund hatte, denn das brutale Tier hatte sämtliche Bewohner des Hauses verschreckt.) Die Schildkröte verfügte über einen etwa vierzig Zentimeter langen Panzer, gefährliche Krallen, ein äußerst aggressives Temperament und einen Kopf in der Größe einer Pomelo. Sie hatte die Kraft eines kleinen Bären, messerscharfe Kiefer und war vielleicht nur ein bisschen gewalttätiger als der Eindringling, der sich in diesem Moment auf ihr Territorium wagte. Tatsächlich hätte ich, wenn dies in einem Gladiatorenkampf geendet hätte, auf die Schildkröte und nicht auf das Krokodil gewettet.

Mon*Stars Becken war oval, etwa anderthalb Meter tief und genauso breit. Die beiden Biester hockten sich gegenüber und musterten sich argwöhnisch. Es war das erste Mal, dass sich die beiden Raubtiere begegneten, und ich hatte keine Ahnung, was in ihnen vorging. Ob sie sich gegenseitig abschätzten, abwägten, wer wen fressen würde, oder ob das überraschende Aufeinandertreffen sie beide in den Verteidigungsmodus versetzte. Die Zeit drängte, denn in dem aufgewühlten Wasser würde das Sediment vom Grund aufsteigen, sodass man schon bald nicht mehr würde erkennen können, was unter der Oberfläche vorging.

Jedenfalls hatte ich den Eindruck, dass mir nur eine Chance blieb, um den Streit zu verhindern, wobei ich unbedingt vermeiden wollte, dabei Finger zu verlieren. Da es ausgeschlossen war, das Manöver allein durchzuführen, machte ich mich auf die Suche nach Álvaro.

Mein Plan war folgender: Er würde Mon*Star mit einem Fischernetz zurückhalten, während ich versuchen würde, das Krokodil zu ergreifen. Unnötig zu sagen, dass ein Fehlversuch zu einem Gemetzel geführt hätte.

Ich zog ein Paar Schutzhandschuhe über, wir zählten bis drei und steckten unsere vier Hände gleichzeitig ins Wasser. Ich muss sagen, dass Álvaro, wie in Extremsituationen mit Wildtieren üblich, auch diesmal Nerven wie Drahtseile bewies. (Denn nach der Eignungsprüfung bei der Rettung meines Arms vor der Güera war der Lebensgefährte meiner Mutter gezwungen gewesen, zahlreiche Herausforderungen zu überstehen. Und wenn mich meine Erinnerung nicht trügt, hat er dabei nicht ein Mal seine gewohnte Ruhe verloren.)

Ich umschloss mit einer Hand Lupes Maul, während ich mit der anderen gleichzeitig den Schwanz festhielt. Álvaro setzte die Schildkröte gefangen, und in Sekunden war im Wasser die Hölle los. Das Letzte, was ich in der schlammigen Flüssigkeit sah, war, dass Mon*Star im Netz nach allen Seiten schnappte. Das Krokodil wand sich heftig in meinen Händen, doch es gelang mir, es aus dem Becken zu heben. Als es realisierte, dass es nicht mehr im sicheren Wasser und offensichtlich gefangen war, stieß es ein hohes, durchdringendes Kreischen aus. So erfuhr ich, dass auch nicht mehr ganz so kleine Krokodile Hilferufe ausstoßen.

Ich verfrachtete Lupe zurück ins Aquarium und sicherte die Abdeckung mit Kletterseilen. Danach betrachteten Álvaro und ich das Krokodil schweigend, denn das Adrenalin hatte uns verstummen lassen. Wir tauschten lediglich einen anerkennenden Blick aus, weil wir es geschafft hatten, die Gefahr ohne Todesfälle oder den Verlust eines Fingers zu bannen. Doch ein gewisses Unbehagen blieb zurück. Die stille Gewissheit, die sich dagegen wehrte, das Unaussprechliche in Worte zu fassen.

»Denn jeder Peinlichkeit wohnt eine Erleuchtung inne«, behauptet Hans Magnus Enzensberger in *Meine Liebling-Flops*, und die Serie meiner letzten faunistischen Malheurs machte eines klar: Die Tage, in denen ich das mütterliche Nest mit meinen Tieren bedrohte, waren gezählt. Es war höchste Zeit, dass nicht nur Lupe eine angemessenere Behausung fand, sondern auch ich.

Ich war gerade vierundzwanzig Jahre alt geworden, als ich das mütterliche Nest dann auch endlich verließ. Nach langen Verhandlungen mit meiner Verwandtschaft erhielt ich die Erlaubnis, auf dem Grundstück des Hauses, das der Familie in Cuernavaca gehörte, einen Teich für Lupe anzulegen. Dort begann das Krokodil Eichhörnchen, Vögel, Opossums, Katzen und jeden anderen unvorsichtigen Besucher zu jagen, der sich seinem Teich näherte. Es wuchs und gedieh mit atemberaubender Geschwindigkeit.

Nach dem Tod meines Großvaters hatte ich ein kleines Erbe erhalten, das ich unbedingt in den Bau eines Herpetariums investieren wollte. Das Geld reichte aus, um das Haus in der Wohnanlage im Zentrum von Coyoacán, in dem wir Jahre zuvor gelebt hatten, um eine Etage aufzustocken, die fast vollständig meinen Tieren zur Verfügung stehen sollte.

Dort richtete ich ein Reptilienzimmer ein, das sich sehen lassen konnte. Auf allerhöchstem Niveau, wie ich glauben wollte. Mit großen, in die Wände eingemauerten – und nun wirklich ausbruchsicheren – Terrarien. In den Wänden verliefen zudem weit verzweigte Rohre, die mit einer Heizung verbunden waren, um die Temperatur zu halten. Es gab Oberlichter, die sich öffnen ließen, um das Sonnenlicht hereinzulassen. Die Becken der Schildkröten und der großen Schlangen waren mit Abfluss- und Filtersystemen ausgestattet. Die Seitentüren des Raums führten auf eine grasbewachsene Terrasse, auf der sich die Landschildkröten austoben konnten, und in jedem Wohnbereich gab es einen automatischen Rasensprenger, um den Effekt des Regens zu simulieren. Kurz gesagt, alles, was ich mir immer gewünscht hatte, und ein bisschen mehr.

Den Rest des Hauses teilte ich mit Freunden, denen ich Zimmer vermietete, um auf diese Weise meine Lebenshaltungskosten und die meiner Tiere zu bestreiten. Einige Jahre über lief alles gut, die Tiere wuchsen und pflanzten sich problemlos fort, und nach der Erfahrung mit Lupe weigerte ich mich entschieden, weitere Mieter in meine UMA aufzunehmen (schließlich sind fünfzig hungrige Mäuler, die man stopfen muss, kein Pappenstiel).

Zu der Zeit gelang es mir nach zwei gescheiterten Versuchen endlich, auf der Grundlage meiner Erfahrungen mit den Tieren in der UMA meine Abschlussarbeit zu schreiben und meinen Studienabschluss in Biologie zu erlangen. Allerdings veränderten sich durch meinen akademischen Titel die Umstände. Meine Umstände, meine ich.

Ich weiß nicht, ob die Entscheidung, meinen Anteil an dem Erbe in den Bau eines Reptilienzimmers zu investieren, von dem ich schon als Kind geträumt hatte, die beste oder die schlechteste meines Lebens war. Denn die Freude war nur von kurzer Dauer. Nachdem ich den Neubau gerade mal zwei Jahre genossen hatte, veränderte sich etwas in mir. Etwas, das eine Hundertachtzig-Grad-Wende auslösen sollte, die der Zeit der Gefangenschaft ein für alle Mal ein Ende setzte, der meinen und der der Kaltblüter an meiner Seite. Natürlich nicht im wörtlichen Sinne, denn ich glaube, inzwischen dürfte klar sein, dass die Entscheidung, meine Tiere einfach so in die Freiheit zu entlassen, zu einer kleinen Katastrophe in meiner Umgebung geführt hätte. Es ging eher darum, den Staffelstab weiterzugeben und ihre Betreuung jemand anderem zu übertragen.

Selbstverständlich habe ich nicht ein einziges meiner Tiere verkauft, das stand vollkommen außer Frage. Schließlich waren sie ein wichtiger Teil meiner Identität. Geliebte schuppige Reliquien, Familienmitglieder, wenn man so will, und als solche verdienten sie es, ein neues Zuhause zu finden, das nicht schlechter war als das, was ich ihnen bieten konnte. Die Tiere der UMA übergab ich zusammen mit der Zuchtliste an Eduardo, den Tierarzt, der sie medizinisch betreut hatte, seit Ana Luisa nach Guadalajara gezogen war. Eine ausgewählte Gruppe blieb bei Jerónimo, und den Rest teilte ich unter meinen engsten Freunden in der herpetophilen Welt Mexikos auf.

Es war ein seltsames Gefühl, als ich die letzten Exemplare ausgehändigt hatte und allein in dem leeren Herpetarium zurückblieb. Ich hatte keine Verantwortung mehr, und das war etwas Neues für mich. Ich wusste nicht, was ich mit all den freien Stunden anfangen, womit ich mich beschäftigen sollte. Jahrzehntelang hatte ich einen beträchtlichen Anteil meiner Zeit damit verbracht, mich um meine Tiere zu kümmern, und wie ich annehme, hatten sie sich auch um mich gekümmert. Sie hatten mir einen Halt gegeben, damit ich nicht komplett den

Boden unter den Füßen verlor. Sie waren viel mehr als nur ein reines Hobby oder ein Zeitvertreib gewesen. Sie hatten meinem Leben einen Sinn gegeben, um es simpel auszudrücken, und jetzt musste ich einen neuen finden.

Jedenfalls habe ich, abgesehen von der ein oder anderen Katze, zwei, drei Fischen und gelegentlich einem Axolotl, nie wieder Tiere in Gefangenschaft gehalten. Das bedeutet jedoch nicht, dass mein Fanatismus für Kaltblüter nachgelassen hätte. Tatsächlich denke ich bis heute mehrmals am Tag an jene Phase meines Lebens und an die Tiere, die ich damals hatte. Ich nehme an, dass es mit wahren Leidenschaften immer so ist, dass man die Art und Weise ändern kann, wie man mit ihnen umgeht, aber dazu verdammt ist, ihnen zu huldigen, solange man lebt. Oder wie die Anonymen Alkoholiker sagen: »Süchte kann man nicht heilen, sondern nur kontrollieren.«

Im Jahr 2008 verließ ich Mexiko für mehrere Jahre – ich habe zuerst in London gelebt, um ein Aufbaustudium zu absolvieren, und anschließend in Berlin, wo ich zu schreiben begonnen habe –, und meine Begegnungen mit der Fauna waren wieder so wie in meiner Kindheit: Wenn ich Kontakt zu Tieren haben wollte, dann sollte es in ihrer heimischen Umgebung sein. Also machte ich mich nach ihnen auf die Suche und beobachtete sie, ohne mehr als nötig einzugreifen. Ich versuchte, ihr Dasein an den wenigen noch existierenden Orten, wo sie frei leben, zu genießen, solange dies noch möglich ist. Und auf diese Weise lernte ich den Amazonas kennen und später die Inseln.

Zwischenspiel: Gebrauchsanleitung, um den Angriff einer Anakonda im tropischen Regenwald zu überleben

Wenn man im Amazonasgebiet ankommt, ist das Erste, was einem auffällt, die drückende Atmosphäre. Das liegt nicht mal an der Hitze, sondern an der Dichte der Luft. Es ist fast, als ob man sie kauen könnte. Das Zweite ist auch heute noch die Unzugänglichkeit des Regenwaldes. Dabei ist dieses riesige Meer aus brodelndem Grün, das man vom Flugzeug aus sieht, vom Boden betrachtet, längst nicht so dicht gewoben. Überall gibt es üppige Vegetation, aber der Urwald ist nicht sofort zu erkennen.

Tatsächlich ist dieses unberührte Heiligtum mit seiner unermesslichen Artenvielfalt viel weiter entfernt, als man denkt. Um den biologischen Garten Eden zu erreichen und persönlich zu erleben, was auf den Seiten des *National Geographic* zu sehen ist, ist es immer noch notwendig, viele Stunden dösend auf einem klapprigen Geländewagen zu verbringen und sich fast das Genick zu brechen, wenn er über die schlammigen Felsen rumpelt, als wären es normale Straßen, um danach auf einem Fischerboot mit donnerndem Außenbordmotor einen halben Tag lang den Fluss hinaufzuschippern. Und all das, während man von Schwadronen von Moskitos attackiert wird und sein Möglichstes tut, um nicht zu dehydrieren.

Aber es lohnt sich. Natürlich bist du völlig am Ende. Hast bereits Hunderte Stiche auf der Haut (und das nicht nur von Insekten, die der Wissenschaft bekannt sind), deine Kleidung ist von Schweiß durchnässt, und das wenige Essen, das du dabei hattest, hast du schon im vorletzten Transportmittel verdaut. Doch die riesigen, mit Bromelien bewachsenen Bäume, die vor einem aufragen, lassen einen jeglichen Kummer rasch vergessen.

Für einen Moment ist es wie eine göttliche Offenbarung. Du bist mitten in der Natur in all ihrer Herrlichkeit. Aras und Schmetterlinge schweben durch die Luft, an den Flussufern dösen zahlreiche Kaimane, am grünen Baldachin entdeckst du das erste Rudel Affen von den vielen, die du in den nächsten Tagen sehen wirst, und in den Schatten verbirgt sich das Versprechen von Tapiren, Ameisenbären und Wasserschweinen. Dein Blick verweilt auf den spiralförmigen Trieben der Baumfarne, und für ein paar Sekunden hast du den Eindruck, dass im Wald ein mächtiges Gleichgewicht herrscht. Allerdings ist diese romantische Wahrnehmung weit weg von der Realität. Denn die Wildnis ist anders, der Überlebenskampf ist unerbittlich, fressen oder gefressen werden ist die einzige Konstante. Was kann man über einen Ort sagen, an dem sich sogar die Pflanzen um die wenigen Sonnenstrahlen streiten, die durch das Laub bis zum Boden vordringen? Vielleicht hat Werner Herzog recht, wenn er sagt, dass sich die Bewohner des Urwalds im ständigen Kriegszustand befinden.

Im Regenwald ist man in der Gegenwart gefangen. Tag für Tag wie ein Alkoholiker in der Entwöhnungsphase. Am Ende des Tages ist es die größte Leistung, nicht in die Fänge einer wilden Bestie geraten zu sein. Und das gilt für jede Kreatur in deiner Nähe, einschließlich dir selbst.

Zum Glück für den menschlichen Besucher sind die Tiere, die einen wirklich fressen oder einem irreparable Schäden zufügen können, eher selten. Unter den nicht-tödlichen sind die gefürchtetsten wohl die Blutegel. Und das aus gutem Grund, denn es ist äußerst unangenehm, einen glitschigen, glänzenden Wurm dabei zu erwischen, wie er an deinem Gewebe saugt. Wie kann es ihnen gelingen, die Festung deiner Spezialkleidung zu durchdringen? Das ist ein Rätsel, das niemals gelöst werden wird. Sicher dagegen ist, dass man dem hämatophagen Ektoparasiten, wenn man ihn während des Festmahls überrascht, besser erlauben sollte, sich in aller Ruhe mit Blutplasma zu sättigen, denn sonst besteht die Möglichkeit, dass er seinen erregerverseuchten Darminhalt erbricht und für eine in diesen Breitengraden unheilbare Infektion sorgt.

Der Urwald ist auch nicht der geeignete Ort für Spaziergänger, die unter Arachnophobie leiden. Denn es gibt extrem viele achtbeinige Wesen im Amazonasgebiet. Wobei in dieser exorbitanten Spinnenvielfalt nur eine Art für einen durchschnittlichen Erwachsenen wirklich gefährlich ist: die Vogelspinne. Eine imposante Spinne, die einen Umfang von mehr als zehn Zentimetern hat und deren Biss ein starkes Gift freisetzt. Andere Organismen, die leichte Unannehmlichkeiten verursachen können, sind Skorpione, Riesentausendfüßler, Wespen und Ameisenjungfern. Und in der Sektion der Tiere mit anthropophagischen Möglichkeiten ist der Jaguar zu nennen. Diese schöne Katze mit ihrem charakteristisch gefleckten Fell und ihrer ganz schwarzen Variante, dem Panther, kann mit Leichtigkeit einen Menschen verspeisen. Allerdings sind heutzutage nur sehr wenige tödliche Angriffe dieser Tiere zu verzeichnen. Viel gefährlicher sind da zweifellos die Krokodile. Aber wenn man darauf verzichtet, sich im Fluss zu erfrischen, ist man vor ihnen ziemlich sicher.

Was die Anakondas angeht, sieht das jedoch anders aus. Für

die größten Schlangen der Welt sind wir Menschen eine durchaus verlockende Beute. Wahrscheinlich sind wir sogar verlockender als die meisten anderen Tiere, denn wir nackten Affen sind extrem leicht zu jagen, und im Vergleich zu anderen Lebewesen unserer Größe sind wir ausgesprochen schwach. Bei der geringsten Gegenwehr reicht ein leichtes Zusammenziehen der schuppigen Muskeln der Schlange, um – ich habe es an früherer Stelle schon erwähnt – unseren Blutstrom zu blockieren. Also was kann man beim Angriff eines solchen Reptils tun? Gibt es eine Möglichkeit, wie ein bescheidener Hominide die Attacke einer zehn Meter langen und über hundert Kilo schweren Schlange überleben kann? Die Antwort ist Ja, aber es erfordert ein wenig Geduld und Nerven aus Stahl.

Bevor ich die Schritte aufzähle, die dabei zu befolgen sind, ist es wichtig zu erwähnen, dass diese Gebrauchsanleitung nur im Fall eines zufälligen nächtlichen Angriffs anwendbar ist.* Denn wenn sich die Riesenschlange von der Spitze eines Baums auf ihr Opfer stürzt (wie es manchmal der Fall ist), gibt es kein Entkommen. Genauso wie es keine Rettung gibt, wenn die Würgeschlange im Sumpf zuschlägt. Beim direkten Kampf mit einem Exemplar beträchtlichen Ausmaßes hat ein Mensch keine Chance. Doch wenn man nachts in die unglückliche Situation gerät, von einer hungrigen Anakonda angefallen zu werden, gibt es einen Hoffnungsschimmer. Denn es ist so, dass diese riesigen Schlangen ziemlich faul sind. Und wenn sie auf der nächtlichen Suche auf eine mögliche schlafende Beute sto-

---

* Die in dieser Gebrauchsanweisung aufgeführten Schritte sind eine kreative Ausarbeitung der Anleitung, die im *Handbook for Volunteers* des US Peace Corps für die Freiwilligen im Amazonasgebiet enthalten ist (tatsächlich stammt der entsprechende Eintrag aus dem Forum *Humor and the Peace Corps*, wurde später aber verbreitet, als wäre er echt).

ßen, beschließen sie oft, sich die Mühe zu sparen, sie zu umwickeln, um sie sofort zu verschlingen. Und genau aus diesem Grund besteht die Möglichkeit, heil davonzukommen.

Möglicherweise wurde die Anakonda durch die Wärme des Lagerfeuers angelockt, und nachdem sie ein wenig die Gegend erkundet hat, weiß sie, dass sich der Leckerbissen im Zelt befindet. Dieses zu öffnen, ist kein Problem, denn ihre hypersensible gespaltene Zunge führt sie über die Kunststoffoberfläche, bis sie die Öffnung des Reißverschlusses findet. Dann lässt sie nicht locker, bis es ihr mit ihrem flachen Kopf gelingt, in die Höhle des Opfers einzudringen. Sie hängt ihren Kiefer aus, während ihr angesichts des bevorstehenden Festmahls das Wasser im Mund zusammenläuft, und macht sich kurzerhand über die Füße her, die vor ihr liegen.

Sagen wir, dass das der Moment ist, in dem du aufwachst. Das seltsame Gefühl, nasse Füße zu haben, und das intensive Wackeln der Zeltwände reißen dich aus dem Tiefschlaf. Du öffnest die Augen und stellst entsetzt fest, dass die Schlange schon bei den Fußknöcheln ist. Vergiss nicht, dass du um jeden Preis vermeiden musst, die Knie anzuziehen, um dich aus dem Maul der Bestie zu retten. Das würde sie nur irritieren. Und wenn das Raubtier auch nur die geringste Gegenwehr seitens des Opfers wahrnimmt, wird es seine Meinung ändern und von der passiven Nahrungsaufnahme zur gewalttätigen Version wechseln, was bedeutet, dass es dich mit seinem mächtigen Körper umschlingt und dich zusammenschnürt, bis es dich getötet hat. Und das willst du natürlich um jeden Preis vermeiden.

Vielleicht wirst du dich nun sehnsüchtig nach der Machete umsehen. Der Impuls, nach der Waffe zu greifen und sie mit aller Kraft in den Drachen zu rammen, wird übermächtig. Aber du musst dich zurückhalten, denn es gibt keine effektivere Art, das Tier wütend zu machen, als es zu verletzen. Und eine Schlange solchen Ausmaßes mit einem Stich zu töten, ist schlichtweg unmöglich. Wenn du die Absicht hast, zu überleben, um deinen Nachkommen von dem Abenteuer erzählen zu können, musst du mit äußerster Vorsicht vorgehen. Das Geheimnis liegt darin, es dem Mönch gleichzutun und nicht dem Ninja. Ich fürchte, dass in diesem Fall die Geduld deine stärkste Kraft sein wird. Denn das Ziel ist, vorerst zuzulassen, dass das Tier weiter schluckt.

Der Prozess des Schluckens ist langsam, etwa so, als ob du über deinem Körper einen Strumpf abrollst. Möglicherweise verspürst du, wenn das Maul die Höhe deiner Knie erreicht, erneut den Drang, zu kämpfen. Schließlich kann der Anblick einer Riesenschlange, die bereits ein Drittel deines Körpers verschluckt hat, durchaus verstörend sein. Aber halt dich zurück. Denn deine einzige Chance ist in greifbarer Nähe, und du musst sie so gut wie möglich nutzen.

Solltest du übrigens nicht auf dem Rücken liegen, wäre dies der richtige Moment, um deine Position zu korrigieren. Denn sonst wird die Strategie erfolglos sein. Was du jetzt machen musst, ist, das Taschenmesser herauszuholen, das du hoffentlich in der Hosentasche oder in einem Etui an deinem Gürtel aufbewahrst – wenn das nicht der Fall ist, kannst du deine letzten Worte sprechen. Beweg dich äußerst vorsichtig, um nicht die Aufmerksamkeit von du weißt schon wem zu erregen.

Klapp die größte Klinge aus und halte sie so, dass sie nach oben zeigt. Nimm sie in beide Hände. Senk die Arme und dreh die Handgelenke so, dass die Klinge etwa auf Taillenhöhe parallel zu deinem Körper verläuft. Wenn die Messerspitze auf die Stelle zeigt, wo vor wenigen Minuten noch deine Füße waren, ist das prima. Wenn nicht, dann schnell!

Warte in dieser Position ab, bis die Schlange weiter hochkommt, bis ihr Kopf deine Arme erfasst. Jetzt kommt der schwierigste Teil: Mehr als die Hälfte deines Körper verschwindet im Inneren der Bestie. Zweifellos ist dies der eindrucksvollste Moment deines Lebens. (Wenn dem nicht so ist, möchte ich nicht wissen, an welchen Orten du dich zuvor rumgetrieben hast.) Halt dich bereit, denn deine einzige Chance naht: Genau in dem Moment, wenn das Maul des Monsters deine Ellbogen erreicht, musst du die Unterarme mit aller Kraft nach oben klappen. Dabei wird sich das Messer durch den Gaumen der Schlange bohren und in ihr Gehirn. Zieh kräftig in die Richtung deines Kopfes. Wenn du es richtig machst, zerteilst du das Gesicht der Schlange in zwei Hälften, was ihren sofortigen Tod zur Folge hat.

Herzlichen Glückwunsch, du bist gerettet. David hat Goliath besiegt. Kriech so schnell wie möglich aus dem Kadaver und nimm ein Bad. Der Speichel der Schlange ist ätzend und kann Krankheiten auslösen. Wenn ich dich richtig einschätze, wirst du mit einem Tierpräparator sprechen, damit er die Haut für dich konserviert. Ist das nicht der Fall, wird dieser unvergleichliche Sieg auf ewig ein Geheimnis zwischen dir und der Natur bleiben.

Lebendes Museum

ZWEITER TEIL: FREIHEIT (DIE INSELN)

Verwirrte Bäume krallen sich wie Riesen im Kampf ineinander, von Horizont zu Horizont, im Dampf einer Schöpfung, die hier nicht beendet ist. Nebelkeuchend und erschöpft stehen sie in dieser unwirklichen Welt, in einem unwirklichen Elend – und ich, wie in der stanza eines Gedichts in einer fremden Sprache, die ich nicht verstehe, befinde mich zutiefst erschrocken dabei.

WERNER HERZOG
Die Eroberung des Nutzlosen

Wenn du auf eine Expedition in den Urwald nur eine Sache mitnehmen kannst, dann entscheide dich für einen Salzstreuer anstatt für ein Messer.

REDMOND O'HANLON

N
W
E
S

Galapagosinseln, Ecuador

Was Naturlandschaften und die Evolution betrifft, so gibt es in der kollektiven Vorstellung nur wenige Gegenden, die an das herankommen, was der Archipel der Galapagosinseln zu bieten hat. Ein biologischer Meilenstein. Ein maritimer Garten Eden. Mächtige Vulkanausläufer, die sich zwischen den kobaltblauen Wellen des Pazifischen Ozeans erheben. Das fantastische Reich der Riesenschildkröten, Meeresleguane, Blaufußtölpel und Galapagos-Pinguine. Große Kolonien von Seelöwen, die sich an den Ufern sonnen. Finken, Albatrosse und Rotmaulkormorane nisten in der rauen Vegetation. Ein Schmelztiegel merkwürdiger Kreaturen, die meist ausschließlich in dieser Gegend leben und sich von den Schritten der erstaunten Besucher nicht stören lassen. Ein Treffpunkt zwischen Meeresströmungen. Pulsierende Küsten voller Leben, Wale, Delfine, Haie, Riesenrochen und Quallen. Hunderte Fischarten, die auf dem Riff glitzern. Floreana, Isabela, Fernandina, Marchena, Inseln, die seit der emblematischen Expedition Charles Darwins und der anschließenden Veröffentlichung seines berühmten Werkes *Die Entstehung der Arten* als »Mekka der Wissenschaft« gelten. Wenn es für Naturforscher so etwas wie das Heilige Land gibt, dann ist es dieser Ort.

Steckbrief 1

Breitengrad: 0° 40'0"S **Längengrad:** 90° 33'0"W / genau auf dem Breitengrad 0° (Äquatoriallinie)

Lage: Pazifischer Ozean, 972 km vor der Küste Ecuadors (Südamerika).

Größe: 7 970 km², bestehend aus 13 Hauptinseln, 6 kleineren Inseln und 107 Felsen und winzigen Inseln.

Bevölkerung: 33 042 Einwohner (Volkszählung 2020) / maximal 200 000 jährliche Besucher.

Vegetation: Auf den meisten Inseln trockene oder halb trockene Vegetation, in den höheren Lagen einiger der größeren Inseln tropische Vegetation. Die Flora umfasst etwas mehr als 500 Arten einheimischer Gefäßpflanzen (von denen 180 endemisch sind).

Fauna: Viele der vorhandenen Tiere sind endemisch. Riesenschildkröten, Meeres- und Landleguane, Schlangen, Seelöwen, Pinguine, Finken, flugunfähige Kormorane, Uhus, Pelikane, Wale, Delfine, über 300 Fischarten und fast 2 000 wirbellose Tiere. Die einzige Wirbeltiergruppe, die nicht vertreten ist, sind die Amphibien.

Schutzstatus: Die Inselgruppe ist das zweitgrößte Meeresschutzgebiet der Erde, seit 1959 ein Nationalpark und seit 1978 UNESCO-Weltnaturerbe. Sie gilt als eine vorrangige biogeografische Provinz.

Screening Room 1: Die Auslöschung meiner Gene aus der Evolution in Darwins gelobtem Land

Ich habe immer damit gerechnet, dass mein Leben einmal in den Fängen einer wilden Bestie endet, hätte aber nie gedacht, dass ich schon so bald in diese Gefahr geraten würde und schon gar nicht in der Konfrontation mit einem Tier, das normalerweise gar nicht als gefährlich gilt. Und doch bin ich hier, panisch in ecuadorianischen Gewässern treibend, das Visier leicht beschlagen und den Schnorchel fest zwischen den Zähnen, während ich in die Tiefe blicke, um zu erahnen, woher der nächste Angriff der Bestie kommen wird.

Immerhin hatte ich das Glück, in der letzten Woche das Paradies erkunden zu dürfen, sage ich mir und versuche mich mit der Tatsache zu versöhnen, dass ich gerade mal siebzehn Jahre alt bin und den Verdacht habe, wenn ich nicht schnell hier wegkomme, niemals erwachsen zu werden.

Ich strecke für einen Moment den Kopf aus dem Wasser, um mich von dem zu überzeugen, was mein Gehör mir bereits verraten hat: Das Boot ist fort! Kurz denke ich darüber nach, ob ich versuchen soll, den Vorsprung am Ufer zu erreichen, aber die Wellen schlagen so stark gegen den mit Seeigeln bedeckten Felsen, dass ich den Mut verliere. Also tauche ich wieder unter und erahne den bläulichen Schatten, der sich schwindelerregend aus der Tiefe erhebt.

Vielleicht übertreibe ich. Möglicherweise hat die Bestie gar keine mörderischen Absichten. Aber ihr breites Maul könnte mich schmerzhaft verstümmeln. Dabei wird mir die Ironie bewusst, die darin läge, ausgerechnet an dem Ort von der Fortpflanzung ausgeschlossen zu werden, an dem die Evolutionstheorie auf der Basis der natürlichen Selektion entstanden ist (oder an dem Darwin gewisse Elemente entdeckte, dank derer er später seine bahnbrechende These aufstellen konnte).

Im Allgemeinen gelten die Galapagosinseln als das friedlichste aller Wildnisgebiete. Ohne große Raubtiere, vor denen man sich in Acht nehmen muss, ohne giftige Spinnentiere oder Giftschlangen, ohne Überfälle argwöhnischer Wiederkäuer. Nicht umsonst hat sich die Fauna in diesem Garten Eden so weit entwickelt, dass die wenigen übrigen Bewohner der Landschaft (einschließlich der Hominiden, die sich seit einigen Jahrhunderten an den Küsten aufhalten) sie völlig gleichgültig lassen. Natürlich nur, solange sie sich an Land und nicht im Wasser befinden, wo die Bedingungen ein wenig anders sind.

Denn dort sind Haie allgegenwärtige Räuber, die größtenteils zwar auch keine Gefahr für den Menschen darstellen – zumindest die Arten, die am Riff und in den flachen Gewässern vorkommen (Galapagoshaie, Schwarz- und Weißspitzenhaie) –, in der pelagischen Zone gibt es jedoch auch Haie, denen man etwas mehr Respekt entgegenbringen sollte, wie zum Beispiel den Tigerhai und den Hammerhai (die in Rudeln von Hunderten durch das Reservat patrouillieren).

Allerdings ist es kein Hai, der mich in diesem Moment beunruhigt, sondern ein Säugetier. Eine Robbe mit muskulösem Körperbau und spitzen Zähnen, die eifersüchtig ihr Revier verteidigt, ein gnadenloser Sultan in seinem Harem auf dem Höhepunkt der Paarungszeit. Man könnte denken, dass Seelöwen relativ harmlos sind, aber nur, wenn man noch nicht in das Reich eines riesigen Alphamännchens eingedrungen ist, das dies gar nicht gut findet.

Als Darwin 1835 die Galapagosinseln erreichte, befand er sich an Bord der Brigg HSM Beagle, die dem Kommandanten Robert FitzRoy unterstand, und hatte den Auftrag, für die britische Krone eine detaillierte Karte der lateinamerikanischen Küste zu erstellen. Ich dagegen bin an diesem Ort gelandet, nachdem meine Mutter und Álvaro ihre Begeisterung für den Ökotourismus entdeckt hatten. Das war im Sommer 1999, in dem wir unsere erste Auslandsreise als Familie unternahmen.

Der Archipel besteht aus neunzehn Inseln unterschiedlicher Größe und zahlreichen kleinen Inseln, die aus der Luft wie eine Felsenkonstellation irgendwo im Meer aussehen. Eine Vulkangalaxie inmitten einer immensen Wassermenge. Nach unserem Start in Guayaquil hatte ich nach fast zwei Stunden im Flugzeug noch keinen einzigen Flecken Erde in den glänzenden Wellen gesehen.

Unternimmt man die Reise vom Kontinent aus mit dem Schiff anstatt mit dem Flugzeug, ist man vom nächstgelegenen Punkt aus drei Tage lang unterwegs. In der entgegengesetzten Richtung taucht als erste Erhebung auf dem terrestrischen Globus die Osterinsel auf (3.562 km in südwestlicher Richtung) und, einer geraden Linie folgend, Polynesien. So weit abgeschieden sind die Galapagosinseln vom Rest der Erde (und diese Isolation ist einer der Schlüssel für ihre einzigartige Biota).

Nun ist es so, dass Touren mit vorgegebener Route, bei denen die Touristen wie Vieh von einer Sehenswürdigkeit zur nächsten getrieben werden, während der Fremdenführer in einen

Lautsprecher brüllt, noch nie nach dem Geschmack meiner Familie waren. Doch um das prächtige Reich der Riesenschildkröten in natura zu erleben, schien es keine andere Möglichkeit zu geben, da nur vier der Inseln von Menschen bewohnt sind und zwischen den anderen Inseln keine öffentlichen Verkehrsmittel existieren (zumal sie gar nicht so nah beieinanderliegen, wie es aus der Luft den Anschein hat).

Nachdem das Flugzeug auf der holprigen Landebahn des Inselflughafens Baltra gelandet war, der noch aus dem Zweiten Weltkrieg stammt, wurden wir zu einem klapprigen Schiff gebracht, das in den kommenden zwei Wochen unser Zuhause sein würde. Natürlich trug es (wie die meisten anderen, die am Kai warteten) den Namen *Beagle II,* obwohl es nicht im Geringsten dem eleganten Segelschiff ähnelte, auf dem Darwin die fünf Jahre verbrachte, die seine Überfahrt dauerte.

Auf unserer Route sollten wir in Begleitung eines einheimischen Führers und etwa zwanzig Touristen verschiedener Nationalitäten, mit denen wir gezwungenermaßen unser tägliches Leben teilen mussten (was, nach der Größe des Schiffs zu urteilen, ziemlich eng werden würde), an mehreren Inseln haltmachen. Tagsüber würden wir zu Fuß das Land erkunden oder an unberührten Riffen schwimmen; nachts würden wir mit dem Schiff unterwegs sein.

Nach drei Tagen an Bord waren drei Dinge offensichtlich: In einer winzigen, in den Wellen schaukelnden Koje einzuschlafen, ist schlichtweg unmöglich, Walter (der Schweizer, mit dem ich diese Koje teilte) lächelte nur selten und ging nicht gern ins Wasser, und das Einzige, was seine und meine Expedition miteinander verband, war das Essen: Haferflocken, hartgekochte Eier, Spaghetti mit Ketchup, verkohlter Fisch und Ananas in Sirup.

Doch die unterirdischen gastronomischen Qualitäten und die Überbelegung des Schiffs reichten nicht aus, um die Ekstase zu verdrängen, die das Panorama hervorrief, das uns umgab. Steil aus dem cyan- und türkisblauen Meer aufragende Felsen, Hunderte Vulkane (mindestens acht davon aktiv), Lavafelder, schwarze, grünliche und rosafarbene Sandstrände. Jede Insel und jede Klippe, auf die wir stießen, schien so ganz anders zu sein als die sie umgebenden, jedes Stück Land seine eigene Miniaturwelt. Einige waren felsig, andere erdig, wieder andere üppig bewachsen. Es gab steinerne Felder, die kleiner waren als ein Tennisplatz und über ihren eigenen Vulkan verfügten. Unmöglich, nicht an *Der kleine Prinz* und seine kleinen Planeten zu denken.

Doch die Außergewöhnlichkeit der Landschaft wurde von der überall explodierenden Biota, die wirklich alle Sinne sättigte, noch in den Schatten gestellt. In welche Richtung der Blick auch fiel, traf er unvermeidlich auf irgendein außergewöhnliches Tier oder eine ebensolche Pflanze, von denen ein Drittel an keinem anderen Ort existiert (in nicht wenigen Fällen nicht mal auf den angrenzenden Inseln). Die Luft, das Wasser, die Strände und die Gipfel der Vulkanfelsen, die sich überall erhoben, wimmelten buchstäblich vor Leben. Meeresleguane, die sich in großen Gruppen auf den Felsen sonnten, Landleguane, die mit Hingabe Kakteen knabberten, Schildkröten von der Größe eines Wohnzimmertischs, Blaufuß- und Rotfußtölpel und sogar kleine Pinguine, von denen meine Mutter immer wieder sagte, dass sie aussähen wie aus *Alice im Wunderland*. Die Vielfalt und die Menge der Tiere war wirklich erstaunlich, zweifellos, aber ihr Verhalten vielleicht noch mehr. Nicht nur, dass sie vor den Schritten der staunenden Hominiden (von denen sie gewohnt waren, dass sie die Ruhe der Wälder störten) nicht davonliefen, setzten sie ihr Tun fort, als existierten diese gar nicht. Sie waren sogar so betulich, dass man aufpassen musste, nicht über einen der Seelöwen zu stolpern, die am Strand in aller Ruhe ihre Jungen säugten.

Tatsächlich war die nicht vorhandene Vorsicht der üppigen Zoologie gegenüber dem menschlichen Besucher an diesem Ort einer der Aspekte, die Darwin am meisten beeindruckten. Nach der Meinung des großen Naturforschers war das ungewöhnlich entspannte Verhalten der Tiere auf das Fehlen großer terrestrischer Raubtiere sowie auf die geografische Isolation des Ortes zurückzuführen, eine Bedingung, die sie für lange Zeit vor der unheilvollen Interaktion mit dem Menschen geschützt hatte.

Der junge Wissenschaftler (der, auch wenn er später seine Ansicht änderte und die Galapagosinseln zum Heiligen Land der Naturforschung erhob, diese bei seinem ersten Besuch offen verachtete und sie mit dem »kultivierten Teil der Hölle« verglich) notierte in seinem Feldtagebuch ein Experiment, das er durchführte, wobei er einen Meeresleguan aus seiner Lethargie riss und schwungvoll ins Meer warf. Zu seiner Überraschung tauchte das Tier nach dem Aufprall auf dem Wasser wieder auf und kehrte mit gleichmütiger Miene an seinen üblichen Platz zurück. Darwin wiederholte das Manöver und das Reptil änderte sein Verhalten nicht. Angeblich warf er dasselbe Individuum fünfzehnmal hintereinander ins Wasser, doch die unerschrockene Echse änderte ihr Verhalten nicht.

Leider machte genau dies die Tiere zur leichten Beute für die ersten Seefahrer, die im achtzehnten Jahrhundert die Inseln besuchten. Piraten, Walfänger, Entdecker und andere fingen regelmäßig Dutzende Riesenschildkröten, um sie an Bord, auf dem Rücken liegend oder im Laderaum angekettet, als lebende

Speisekammer zu missbrauchen. Frisches Fleisch für die lange Überfahrt. Das nahm derartige Ausmaße an, dass in nur wenigen Jahrhunderten zwei Arten von Schildkröten auf den Galapagosinseln beinah ausstarben. Die *Beagle* zum Beispiel hatte auf dem Weg nach Polynesien mehr als dreißig dieser Schildkröten an Bord. Andere Schiffe nahmen Hunderte mit.

Darwin selbst kostete mit Genuss das Fleisch verschiedener tierischer Inselbewohner. Wobei damals die von uns ausgelöste beispiellose ökologische Katastrophe noch nicht abzusehen war, sodass der Verzehr von exotischem Fleisch kein Tabu darstellte. Während seiner Zeit als Student in Cambridge gründete der junge Naturforscher sogar einen Club für die Verkostung von dem westlichen Gaumen unbekannten Fleischsorten. Sein kulinarisches Urteil über die Galapagos-Leguane lautete: »Gekocht liefern diese Echsen ein weißes Fleisch, das diejenigen mögen, deren Magen sich über alle Vorurteile erhebt.«

Ich schätze, dass der Tag, an dem ich mich in der heiklen Situation befinde, von einem Seelöwen-Alphamännchen belagert zu werden, der zehnte nach unserer Ankunft ist – wobei ich manchmal das Gefühl habe, dass wir gerade mal vor zwei Tagen gelandet sind, und dann wieder scheint es mir, als wären wir schon seit einem Monat hier.

Was mag ich getan haben, dass das Tier so wütend ist?, frage ich mich, während das übergroße Säugetier knapp zwei Zentimeter neben meinem Körper vorbeischießt.

Ich drehe mich um, um ängstlich zuzusehen, wie die rundliche Silhouette in der azurblauen Weite verschwindet. Vielleicht, weil ich ins Wasser gepinkelt habe?, überlege ich, ohne zu wissen, ob die Meeressäugetiere ihr Revier auf die gleiche Weise markieren wie die Kollegen zu Lande.

Die Galapagos-Seelöwen, *Zalophus wollebaeki*, bilden Kolonien von Hunderten in einem Verhältnis von mehreren Dutzend Weibchen auf ein Männchen. (Die Gesamtpopulation des Archipels beträgt rund fünfzigtausend Exemplare.) Während der Paarungszeit sind Kämpfe zwischen den Anwärtern auf das Recht zur Fortpflanzung an der Tagesordnung. Wenn ein Hengst seinen persönlichen Harem gebildet hat, überwacht er ihn argwöhnisch und verjagt jeden potenziellen Rivalen, der zufällig des Weges kommt. Dabei ist es nicht unüblich, dass eins der Tiere schwer verletzt wird oder gar stirbt.

Bevor wir das Boot verlassen haben, hat man uns gewarnt, dass wir uns vor den Männchen in Acht nehmen sollen. Zum Glück schien keines in der Nähe zu sein, sodass wir unsere Schwimmwesten anlegten und freudig ins Wasser sprangen. Nachdem wir etwa zwanzig Minuten mit den Jungtieren und den Weibchen herumgetollt sind, habe ich mich ein bisschen von der Gruppe entfernt, um meine Blase zu leeren. In dem Moment fiel er mir zum ersten Mal ins Auge: eine riesige Gestalt, die in einer Entfernung von etwa fünfzehn Metern um uns herumschwamm. Ich verfolgte ihre kreisende Bewegung, bis sie abtauchte.

Ich weiß nicht, wie lange ich von der Größe des Monsters hypnotisiert war, aber als ich wieder zu mir komme, stelle ich fest, dass ich vollkommen allein bin. Die Weibchen beobachten mich von ihrem Felsen aus mit unheilverkündendem Blick. Zumindest scheint es mir so, wobei dieser Eindruck auch Ausdruck meiner eigenen Panik sein kann. Es gibt Weniges, was einen so verletzbar macht, wie sich zusammen mit einem Tier im tiefen Wasser zu befinden, das einen locker entmannen kann. Ich stelle mir vor, dass es ein ähnliches Gefühl sein muss, in einer Höhle plötzlich einem Braunbären gegenüberzustehen, während in diesem Moment die Taschenlampe ihren Geist aufgibt.

Ich bin mir nicht sicher, ob es viele Berichte über tödliche Begegnungen mit Seelöwen gibt, aber es existieren einige mit Seeleoparden in der Arktis und See-Elefanten in anderen Regionen des Pazifiks. In jedem Fall handelt es sich um kräftige Fleischfresser, die, auch wenn sie nicht die Größe ihrer gefährlichsten Verwandten haben, immerhin eine Länge von zweieinhalb Metern und ein Gewicht von zweihundertfünfzig Kilo erreichen können, gefährliche Schnauzen mit spitzen Zähnen haben und bemerkenswert gut schwimmen können. Man kann also sagen, dass der Vergleich mit einem Löwen nicht ganz unberechtigt ist, nur dass die größeren Exemplare der Meerestiere etwas imposanter sind als die afrikanischen Raubkatzen und im Wasser vielleicht sogar noch beweglicher als diese an Land.

Wo mögen die anderen sein?, frage ich mich, ohne dass mir die Zeit bleibt, darüber nachzudenken, denn genau in diesem Moment taucht das imposante Säugetier aus dem Schatten auf und stürzt sich auf mich.

Der erste Angriff ist nur ein Test. Ein paar Zentimeter, bevor die Silhouette mich erreicht, gleitet sie seitlich an mir hinab und streift dabei fast meine Rippen. Das Tier ist riesig und sieht aus wie ein dicker Bär mit kurzem Fell, der von seinem Stammbaum auch gar nicht so weit entfernt ist, denn die Ursidae (die Säugetierfamilie, zu der die Bären gehören) sind die engsten Verwandten der Pinnipedia (der Familie der Seelöwen, Walrosse und Seehunde). Um das Ganze noch zu verschlimmern, fällt mir auf, dass mein Angreifer auf einem Auge blind ist, was ihm zweifellos ein noch einschüchterndes Aussehen verleiht, aber auch ein eindeutiges Zeichen einer gewaltsamen Vergangenheit ist. Ich habe es also mit einem echten Gladiator zu tun, und das ist gar nicht gut.

Dabei kommt mir eine passende Grabinschrift in den Sinn: »Erst im Angesicht mit anderen Tieren erkennt der Mensch seine Unbedeutsamkeit.« Ich drehe mich um mich selbst und versuche herauszufinden, von wo der nächste Angriff der Bestie kommen wird, sehe jedoch nichts als aufgewühltes Wasser und Schatten.

Was meine Mutter wahrscheinlich nicht wusste, als sie die Galapagosinseln als Reiseziel auswählte, ist, dass unter all den besonderen Tieren in dieser abgelegenen Konstellation aus gefrorener Lava und Vulkanen die Reptilien die einzigartigsten sind.

Laut den Erhebungen des wissenschaftlichen Kollektivs Tropical Herping sind von den achtundfünfzig vorhandenen Arten achtundvierzig, also achtzig Prozent, auf dem Archipel endemisch. Das heißt, die große Mehrheit dieser Organismen existiert nur an diesem Ort. Aufgrund ihrer Isolation (einerseits vom Rest der Welt und andererseits voneinander) sind die Inseln wie kleine evolutionäre Fischgründe. Speziationslaboratorien, wenn man so will, die dazu geführt haben, dass sich die Vorfahren der verschiedenen Taxone, die ihre Oberfläche besiedelten, nach und nach phylogenetisch von ihren Artgenossen abgesetzt haben.

Dabei sind die Riesenschildkröten vielleicht das beste Beispiel. Von den emblematischen Galapagos-Riesenschildkröten, die nach dem Archipel benannt sind, gab es einst vierzehn verschiedene Arten (zwölf haben überlebt), von denen jeweils eine von einer bestimmten Insel stammt. Jede davon ist eine einzigartige Spezies, deren gesamte Population auf das Vulkanrelief beschränkt ist, auf dem sie lebt (manchmal nur auf einem

Teil davon): die Pinzón-Riesenschildkröte, die San-Cristóbal-Riesenschildkröte, die Santa-Cruz-Riesenschildkröte, die Cerro-Azul-Riesenschildkröte, die Wolf-Riesenschildkröte, die Sierra-Negra-Riesenschildkröte und so weiter. Einige haben gewölbte, kuppelförmige oder igluförmige Panzer, andere sind länglich, flach oder werden als »sattelförmig« bezeichnet. Wobei man durchaus auf dem Rücken eines solchen Tieres reiten könnte, wenn man wollte. Die Schildkröten sind so groß, dass sie ein Gewicht von vierhundert Kilo erreichen und mit ihren langen Hälsen, ihren elefantösen Füßen und einem Durchschnittsalter von über hundert Jahren eine zeitlose Anmut verkörpern.

Was die Leguane angeht, gibt es fünf verschiedene Spezies. Neben dem ikonischen Meeresleguan (der einzigen Echse auf der Welt mit derartigen Lebensgewohnheiten) gibt es den vorherrschenden Landleguan (mit seiner charakteristischen goldenen Färbung und den trapezförmigen Schuppen auf dem Kopf) und die Hybriden beider Arten. Außerdem lebt im Norden der Insel Isabela ein grandioser rosafarbener Leguan und auf Santa Fé ein silberfarbener.

Die Schlangen sind mit einer Seeschlangenart und neun Nattern vertreten, Schlangen von mittlerer Größe und mit Längsstreifenmuster in Ocker, Kaffeebraun, Dunkelbraun und Sienabraun. Auch wenn einige dieser Schlangen ein relativ schwaches Gift abgeben, gelten sie im Allgemeinen als ungefährlich für den Menschen. Hinzu kommen etwa ein Dutzend verschiedene Lavaechsen mit ihren charakteristischen spitzen Schuppen, drei Gecko- und fünf Meeresschildkröten-Arten, die zum Fressen und zur Eiablage häufig die Küsten aufsuchen.

Und da wir gerade beim Thema sind: Als unser Reiseführer uns etwas von den Riesenschildkröten und ihren Evolutionsprozessen erzählte, hörte ich zum ersten Mal etwas, was mich fürs Leben prägen sollte:

»Auf den tropischen Inseln ist Godzilla wahrscheinlicher als King Kong«, sagte er in schwer zu verstehendem Englisch.

Zu den regelmäßigen Aktivitäten unserer Reise gehörte es, dass sich vor dem Abendessen eine bunt zusammengewürfelte Touristengruppe (wegen der äquatorialen Sonne am vierten Tag mit bereits ziemlich geröteter Haut) in den kleinen Raum neben dem Speisesaal des Schiffs quetschte, um den Ausführungen unseres Reiseleiters zu lauschen.

Der das übrigens gar nicht schlecht machte. Er war ein charismatischer Typ und lockerte seine Erklärungen mit Büchern und Fotos auf. Der einzige Nachteil war sein fast unverständliches Englisch. Für uns stellte dies kein großes Problem dar, da wir üblicherweise mit ihm an einem Tisch saßen (weil wir neben der Crew und einer chilenischen Familie die Einzigen an Bord waren, die Spanisch sprachen) und das Glück hatten, dass er für uns alles noch mal in unserer Muttersprache wiederholte. Also fragte ich ihn während des Essens, was er mit dem Satz über Godzilla und King Kong meinte.

Der gute Mann enthüllte mir, dass es dabei um eine Art biogeografisches Prinzip gehe. Eine evolutive Entwicklung, die zum einen auf der Einschränkung der verfügbaren Ressourcen in einem beschränkten Gebiet – zum Beispiel auf einer Insel – reagiert und zum anderen auf den Stoffwechsel der Lebewesen. Dieser ist im Fall der Reptilien, die ihre Körpertemperatur nicht selbst regeln (und die daher von ihrer Umgebung abhängt), deutlich niedriger als der von Säugetieren, die zur eigenen Regelung in der Lage sind. Aus diesem Grund unterscheidet sich der Energiebedarf beider Gruppen signifikant: Reptilien müssen weniger häufig Nahrung zu sich nehmen als Säugetiere und sind außerdem in der Lage, große Mengen von Nährstoffen in ihren Geweben zu speichern. Deshalb sind sie unter geeigneten klimatischen Bedingungen besser für eine Existenz auf einer von Wasser umgebenen Landmasse mit begrenzten Ressourcen gerüstet. So schätzt man, dass die Galapagos-Schildkröten zum Beispiel bis zu einem Jahr ohne die Aufnahme von Nahrung und Flüssigkeit überleben können.

Und wenn wir dazu noch ein paar Dutzend Millionen Jahre hinzufügen, damit die natürliche Auslese eine Chance hat, ihre Tricks auszuspielen, ist zu erwarten (und in vielen Fällen zu beobachten), dass Inselreptilien größer werden, während Säugetiere – zumindest die, die auf dem Land leben – kleiner werden. Und dieser Prozess löst eine ganze Reihe zusätzlicher Selektionsvariablen aus, die sich gegenseitig beeinflussen, wie zum Beispiel die Höhe des Risikos, gefressen zu werden, und Unterschiede in der Reproduktionsrate, die die Tendenz der Reptilien, immer größer zu werden, noch verstärken. Kurz gesagt, in der hermetischen Ökologie der tropischen Inseln ist es eher möglich, auf riesige Reptilien als auf gigantische Säugetiere zu treffen, also eher auf Godzilla als auf King Kong.

»Natürlich ist das kein Gesetz«, erklärte mir der Reiseleiter, dem wahrscheinlich auffiel, dass ich so gebannt von seinen Worten war, dass ich aufgehört hatte zu essen. »In der Wildnis gibt es keine Gesetze«, behauptete er entschieden, »aber denk mal an die Komodowarane, die Riesenpythons auf den Philippinen und in Indonesien, die Nashornleguane auf den Cayman-Inseln oder die Riesenschildkröten auf den Seychellen.«

Was der Mann nicht wusste, war, dass er in meinem Gehirn einen Kurzschluss ausgelöst hatte. Und mit jedem der von ihm genannten Lebewesen und Orte entstand eine neue Synapse und erweiterte das neuronale Netz mit Kaskaden von Neurotransmittern. Ein schwer zu kontrollierender Drang durchlief meinen Körper: Ich wollte aus dem Raum stürzen und gleichzeitig an jeden dieser Orte reisen. Ich musste sie sehen. Mich in ihrer Dichte verlieren. Sie zu einem Teil meiner Geschichte machen.

Irgendwann, sagte ich mir, irgendwann. Und damit hatte ich eine neue Obsession gefunden: das Sammeln von Inseln.

Vielleicht bin ich naiv, aber ich habe das Gefühl, dass ich, wenn es mir gelingt, die Bestie auszumachen, bevor sie mich angreift, ihr ausweichen und mich auf den Felsvorsprung retten kann, auf dem die Weibchen chillen. (Die spitzen Igelstacheln, die zwischen den schäumenden Wellen herausragen, haben inzwischen ihren Schrecken verloren, und bin ich dem Wasser erst mal entronnen, wird es ein Leichtes sein, den Haremsherrscher, sollte er mich verfolgen, zu überlisten).

Was natürlich Blödsinn ist. Eine primitive Illusion eines Primaten, der in einer Umgebung, in die er nicht gehört, vollkommen hilflos ist. Als ob es irgendwie möglich wäre, dem wütenden Wassernashorn in seinem eigenen Revier zu entkommen. Jedoch klammere ich mich an die Vorstellung, dass es den Schimmer einer Möglichkeit gibt, die Lage in den Griff zu bekommen.

Dabei werde ich von zwei widersprüchlichen Impulsen heimgesucht: mich in einer fötalen Position zusammenzurollen und keinen Muskel zu rühren, um mich so möglichst unsichtbar zu machen, oder alle Gliedmaßen auszustrecken und wie verrückt im Wasser herumzuplanschen. Mich als furchtbaren oder zumindest mühsamen Gegner darzustellen, in der Hoffnung, dass sich der Gladiator seine Absicht, mich zu liquidieren, noch mal überlegt.

Wie viel Zeit mag seit seinem letzten Angriff vergangen sein?, überlege ich, die vage Möglichkeit in Betracht ziehend, dass er mich vielleicht vergessen hat.

Ich spüre, dass ich wertvolle Sekunden verliere, denn ich sollte sofort in Richtung der Felsen schwimmen. Vielleicht ist das meine einzige Chance. Den Kopf unter Wasser und mit aufmerksamem Blick mache ich zwei ungeschickte Züge in die entsprechende Richtung und halte dann abrupt inne. Plötzlich taucht das runde einäugige Gesicht wieder auf. Mit weit geöffnetem Maul schwimmt es schnell auf mich zu. Natürlich hatte ich nie wirklich eine Chance, ihm zu entkommen. Er ist eine fleischgewordene Meeresmaschine. Die einzige Reaktion, zu der ich fähig bin, ist zu würgen.

Doch als ich den bitteren Geschmack der Magenflüssigkeit in meinem Mund wahrnehme, geschieht etwas Verblüffendes. Ich spüre etwas in meinem Rücken, dann einen kräftigen Zug im Nacken. Es dauert ein paar Sekunden, bis ich begreife, was passiert. Ich erhebe mich aus dem Wasser, ohne etwas dafür getan zu haben. Der riesige Umriss der Bestie entfernt sich von mir, und beinah gleichzeitig entferne ich mich von der Wasseroberfläche. Nach einem Bogen von hundertachtzig Grad lande ich auf festem Grund.

In diesem Moment verstehe ich: Ich liege auf dem Schiffsdeck. Sie müssen mich an der Weste aus dem Wasser gezogen haben. Mir ist noch nicht ganz klar, wie genau die Choreografie abgelaufen ist, als ich von meiner horizontalen Position aus zusehe, wie ein Mitglied der Besatzung mit einem Ruder den Seelöwen vertreibt.

»Ich bin in Sicherheit …« Das ist das Einzige, was ich murmelnd herausbringe. Ich seufze. Meine Hände zittern. Ich versuche, meinen Herzschlag zu beruhigen und den Brechreiz zu unterdrücken. Jemand reicht mir eine Wasserflasche. Ich nehme einen langen Schluck, und erst in dem Moment sehe ich, dass der Reiseführer sie mir gegeben hat. Er klopft mir freundschaftlich auf den Rücken.

Nachdem ich mich ein wenig erholt habe, frage ich ihn, ob er glaubt, dass der Seelöwe mich gebissen hätte. Er zuckt mit den Schultern. Anschließend frage ich, was wohl passiert wäre, wenn sie mich nicht aus dem Wasser geholt hätten. Er antwortet mir, dass meine Mutter sie möglicherweise verklagt hätte, und lacht.

Vielleicht liegt es an der Überdosis Adrenalin, die mich durchflutet, aber für einen Moment kommt mir in den Sinn, dass ich im tiefsten Inneren meiner DNA – im Sinne jener egoistischen Gene, die sich danach sehnen, an die nächste Generation weitergegeben zu werden – diesem Mann, von dem ich nicht weiß, ob er über seinen eigenen Witz lacht oder über mich, ein Leben lang dankbar sein werde. Die anderen Touristen betrachten mich mit Blicken, die auszudrücken scheinen, dass sie mich für ziemlich dämlich halten. Und um ihren Verdacht nicht zu bestätigen, beschließe ich, mich nicht zu erkundigen, ob der Urin etwas mit dem Angriff zu tun haben könnte.

Ein paar Tage später bin ich erneut dem Angriff einer der wenigen aggressiven Kreaturen ausgesetzt, die an diesem Ort heimisch sind. Jedoch reichen diesmal ein paar Schritte in die entgegengesetzte Richtung aus, um ihr zu entkommen. Es handelt sich um ein legendäres Wesen, nämlich *Lonesome George*, eine hundertjährige Schildkröte von der Insel Pinta, *Chelonoidis abingdonii*, die in der Charles-Darwin-Station auf der Insel Santa Cruz zu Hause und das letzte lebende Exemplar ihrer Art ist. Wahrscheinlich ist sie in diesem Moment das seltenste

Lebewesen auf der Erde. Sie ist ungefähr so groß wie ein Sessel und neigt zu Wutanfällen. Jeden, der sich ihr nähert, verfolgt sie mit offenem Maul und hoch erhobenem Kopf (der mit ausgestrecktem Hals ungefähr eine Höhe von anderthalb Metern erreicht).

Sie sieht aus wie ein Panzer, massiv und unerbittlich, aber es ist leicht, ihren Bissen auszuweichen, da sie sich so langsam bewegt wie in Zeitlupe. Weil sie die Letzte ihrer Art ist – das letzte Glied eines bereits ausgestorbenen Geschlechts –, wundert es mich, dass es Besuchern erlaubt ist, ihr Gehege zu betreten. Ich weiß nicht, ob sich das in den Jahren nach unserem Besuch geändert hat, aber im Sommer 1999 ist es sogar möglich, den Rücken der Reliquie zu streicheln oder ihr Zweige zum Fressen hinzuhalten.

Vielleicht fühlt sie sich gar nicht von unserer Anwesenheit gestört, sondern hat einfach Hunger, und das ist ihre Art, Fressen zu verlangen. Schließlich lebt sie schon seit Jahren in der Forschungsstation, die der Erhaltung der emblematischen Schildkröten dient. Hier werden seit 1968 Tausende von in Gefangenschaft gehaltener Exemplare verschiedener Riesenschildkrötenarten gezüchtet, um die Inseln neu zu besiedeln, die von den Seefahrern vergangener Zeiten und den von den Kolonisten eingeführten Lebewesen (Rinder, Esel, Ziegen, Schweine, Hunde, Katzen, Ratten und Feuerameisen) ausgebeutet wurden.

Denn jede dieser invasiven Arten stellt einen besonderen Albtraum für die Schildkröten dar (entweder weil sie die Eier oder die Jungtiere fressen, die Nester zerstören oder um Ressourcen konkurrieren), und gemeinsam haben sie dafür gesorgt, dass die Zahl der Schildkröten in freier Wildbahn auf ein offen gestanden bedrückendes Niveau gesunken ist. Nach einer Zählung im Jahr 1974 betrug die Gesamtpopulation der Riesenschildkröten (unter Berücksichtigung aller auf den verschiedenen Inseln vorkommenden Arten) knapp dreitausend Exemplare.

Seitdem haben sich die Populationen dank der Bemühungen um Vermehrung in Gefangenschaft sowie der Programme zur Kontrolle und Ausrottung von eingeführten Arten etwas erholt, sodass sie inzwischen eine Gesamtzahl von zwanzigtausend Exemplaren erreicht haben. Doch trotz aller Bemühungen ist es nicht gelungen, noch ein weiteres Exemplar der Isla Pinta am Leben zu erhalten (der Art, zu der *Lonesome George* gehört). Daher weist alles darauf hin, dass er der Schlusspunkt einer uralten evolutiven Legende sein wird.

Mir fällt auf, dass diese wunderbare Kreatur mit ihren Dickhäuterpfoten und dem charismatischen Verhalten ein laufender Euphemismus der Ausrottung ist, ein gepanzerter Dodo, ein lebendes Fossil im wahrsten Sinne des Wortes. Wenn seine Flamme erlischt, wird es niemals mehr einen seiner Art geben. Und genau das ereignete sich am 24. Juni 2012. Und auch wenn unsere eigene Geschichte als Spezies nur ein kurzer Moment in der geologischen Zeit ist, ein paar Sekunden im Vergleich zu der Geschichte eines großen Teils der Organismen um uns herum, so hat der Homo sapiens bewiesen, dass er in einer Sache besonders effizient ist, nämlich wenn es darum geht, die Kanäle der Naturgeschichte zu blockieren, die seit Millionen von Jahren ununterbrochen geflossen sind.

Gegenwärtig sehen sich die Galapagosinseln neuen Bedrohungen gegenüber: Öltankern (wie die, die in den Jahren 2001 und 2019 für einen katastrophalen Ölteppich vor dem Archipel sorgten) und industriellen Fischereiflotten aus China (im Sommer 2020 drohten 270 schwimmende Fabriken in das Reservat einzudringen). Nehmen wir dies als düstere Warnung in Bezug auf die wenigen Verbliebenen, die noch um das Überleben in freier Wildbahn kämpfen. Denn wenn wir nicht mal in der Lage sind, das Kronjuwel zu schützen, Darwins gelobtes Land höchstselbst, welche Hoffnung gibt es dann noch für die weniger bekannten Gegenden weit weg vom sozialen Gewissen der Gesellschaft?

Die Schildkröten-Koda. Die Entdeckung eines Weibchens auf der Insel Fernandina im Jahr 2019 ließ Zweifel daran aufkommen, dass ihre Art, *Chelonoidis phantasticus,* wie angenommen vor mehr als hundert Jahren ausgestorben ist. Fernanda, so ihr Name (die erste registrierte Schildkröte ihrer Art seit 1906) nahm den von *Lonesome George* freigegebenen Platz als seltenste Kreatur der Welt ein. Und die Zeit wird zeigen, ob sie das gleiche Schicksal erleiden wird.

2020 wurden im Vulkan Wolf dreißig Schildkröten gefunden, von denen einige Nachkommen der Art zu sein scheinen, die von der Insel Floreana stammt und ebenfalls als ausgestorben galt. Und eine darunter scheint laut der genetischen Analyse ein direkter Nachfahre von *Lonesome George* zu sein. Das Problem ist, dass es sich in beiden Fällen um Mischlinge aus verschiedenen Arten handelt. (Was darauf zurückzuführen ist, dass die Seefahrer in der Vergangenheit nach ihrem Belieben Arten von Insel zu Insel umgesiedelt haben, damit sie ihnen auf ihren Routen leichter zur Verfügung standen, wodurch sie für ein Chaos an unnatürlichen Kreuzungen sorgten.) Dennoch bleibt die Hoffnung, dass in Zukunft noch mehr Schildkröten entdeckt werden.

Borneo, Malaysia

Vielleicht sehen wir uns hier dem gegenüber, was in der wahren Natur dem am nächsten kommt, wie sich unser Gehirn in fiebrigen Träumen den Regenwald vorstellt. Unberührter, majestätischer und üppiger Dschungel. Undurchdringlichkeit. Hoch oben im Blätterdach des Waldes schwebende Nebelbänke, den Weg kreuzende Lianen. Orchideen und Bromelien, die jede freie Stelle der Baumstämme für sich beanspruchen, steile, mit Farnen bewachsene Felsen, Schmetterlinge und Vögel, die das Laub zerpflücken, und bei jedem Schritt ein erstickter Schrei von Leben. Fliegende Schlangen, Frösche und Echsen, Lungenfische und biolumineszierende Pilze. Fleischfressende Pflanzen, riesige Blumen. Schatten, die andere Schatten einhüllen, und eine alles überflutende Masse an Arthropoden. Das ist die Umgebung des großen Affen mit dem roten Fell, des Orang-Utans oder Waldmenschens. Es handelt sich um die drittgrößte Insel auf dem Planeten und die einzige, die sich drei Länder teilen: Borneo (Malaysia), Kalimantan (Indonesien) und das Königreich Brunei (die kleinste muslimische Nation).

Steckbrief 2

Breitengrad: 0° 0′0″N **Längengrad:** 114° 0′0″O / Der Äquator schneidet die Insel in der Mitte.

Lage: Südostasien / Indonesien, südlich der Malaiischen Halbinsel zwischen Sumatra, Sulawesi und den Philippinen. Geografisches Zentrum des Malaiischen Archipels, des größten Archipels der Welt.

Größe: 748 168 km² (drittgrößte Insel der Welt).

Bevölkerung: 23 720 000 Einwohner (Volkszählung 2020), verteilt auf drei Nationen.

Vegetation: Der größte Teil der Insel war früher von Regenwald bedeckt, mit Mangroven und Sümpfen an den Küstengebieten und mesophilem Bergwald im Hochland, aber inzwischen beanspruchen Palmöl-Monokulturen immer größere Teile des Landes. Es gibt etwa 15 000 Arten von Blütenpflanzen und 3 000 Baumarten sowie eine große Vielfalt an fleischfressenden Pflanzen und die Rafflesia, die größte Blume der Welt.

Fauna: Viele der Tiergruppen sind endemisch. Zu den emblematischsten Lebewesen gehören Borneo-Orang-Utans, Nasenaffen, Zwergelefanten und -nashörner, Flusshaie, Nebelparder, Zibetkatzen, Rhinozerosvögel und Schildhornvögel, Dayak-Flughunde und Blutpythons.

Schutzstatus: Obwohl 16 Prozent der Fläche als Naturschutzgebiet ausgewiesen sind, war die Zerstörung des Waldes in den letzten Dekaden unermesslich. Zwischen 2002 und 2019 wurden im malaysischen Teil 4,4 Millionen Hektar Bäume (1,9 Millionen Hektar Primärwald) vernichtet und 10,7 Millionen Hektar (4,0 Millionen Hektar Primärwald) im indonesischen Teil.

Screening Room 2: Borneos Knochen

Orang-Utan. *Orang-utan* (»Waldmensch« in der malaiischen Sprache). Allein die Erwähnung seines Namens löst in meinem Kopf eine Folge beeindruckender Visionen aus. Ich sehe kupferfarbene Umrisse in der nebulösen Botanik der Waldgipfel, raue gräuliche Hände und jede Menge Zähne. Ich sehe ein Junges mit strubbeligem Fell, ein riesiges Männchen mit Dreadlocks auf dem Rücken, ein anderes, jüngeres, das an einem Mangobaum knabbert. Chaotisch durcheinanderwirbelnde Bilder in meinem Kopf, während das klapprige Flugzeug, in dem ich sitze, auf die Gewässer des Südpazifiks zusteuert.

Ich denke an die seltsam vertrauten Gesichter, die von oben herab mit Gesten auf uns reagieren und uns zu verstehen scheinen. Ich denke an die tiefen, scharfsinnigen, geduldigen Blicke (neugierige, nach vorn gerichtete Augen, die zu der Annahme führen könnten, dass sie über einen menschlichen Charakter verfügen). Dabei verhält es sich in Wahrheit genau andersherum, denn wenn wir den Blick auf sie richten, offenbart sich der Primat in uns, der primitive Homo sapiens. Die Spiegelung in den Augen des Affen beweist, dass wir diejenigen sind, die ihnen ähnlich sehen und nicht umgekehrt. Die Wahrheit ist, dass wir vom Affen abstammen: Wir sind Affen. Technologisch begabte und erfindungsreiche Primaten mit sicherlich herausragenden Fähigkeiten – um zum Beispiel Luftfahrzeuge herzustellen –, aber letztendlich Primaten.

Jenseits des Fensters im Flugzeug nimmt die grüne Silhouette allmählich Gestalt an. Die Aufregung lässt mich die Anstrengungen der langen Reise vergessen, und die Müdigkeit tritt in den Hintergrund. Bald werden wir auf Borneo landen, dem Königreich des Orang-Utans und so vieler anderer biologischer Reliquien. In den nächsten Wochen könnten wir, wenn wir Glück haben, auf Zwergelefanten, Blutpythons, Wasserwarane und die, soweit bekannt, umfangreichste Auswahl an fliegenden Tieren treffen: Hörnchen, Echsen und Frösche, die sich im Gleitflug von Baum zu Baum bewegen. Und natürlich die Rafflesia, die »größte Blume der Welt«, die von einer parasitären Pflanze der Lianen hervorgebracht wird und deren riesiger karminroter Blütenstand mit den weißen Punkten und der breiigen Textur einen Durchmesser von mehr als einem Meter und ein Gewicht von zehn Kilo erreichen kann. Wegen ihres Aussehens und des Gestanks, der an den von verwesendem Fleisch erinnert (und der die Fliegen anzieht, die zur Bestäubung dienen), ist sie auch unter der Bezeichnung »Leichenblume« bekannt.

In der quälenden Schlange zur Verhinderung illegaler Einwanderung verliere ich mich wieder in Tagträumen. Ich erinnere mich an einen besonders klugen jungen Orang-Utan im Zoo von Chapultepec, der die Aufmerksamkeit der Besucher auf sich zog, indem er an die Scheibe seines Geheges klopfte, um dann durch einen kleinen Spalt, den er am unteren Rahmen entdeckt – oder vielleicht selbst dort verursacht – hatte, einen Strohhalm zu schieben. Diese Interaktion sorgte bei dem betreffenden Menschen stets für Überraschung und veranlasste den Affen zu einem Ausbruch unkontrollierter Freude.

Aber das Interessanteste war, was im Folgenden geschah. Denn wenn der Affe seine übliche Ruhe wiedergefunden hatte, bat er mithilfe entsprechender Zeichen darum, dass ihm der Halm auf dem gleichen Weg zurückgegeben wurde. Und nachdem der Affe nach mehrmaligem Austausch des Strohhalms sicher sein konnte, dass der Mensch das Spiel verstanden hatte, machte er deutlich, welche Absicht wirklich hinter der ganzen Sache steckte. Er wies auf Ohrringe, Ketten, Armbänder oder andere glitzernde Objekte der Besucher und forderte, ihm diese durch den Spalt herüberzuschieben. Das war der Moment, in dem die meisten seiner menschlichen Spielkameraden mit entsetztem Blick Reißaus nahmen.

Dies war das erste Mal gewesen, dass mich der Anblick eines Tiers im Käfig deprimiert hat. Es war eindeutig, dass sich dieser Orang-Utan seiner Gefangenschaft bewusst war. Sicherlich kannte er den Grund für sein Eingesperrtsein nicht – wer hätte ihm diesen auch plausibel erklären können –, aber ihm war klar, dass er hinter einem Schaufenster gefangen war. In diesem Moment erwachte in mir ein Wunsch, der schon bald zur Obsession werden sollte: mir ein solches Tier in Freiheit anzusehen. Den majestätischen Affen mit dem roten Fell in seiner natürlichen Umgebung zu beobachten. Natürlich musste ich vorher genug Geld sparen, um zu den südostasiatischen Inseln zu fliegen, genauer gesagt, nach Sumatra oder Borneo, die letzten Refugien, wo diese Tiere noch in freier Wildbahn leben.

Derzeit gibt es drei Arten von Orang-Utans, zwei, die von Sumatra stammen, und eine von Borneo. Lange Zeit über dachte man, dass alle Orang-Utans auf Sumatra derselben Art angehören, doch Ende 2017 wurde festgestellt, dass eine kleine Population, die isoliert im Norden der Insel in der Region Batang Toru lebt, eine eigene Art darstellt, den Tapanuli-Orang-Utan, *Pongo tapanuliensis*. Von ihm gibt es heute etwa achthundert Exemplare in einem Lebensbereich von nur circa tausend Quadratkilometern, was sie zu den am stärksten bedrohten Primaten der Erde macht.

Die auf Borneo beheimatete Art, der mächtige *Pongo pygmaeus* – auf den wir während unserer Expedition zu treffen hofften –, gilt als das größte baumbewohnende Tier des Planeten und ist sicher eine der wenigen Ausnahmen von dem biogeografischen Prinzip, dass die Säugetiere auf den tropischen Inseln eher klein sind (wobei Borneo und Sumatra ihrerseits natürlich riesengroß sind und auf der Liste der größten Inseln der Erde an dritter und sechster Stelle stehen, was bedeutet, dass die Nahrungsquellen nicht so eingeschränkt sind wie auf anderen Inseln). Man könnte also sagen, dass diese Orang-Utan-Art King Kong am nächsten kommt, denn die Männchen können ein Gewicht von bis zu hundert Kilo erreichen und größer als ein Meter sechzig werden, während die Weibchen deutlich kleiner sind und zwischen dreißig und fünfzig Kilo wiegen.

Orang-Utans sind Allesfresser mit einer starken Vorliebe für Früchte (Feigen, Mangos, Mangostanfrüchte, Lichis, Durians, Brotfrüchte und so weiter), verzehren aber auch zarte Rinde, Blätter, Honig, Insekten und gelegentlich Eier und kleine Wirbeltiere. Geschlechtsreife erreichen sie mit etwa fünfzehn Jahren, und danach tragen die Weibchen nur alle acht Jahre ein Junges (selten Zwillinge) aus, was zu den niedrigsten Reproduktionsraten im Tierreich zählt. Außerdem bleiben die Kleinen lange Zeit bei der Mutter, mindestens bis zu ihrem siebten Lebensjahr, wobei die Zeit des familiären Zusammenlebens nicht selten auf das Doppelte hinausläuft (längere Zeit als bei jedem anderen Primaten außer dem Menschen). Das und die zunehmende Zerstörung seines Lebensraums verdammen den

Orang-Utan zu einer nicht gerade vielversprechenden Zukunft. Die drei Arten gelten bereits als stark gefährdet, und die Zahlen sind rückläufig.

In seinem außergewöhnlichen Buch *Ins Innere von Borneo* berichtet Redmond O'Hanlon – ein abgehärteter britischer Naturforscher und hervorragender Autor – mit Humor und Ironie von den Gefahren, denen er sich gegenübersah, als er im Jahr 1983 die Insel erkundete, um nach dem scheuen Zwergnashorn zu suchen. Was eine alles andere als leichte Heldentat darstellte, denn es bedeutete, eine der herausforderndsten Gegenden der Geografie zu durchqueren. Zu der Zeit war Borneo noch von der ursprünglichen Vegetation bedeckt, die aus mehr als tausend Quadratkilometern beinah unerforschtem Primärwald bestand, einem der ältesten der Erde.

Bis heute hat sich die Situation, wie ich kurz nach meiner Ankunft feststellen kann, jedoch dramatisch verändert. Das Ökosystem mit der vormals größten Biodiversität der Erde hat ein noch nie dagewesenes Debakel erlebt. Einen düsteren, herzzerreißenden Kataklysmus. Zwischen 1980 und 1990 fand auf Borneo eine der intensivsten Abholzungen aller Zeiten statt. Den Schätzungen nach wurde in diesem Jahrzehnt mehr Holz von der Insel exportiert als aus Südamerika und Afrika zusammen. Und als wäre dieser Ökozid noch nicht genug, sieht sich der Rest des Urwalds einer noch größeren Bedrohung gegenüber, den Palmöl-Monokulturen. Die unersättliche Palmöl-Industrie ist bewiesenermaßen so zerstörerisch, dass von der Insel sozusagen nur noch Haut und Knochen übrig und die vielen endemischen Arten immer stärker vom Aussterben bedroht sind.

Von dem ehemals üppigen Territorium ist nur noch ein Skelett vorhanden. Dabei handelt es sich zweifellos um noch immer beeindruckende Überreste, die jedoch auf ein paar Nationalparks und private Reservate beschränkt sind, von denen viele von den Unternehmen verwaltet werden, die den Urwald dem Erdboden gleichmachen und exorbitante Eintrittspreise nehmen, was dem Ganzen wahrhaft machiavellistische Züge verleiht.

Wir sind gerade in Kuching gelandet (was das malaiische Wort für »Katze« ist), der Hauptstadt von Sarawak, dem größten Bundesstaat Malaysias. Es ist heißer als im Norden Mexikos, und der Himmel sieht nach Gewitter aus. Es ist Mitte Juli 2012, und in wenigen Tagen beginnt der Ramadan. Als Redmond O'Hanlon vor gerade mal dreißig Jahren auf demselben Flughafen landete, tat er dies in Begleitung seines Freundes, des englischen Literaturpreisträgers James Fenton. Ich reise zusammen mit meiner Frau Ana Jacoba, einer Spanierin mit Gitano-Seele und beachtlichem Talent für bildende Kunst, die ich Ende 2010 während meines Aufenthalts in Berlin kennengelernt habe. Tatsächlich ist unsere Ehe zum großen Teil dafür verantwortlich, dass wir uns an diesem Ort befinden. Zumindest war die Hochzeit die Transaktion, die es uns erlaubte, die Tour zu finanzieren, denn wir hatten beschlossen, mit dem Geldbetrag, den wir geschenkt bekommen hatten, nach Südasien zu fliegen und ihn auf der Reise bis auf den letzten Cent aufzubrauchen.

Wir befinden uns also auf der Hochzeitsreise, die ziemlich spartanisch und zeitweise äußerst erschöpfend ist. Inzwischen sind wir seit etwa zwei Monaten unterwegs (und haben Vietnam, Kambodscha, Thailand und den kontinentalen Teil Malaysias durchquert), und ich schätze, dass wir, wenn wir uns ein wenig einschränken, noch einen weiteren Monat mit dem Geld auskommen. Wir werden sehen. Jedenfalls haben wir endlich den Malaiischen Archipel erreicht, und die Verwirklichung meines Traums, einen Orang-Utan in Freiheit zu sehen, liegt in greifbarer Nähe.

Borneo ist riesig. Mit einer Fläche, die etwas größer ist als die von Frankreich und Großbritannien zusammen, wirkt die drittgrößte Insel des Planeten mehr wie Festland als eine vom Ozean umgebene mineralische Masse. Da die Fortbewegung auf der Insel sehr zeitaufwändig ist, wird sich unsere Route auf den malaysischen Teil beschränken, der der zugänglichste ist, allerdings auch der mit der größten Zerstörung durch das groteske Palmenmeer.

Während wir über bergige Straßen immer weiter in den äußersten Westen der Insel vordringen, lese ich, dass von den Menschen, die an diesem Ort leben, etwa 18 Prozent indigene Dayak sind. Ein bedeutender Teil von ihnen gehört zum Stamm der Iban, die einst »Kopfabschneider« genannt wurden und zu den wenigen Eingeborenen gehören, die noch die uralte Traditionen des Tätowierens und der verlängerten Ohrläppchen praktizieren, die im Westen so populär geworden sind.

Anschließend sehe ich eine Reihe Bilder von den länglichen Häusern der Iban, die wie riesige Holzschuppen auf Pfählen aussehen und in denen bis zu hundert Mitglieder des Stamms zusammenleben. Dabei kommt mir der Gedanke, dass wir, wenn sich das eigentliche Ziel unserer Reise nicht realisieren lässt, vielleicht versuchen könnten, eine dieser Siedlungen im Urwald zu besuchen, was ein guter Trostpreis wäre. Wobei ich befürchte, dass diese Erfahrung wahrscheinlich nur aus einer Inszenierung für Touristen bestünde, ein beschönigender Versuch, die alten Sitten und Gebräuche darzustellen, während die indigene Bevölkerung heutzutage gezwungen ist, in die

Städte zu ziehen oder ausgegrenzt in Armut zu leben. Allmählich befinde ich mich in der typischen Spirale des Reisenden, der hin- und hergerissen ist, ob er das Authentische tatsächlich sehen möchte, weil er sich bewusst ist, dass das »wirklich Echte« lieber in Ruhe gelassen werden will.

Ein paar Stunden später erreichen wir Bako, den ältesten Nationalpark auf Borneo, einen der außergewöhnlichsten natürlichen Lebensräume, in denen ich je war. Das Reservat beherbergt praktisch sämtliche Ökosysteme, die es auf der Insel gibt (etwa fünfundzwanzig verschiedene Arten der Vegetation), und daher auch einen beträchtlichen Anteil einzigartiger Fauna. Wenn wir bei dem Bild bleiben, dass von Borneo nur noch Haut und Knochen übrig sind, dann wäre Bako der Schädel in dem Sinne, dass es das Wertvollste von dem ist, was noch zur Verfügung steht, um sich einigermaßen vorstellen zu können, wie es früher war.

Außerdem hat das Reservat noch zwei wichtige Vorteile: Da es an der Küste liegt, gibt es dort nicht so viele Blutegel, und hier lebt auch nur eine Art Giftschlange, die Waglers Lanzenotter. Die ist mit der lateinamerikanischen Terciopelo-Lanzenotter verwandt, ein Baumbewohner mit einem starken Gift, jedoch nicht besonders aggressiv, und dank ihrer obskuren Färbung (hellgrün oder schwarz mit gelbem und orangefarbenem Muster) dürfte sie jedem, der ihr begegnet, auffallen, bevor er die Dummheit begeht, sie zu reizen.

Zwar gibt es in diesen Gegenden keine Orang-Utan-Populationen, allerdings ist Bako die Heimat eines anderen auf Borneo endemischen Primaten, des exzentrischen Nasenaffen, *Nasalis larvatus*, dessen Aussehen so ungewöhnlich ist, dass es ans Absurde grenzt. Dabei handelt es sich um einen Affen mit kastanienfarbenem, gräulich geflecktem Fell in etwa von der Größe eines Schimpansen mit einem langen Schwanz und einem vorstehenden Bauch. Zudem hat er eine der größten Nasen im ganzen Tierreich. Diese unverhältnismäßige Wölbung in der Form einer hängenden Aubergine sticht aus seinem haarlosen rosafarbenen Gesicht heraus und vermittelt den Eindruck, dass ihr Besitzer ständig schlecht gelaunt ist. Dieses eindrucksvolle Aussehen in Verbindung mit seinem dicken Bauch verleiht ihm dem lokalen Volksglauben nach eine große Ähnlichkeit zu betrunkenen Europäern, weshalb die Malaien ihn auch »holländischen Affen« nennen. Das liegt wohl daran, dass Borneo in düsteren Zeiten der Geschichte zu den niederländischen Kolonien zählte.

Zwei Nächte später steht fest, dass der Schweiß, der seit wir das Reservat betreten haben unsere Kleidung durchnässt, niemals trocknen wird. Die Luftfeuchtigkeit beträgt beinah hundert Prozent, und die Symphonie der wirbellosen Tiere erreicht eine Lautstärke, die manchmal den Eindruck erweckt, dass der Urwald jeden Moment explodieren könnte. Es ist schwierig, den Rausch in Worte zu fassen, den man erlebt, wenn man auf diesen Pfaden wandelt. Das dichte, heterogene botanische Panorama, das uns umgibt, scheint die Theorie zu bestätigen, dass das menschliche Auge dafür geschaffen ist, mehr Grüntöne zu unterscheiden als die Variationen von jeder anderen Farbe (laut dieser Hypothese einst ein bedeutender adaptiver Vorteil beim Aufspüren von Raubtieren oder Beute im Laub).

Im Laufe der langen Tage unserer Wanderung stoßen wir auf biolumineszierende Pilze, Bärtige Wildschweine, Dutzende Arten von fleischfressenden Pflanzen mit vasenförmigen Fallen (von denen einige so groß wie Weinflaschen sind), Fledermäuse, die man von ihrer Größe her eher für Adler als Fledertiere halten könnte, Lungenfische, die aus dem Wasser kriechen und auf ihren Rücken bunte Fächer ausbreiten, einige der größten Spinnennetze der Erde – mit schlanken, metallisch glänzenden Spinnen, die die Größe einer Handfläche deutlich überschreiten –, zu viele Vögel, um sie zu benennen, und etwa ein Dutzend verschiedene Schlangen. Mindestens fünf davon sind Wagler Lanzenottern, die trotz meiner mit Stolz erwähnten Fähigkeiten als Herpethologe ausnahmslos alle von Ana Jacoba entdeckt werden, womit sie mich vor der unschönen Lage bewahrt, sie so weit von zu Hause entfernt als Witwe zurückzulassen.

Ich erinnere mich, dass James Fenton während der Expedition mit Redmond O'Hanlon jedes Mal, wenn er das Gefühl hatte, dass hinter der nächsten Flussbiegung irgendeine besondere Kreatur auf sie wartete, zu seinem Begleiter zu sagen pflegte: »Redmond, gleich werde ich etwas Wundervolles sehen.« Und am letzten Abend, den wir in Bako verbringen, geht es mir ganz ähnlich. Ich habe das Gefühl, dass uns etwas ganz Besonderes bevorsteht. Dies bewahrheitet sich in der Gestalt eines Colugo, der uns überrascht, als er zwischen den Bäumen entlangschwebt. Obwohl sie auch Gleitflieger genannt werden, sind die Colugo in Wahrheit Primaten und neben Fledermäusen die Säugetiere mit den herausragendsten Flugfähigkeiten. Sie sind mit einer großflächigen Flughaut (namens Patagium) ausgestattet, die zwischen den Gliedmaßen gespannt ist und sie befähigt, zwischen ihren Sprüngen wie ein Drachenflieger mehr als hundertzwanzig Meter weit durch die Lüfte zu gleiten.

Ana Jacoba und ich folgen dem kuriosen Akrobaten durch den Urwald, bis er und sein plüschiger Fallschirm in der Dunkelheit des Laubs verschwinden.

Ein paar Tage später wird der Orang-Utan wieder zum zentralen Objekt meiner Grübeleien. Auf dem Weg zum Semenggoh Wildlife Centre erinnere ich mich an Jean-Jacques Rousseau, der im achtzehnten Jahrhundert versicherte, dass Orang-Utans unter den richtigen Bedingungen in die menschliche Gesellschaft eingegliedert werden könnten. Diese Aussage war damals recht populär, da einige Jungtiere, die die Kolonisten nach Europa mitbrachten, lernten, sich anzukleiden, ihr Bett zu machen und mit Besteck zu essen.

Natürlich verfügt der rothaarige Affe ohne Zweifel über eine hohe Intelligenz. Einige Wissenschaftler sind der Meinung, dass Orang-Utans deutlich intelligenter sind als Schimpansen, da sie ihre afrikanischen Verwandten bei sämtlichen Tests übertreffen und man ihnen sogar beibringen kann, sich mit Zeichensprache zu verständigen. Und auch wenn Äußerungen wie die in den Zeiten Rousseaus (»dass Orang-Utans nicht sprechen, liegt nur daran, dass sie nicht arbeiten wollen«) eindeutig übertrieben sind, verfügen diese Affen über herausragende Fähigkeiten bei der Vokalisierung, der Lautnachahmung und der Tonhöhenkontrolle. Und diese Merkmale lassen die Debatte über den möglichen Ursprung der menschlichen Sprache wiederaufleben.

In *Alles an seinem Platz: Erste Lieben und letzte Fälle* versichert Oliver Sacks, dass er nie ein deutlicheres Gefühl der gegenseitigen Anerkennung und der Verwandtschaft mit einem Tier empfunden hat als bei der Begegnung mit einem Orang-Utan im Zoo von Toronto. Der großartige Neurologe erzählt, dass das betreffende Weibchen, als er sein Gesicht an die Scheibe vor dem Gehege legte, ihr Junges, das die Mutter im Arm hielt, sanft auf dem Rasen ablegte und zu ihm herüberkam, um ihr Gesicht auf der anderen Seite Nase an Nase mit seinem ans Glas zu legen. Nur durch das wenige Zentimeter dicke transparente Material getrennt, begannen die beiden Primaten, sich intensiv zu begutachten. Sacks legte die linke Hand an die Scheibe, und der Affe tat es ihm mit der rechten Hand nach. Handfläche an Handfläche inspizierten beide genau die Extremität des jeweils anderen. Die Äderung und die Falten. »Wir konnten beide sehen, wie ähnlich sie sich waren«, schreibt Sacks. »›Schau her‹, sagte sie mit dieser Geste, ›meine Hand ist genauso wie deine.‹ Ich fand das erstaunlich und wunderbar«, erklärt er am Ende der Geschichte, »es vermittelte mir ein intensives Gefühl von Verwandtschaft und Nähe, wie ich es noch nie bei irgendeinem Tier empfunden hatte.«

Es ist neun Uhr morgens, wir stehen auf einer Holzplattform im Urwald, und die Bäume, die uns umgeben, beginnen heftig zu wackeln. Die Äste bewegen sich im Gleichklang, während sich mehrere noch nicht zu erkennende Gestalten einen Weg zu dem Ort bahnen, an dem wir warten, mit aufmerksamem Blick, die Ohren gespitzt. Für einen Moment fühle ich mich schutzlos, als wären wir der Gnade der Wesen ausgeliefert, die sich uns nähern, als ob sie kämen, um uns zu beobachten und nicht umgekehrt. Die Ungeduld steigt, bis es so weit ist: Aus dem Dickicht taucht ein Jungtier auf, springt auf die Plattform und greift nach einer Mango. Danach nähert sich ein Weibchen mit einem Jungen auf dem Rücken. Und wenige Minuten später kommen weitere zwei Exemplare.

Das Semenggoh Wildlife Centre dient als vorübergehender Zufluchtsort für Tiere, die vor schädlichen menschlichen Eingriffen – illegalem Artenhandel, Zerstörung des Lebensraums, Wilderei – gerettet wurden. Die Orang-Utans vor unseren Augen leben in Freiheit, allerdings erhalten sie zur Unterstützung bei dem langwierigen und komplexen Prozess der Wiederanpassung an das Leben in freier Wildbahn täglich Nahrung.

Die Parkwächter wirken leicht nervös und suchen mit angespannten Gesichtern das Laub ab. Am Vortag hat ein großes Männchen, das das Stativ eines Touristen anscheinend für ein Gewehr gehalten hat, die Besucher bedroht und anschließend eine der Hütten des Zentrums angegriffen und zerstört. In nur wenigen Minuten hat das kräftige Tier den Bau komplett zerlegt. Einer der Wächter erklärt uns, dass dieses Männchen nichts mehr hasst, als ein Gewehr auf sich gerichtet zu sehen. Ich frage mich, wie viele Artgenossen dieser Affe hatte sterben sehen, um derart traumatisiert zu sein. Im Nachhinein überkommt mich der unbändige Wunsch, das wilde Tier während eines dieser Wutanfälle zu beobachten. Tatsächlich wäre ich nur zu gern Zeuge dieses Ausrasters gewesen, denn es gibt nichts, bei dem man sich so zerbrechlich fühlt wie angesichts des Wutausbruchs eines Wildtiers, wobei man zugleich ein wenig von der Demut zurückgewinnt, an der es unserer Spezies so sehr mangelt.

Ich muss gestehen, dass, auch wenn wir im Laufe unseres Besuchs das Glück haben, mehrere sich frei bewegende Orang-Utan-Exemplare, einschließlich zweier oder dreier Jungtiere mit ihren Müttern, zu beobachten, die Szene meine Erwartungen nicht erfüllt. Denn dass die Tiere vom Futter angelockt werden, nimmt der Sache ein wenig ihren Reiz. Es raubt ihr die überraschende und ursprüngliche Essenz einer spontanen Begegnung mit dem »Waldmenschen« in seinem Reich.

Vielleicht ist dieses Urteil nicht ganz fair von mir, aber diese Orang-Utans sind nicht wirklich wild. Sie sind von unseren Händen entweiht worden, egal, ob zum Guten oder zum

Schlechten. Auch wenn sie prächtige Geschöpfe sind – es gibt kaum einen atemberaubenderen Anblick als den eines fast hundert Kilo schweren Primaten mit kupferrotem Fell, der sich im Laub wiegt –, befriedigen sie letztendlich nicht ganz die Ambitionen unserer Reise. Daher rufen sie in mir widersprüchliche Gefühle hervor. Einerseits bin ich begeistert und berührt, andererseits aber auch unbefriedigt und leicht frustriert. Und das ist, wie ich in den folgenden Tagen herausfinden werde, ein für Borneo typischer emotionaler Cocktail.

Nach einem zweieinhalbstündigen Flug landen wir nicht gerade sanft in Kota Kinabalu, der Hauptstadt des malaysischen Bundesstaates Sabah an der nordöstlichen Spitze der Insel. Die wichtigsten Tage des Ramadan nahen, was bedeutet, dass wir uns beeilen müssen, wenn wir die Hauptstadt verlassen und den ein oder anderen Nationalpark aufsuchen wollen. Das ist nicht gerade die beste Voraussetzung, wenn man eine Reise von Hunderten Kilometern über schlecht befahrbare Straßen vor sich hat, zumal ein Sturm vorhergesagt ist und die Dunkelheit vor der Tür steht. Aber wir haben keine andere Wahl, als dem Busfahrer zu vertrauen, der so sehr von seinen Fähigkeiten am Lenkrad überzeugt ist, dass er ein Bier nach dem anderen trinkt, während er fährt.

Zu Beginn des zwanzigsten Jahrhunderts gewann in akademischen Kreisen eine Theorie an Popularität, laut der der evolutive Ursprung des Homo sapiens im indonesischen Regenwald zu finden sei. Diejenigen, die diese Theorie vertraten (hauptsächlich Anthropologen, die damals noch keinen Zugang zur DNA-Analyse hatten), behaupteten, dass unser nächster lebender Verwandter der Orang-Utan und es nur eine Frage der Zeit sei, bis der Fossilienbericht des Archipels das begehrte

»fehlende evolutionäre Glied« preisgeben würde. Diese These schien nach dem beeindruckenden Fund der hominiden Fossilien auf der indonesischen Insel Flores widerlegt zu sein. Doch wie nachgewiesen wurde, war der *Homo floresiensis* – der auch »Hobbit« genannt wird, weil er der kleinste Hominid unter den sieben oder acht Arten ist, mit denen wir einen beträchtlichen Teil der Evolution gemeinsam haben – in Wirklichkeit ein Nachkomme der großen Diaspora des *Homo erectus*, bevor unsere Art entstand.

Heute gibt es mehr als genug Beweise, um zu belegen, dass die direkten Vorfahren unseres Stammes in den afrikanischen Steppen und nicht im indonesischen Regenwald beheimatet waren, was jedoch nicht bedeutet, dass der Orang-Utan nicht eng mit uns verwandt ist. Ganze 97 Prozent der Gene haben wir mit ihm gemein, was die Orang-Utans zusammen mit den Bonobos, den Schimpansen und den Gorillas zu unseren nächsten Verwandten macht.

In jedem Fall sind die Orang-Utans, was ihr komplexes Verhalten und ihre Intelligenz angeht, sehr außergewöhnlich. Sie sind geschickt im Umgang mit Werkzeug, sehr gelehrig und auch in der Lage, ihren Artgenossen etwas beizubringen. Sie sind selbstbewusst und sensibel und haben Verhaltensweisen entwickelt, die man durchaus als »Kultur« bezeichnen kann: Praktiken und Fähigkeiten, die für einen bestimmten Anteil der Population, der nur in bestimmten Regionen vorkommt, charakteristisch sind und von den Müttern an die Kinder weitergegeben werden.

Sie haben Dutzende Strategien entwickelt, um die verschiedensten Bedürfnisse zu befriedigen. So befeuchten zum Beispiel Durst leidende Populationen Moos, um es wie Schwämme zu benutzen, während andere mithilfe von belaubten Ästen die

Flüssigkeit aus den Hohlräumen von Stämmen holen und wieder andere in die Unterseite einer vasenförmigen fleischfressenden Pflanze beißen, um ihren Inhalt zu trinken. Genauso unterschiedlich gehen die Orang-Utans beim Bau ihres Schlafnestes vor, einer Plattform aus Ästen hoch oben in den Bäumen, wo sie die Nacht verbringen. Einige Gruppen sind anspruchsvoller als andere und bauen sich aus Ästen und Blättern nicht nur Matratzen, sondern auch Kissen und sogar Bettdecken (die an mindestens zwei Orten aus Pflanzen hergestellt werden, die Mosquitos abschrecken). Es gibt sogar Studien über Exemplare, die aus Heilpflanzen einen einfachen Balsam herstellen, um Entzündungen der Muskeln und in den Gliedmaßen zu lindern.

Mit dem Bus erreichen wir den Gipfel einer steilen Bergkette. In der Dämmerung zeichnet sich das Profil des Kinabalu ab. Mit einer Höhe von mehr als viertausend Metern ist er einer der höchsten Punkte zwischen dem glorreichen Himalaya und den ungezähmten Vulkanen in Papua-Neuguinea. Wenig später ist der Himmel vollkommen dunkel, und ohne Vorwarnung entlädt sich ein Unwetter monsunischen Ausmaßes. Das hat uns gerade noch gefehlt, um den zweiten Teil der Fahrt zum Albtraum werden zu lassen. Zum Glück leert der Fahrer gerade sein sechstes Bier, denn sonst hätte er wahrscheinlich die Nerven verloren.

Blitze zucken durch die Nacht und erhellen das uns umschließende Palmenmeer. Die Stroboskopblitze verleihen der ohnehin schon beklemmenden Szenerie einen gespenstischen Charakter. Der Rhythmus unseres Vorankommens wird in regelmäßigen Abständen von lautem Hupen begleitet, was uns vor ansonsten unausweichlichen Zusammenstößen bewahrt. Den Blick abwechselnd auf die Scheinwerfer der sich auf uns stürzenden Fahrzeuge und das unheilverkündende Panorama gerichtet, beschwört mein Gehirn nicht gerade angenehme Erinnerungen an unsere fragwürdige Beziehung zu dem großen rothaarigen Affen herauf. In meinem Kopf wechseln sich entsetzliche Bilder ab: verkohlte Orang-Utans, Leichen mit beinah menschlichen Zügen, verbrannt mit dem Urwald, um dem immer weiter wachsenden Palmenmeer Platz zu machen.

Mir kommt in den Sinn, dass das Ökosystem in den letzten siebzig Jahren so weit zerstört worden ist, dass sich die Gesamtpopulation der Orang-Utans um achtzig Prozent verringert hat. *National Geographic* schätzt, dass nur 14 000 Exemplare der Sumatra-Orang-Utans überlebt haben, 800 Tapanuli-Orang-Utans und weniger als 60 000 Borneo-Orang-Utans. Die Berechnungen des World Wildlife Fund (WWF) sind noch pessimistischer: 6 600 Sumatra-Orang-Utans und zwischen 35 000 und 45 000 Borneo-Orang-Utans.

Doch auch wenn die drastische Verringerung der Anzahl dieser Primaten zum größten Teil durch die massive Zerstörung ihres Lebensraums verursacht wurde, handelt es sich dabei nicht um den einzigen Faktor, der für ihren Niedergang verantwortlich ist. Man darf nicht vergessen, dass in einigen Randgebieten ihr Fleisch als Nahrungsquelle begehrt ist und nicht wenige Exemplare von wütenden Bauern getötet werden, um ihre Ernte zu schützen. Ganz zu schweigen von den dubiosen Geschäften mit dem Artenhandel. Orang-Utan-Babys zählen auf dem illegalen Markt für exotische Haustiere zu den kostbarsten Tieren. Jedes Jahr werden weltweit Tausende Exemplare gekauft, wobei die Jäger, um an ein Baby zu kommen, üblicherweise die Mutter töten, die ihr Junges heftig verteidigt.

Und die letzte Erinnerung, die mich heimsucht, ist eine der perversesten: der Fall von Pony, einem Orang-Utan-Weibchen, das 2003 aus einem Bordell in Kareng Pangi (einem Ort in Kalimantan, im zentralen Teil der Insel) befreit wurde, wo es über Jahre als Sexsklavin missbraucht wurde. Und als ob das Thema des gattungsübergreifenden Frauenhandels nicht schon verstörend genug wäre, wurde das Orang-Utan-Weibchen nicht nur ständig vergewaltigt und angekettet, sondern auch jeden dritten Tag am ganzen Körper rasiert. Der unglaubliche Einfallsreichtum von uns Menschen, wenn es darum geht, grausam zu sein, überrascht mich immer wieder, und ich frage mich, wie viele andere Orang-Utans ein ähnliches Schicksal erlitten haben.

Tage später schleppen wir uns mühevoll über einen Weg durch den Urwald. Der Hunger zerfrisst unsere Eingeweide, und Blutegel saugen sich an unserer Haut fest, um mit manischer Hingabe unser Blut zu trinken. Wir befinden uns in den Bergen von Tawau, also nicht gerade im malerischsten Nationalpark von Borneo, aber wegen der religiösen Feiertage war es uns nicht möglich, unser eigentliches Ziel, das begehrte Danumtal, zu erreichen. Und unser knappes Budget erlaubt es uns nicht, entlegene Orte wie das Maliau-Becken zu besuchen, wohin man nur mit dem Hubschrauber kommt. Daher hatten wir durchaus frustriert beschlossen, den Höhepunkt des Ramadan in dem Reservat zu verbringen, in dem wir gerade unterwegs sind.

In den uns umgebenden Wäldern gibt es keine Orang-Utans, sodass wir das vorrangige Ziel unserer Expedition erneut auf später verschieben mussten. Wobei auch diese Flora und Fauna einzigartige Erlebnisse versprechen. Zum Beispiel befinden sich auf diesem Gebiet elf der fünfundzwanzig höchsten Bäume der Welt (von denen jeder mehr als achtzig Meter in die Höhe ragt), und außerdem leben hier einige äußerst bedrohliche Raubkatzen wie der imposante Nebelparder oder die höchst seltene Borneo-Goldkatze, außerdem Langschwanzmakaken, Rhinozerosvögel, Landschildkröten, Gelbe Borneo-Tausendfüßer und Riesenkäfer.

Wie lange kann man einen einzigen Baum betrachten?

Jeder, der schon mal mit eigenen Augen den großen Baum von Tule in Oaxaca gesehen hat (die Mexikanische Sumpfzypresse in Santa María del Tule, die offiziell als der dickste Baum der Erde gilt) oder Hyperion (den riesigen Küstenmammutbaum im Redwood-Nationalpark in Kalifornien, der die Liste der höchsten Bäume der Erde anführt) oder jeden anderen botanischen Weltrekordhalter, weiß, dass die Antwort auf diese Frage eindeutig im Stundenbereich liegt. Und so vergehen mehrere Stunden, in denen wir die gigantische achtundachtzig Meter hohe Dipterocarpacea vor uns bestaunen, die den ehrenvollen Titel des höchsten Tropenbaums auf dem Planeten trägt.

Angesichts eines Organismus dieses Ausmaßes wird einem schnell klar, wie fragil die menschliche Existenz ist. Es ist nicht leicht, sich gegenüber einem derart titanischen, mit Epiphyten bedeckten Stamm eines Lebewesens, das an sich ein reiches Ökosystem ist, nicht als biologischer Winzling zu fühlen. Wie alt mag dieser Baum sein? Wie viele verschiedene Spezies mögen auf seiner außergewöhnlichen Physiognomie leben? Wie man ihn wohl gemessen hatte? Wie tief mögen seine Wurzeln reichen?

Ich war gleichzeitig aufgeregt und wütend. Wütend, weil noch vor gar nicht langer Zeit dieser botanische Koloss nur einer von Tausenden, seine herausragende Anatomie beinah die Norm in der Baumarchitektur auf dieser Insel war. Tatsächlich sah sich Redmond O'Hanlon auf seiner Reise vor gerade einmal ein paar Jahrzehnten von so vielen außergewöhnlichen Bäumen umringt, dass er sein anfängliches Vorhaben, sie zu katalogisieren, aufgab. Heute dagegen sind wir gezwungen, uns nach ihnen auf die Suche zu machen und ihnen zu huldigen, als handelte es sich um die Überreste heiliger Stätten. Zurückgebliebene Spuren glorreicher Imperien. Die letzten Seufzer einer bereits vergangenen Welt.

Wir machen uns wieder auf den Weg. Während wir vorsichtig das sumpfige Gelände durchqueren, muss ich an die Kanadierin Biruté Galdikas denken, von der ich gerade *Meine Orang-Utans. Zwanzig Jahre unter den scheuen »Waldmenschen« im Dschungel Borneos* lese und die neben Jane Goodall (und ihrer Arbeit mit den Schimpansen) und Dian Fossey (was die Gorillas angeht) eine der Musen der modernen Primatologie ist. Alle drei sind Schülerinnen des berühmten Anthropologen Louis Leakey (Galdikas selbst bezeichnete sie als »Leakeys Engel«) und vielleicht die Menschen, die am meisten für die Rettung der großen Primaten getan haben, was Dian Fossey sogar mit dem Leben bezahlte. Jedenfalls haben wir es zum großen Teil den minuziösen Studien Biruté Galdikas' zu verdanken, dass wir etwas über die Ethologie der einzigen asiatischen Affen wissen.

Ich versuche mir vorzustellen, wie sie all die Jahre auf den Spuren der kupferfarbenen Affen hoch oben in den Bäumen dieser Wälder verbracht hat. Das kann nicht einfach gewesen sein, da die Orang-Utans praktisch ihr ganzes Leben (bis 99 Prozent ihrer Zeit) in den Kronen der Bäume verbringen und weite Entfernungen zurücklegen. Aber Biruté Galdikas hat sich schon immer durch ausgesprochene Beharrlichkeit ausgezeichnet. Als sie Leakey mitteilte, dass sie die Absicht habe, nach Borneo zu reisen, um die Orang-Utans zu studieren, riet er ihr angeblich, sich vorher vorsichtshalber den Blinddarm entfernen zu lassen, da es im Urwald keine Krankenhäuser gebe, die sie im Fall einer Blinddarmentzündung behandeln könnten. Daraufhin soll sie geantwortet haben, dass sie, wenn es nötig sei, nicht nur den Blinddarm, sondern auch ihre Mandeln opfern würde.

Ein paar Tage behauptete Leakey, dies sei nur ein Test gewesen, um herauszufinden, ob sie tatsächlich bereit sei, alle Hindernisse zu überwinden, die sie erwarteten. Hindernisse, gegen die sie auch jetzt, mit weit über siebzig Jahren, mit ihrer unermüdlichen Leidenschaft, die rothaarigen Affen zu schützen, noch ankämpft.

Ein paar Kilometer weiter liegt ein zylinderförmiges Ding auf dem Weg. Ein dicker, quer verlaufender zwei Meter langer schwarzer Schlauch. Verdammt, wie kommt denn dieser Schlauch hierher?, denke ich, und allein seine Existenz macht mich schon wieder stinkwütend. Erneut eine Folge des Fortschritts und des unausweichlichen Eingreifens des Menschen. Völlig verblendet gehe ich die letzten Schritte in Richtung dieses Stücks Zivilisation, das einfach so die angenehme Fata Morgana zerstört, dass wir uns in einem fast unangetasteten Teil der Natur befinden, als Ana Jacobas Alarmschrei mich aufhält.

Mein Fuß verharrt wie versteinert in der Luft, während der Rest meines Körpers zu verstehen versucht, warum sie so schreit. Ich bin fast so weit, meine Wut an ihr auszulassen, als ich erstaunt bemerke, dass sich der Schlauch bewegt. Der zylindrische Körper dreht sich um sich selbst und enthüllt auf beinah magische Weise seine wahre Identität. Es handelt sich um eine imposante, beinah drei Meter lange Königskobra.

Während ich einen Schrei unterdrücke, wird mir bewusst, dass ich eindeutig immer noch ein Stadtkind bin. Auch wenn ich das ungern zugebe und sosehr ich mich auch rühme, ein versierter Naturforscher zu sein, ist es in Wahrheit so, dass mir zum wahren Feldbiologen noch einiges fehlt. In jedem Fall freut es mich, dass ich mir einmal mehr die richtige Lebensgefährtin ausgesucht habe, denn ansonsten wäre das Buch an dieser Stelle zu Ende.

Gegen Ende unserer letzten Woche auf Borneo fahren wir an Bord eines kleinen Kanus in einer mondlosen Nacht den Kinabatangan hinauf. Die unablässige Symphonie der Arthropoden zerrt an unseren Nerven, während wir mit den Strahlen unserer Taschenlampen und erwartungsvollem Blick die Dunkelheit absuchen.

Wir befinden uns in der Nähe von Sukau, einem von gekapptem Urwald und Palmenplantagen umgebenen Ort am Fluss. Unsere Umgebung entspricht nicht gerade dem, was man sich vorstellt, wenn man an taxonomischen Reichtum denkt, aber der Druck durch die anhaltende Expansion der Monokulturen hat dazu geführt, dass sich der fünfhundertsechzig Kilometer lange Vegetations-Korridor am Fluss – von seiner Quelle in den Bergen südwestlich von Sabah bis zu seiner Mündung in die Sulusee östlich von Sandakan – zum letzten Zufluchtsort für die überlebende einheimische Tierwelt entwickelt, darunter zehn verschiedene Affenarten (von denen vier auf Borneo endemisch sind, einschließlich mehrerer Hundert Orang-Utans) sowie Zwergelefanten, Nutrias, Netzpythons, Malaienbären, vier Arten von Raubkatzen und mehr als zweihundert Vogelarten.

Wir haben noch zwei weitere Ausflüge aufs Wasser geplant, einen bei Sonnenaufgang und einen in der Dämmerung, in der Hoffnung, den in dieser Gegend vorkommenden Scharlachroten Schwalbenschwanz zu sehen. Doch das muss bis zum nächsten Tag warten, da es jetzt zu dunkel ist. Jede Menge Fledermäuse wirbeln durch die Luft und in den Schatten lauern die Kreaturen der Nacht. Das Erste, was wir am Ufer entdecken, ist ein Krokodil. Etwas später stoßen wir auf ein imposantes Uhupärchen, danach taucht eine Schildkröte aus der Tiefe auf, und eine Zibetkatze schleicht ans Ufer, um zu trinken. Anschließend haben wir noch das Glück, ein weiteres meiner Lieblingstiere zu sehen, einen Wasserwaran. Und auch wenn wir leider keine Loris entdecken, endet der Abend in Gesellschaft eines Rudels Silberner Haubenlanguren in der Krone eines großen Baums.

Es gibt kaum eine ertragreichere Art und Weise, den Urwald zu erkunden, als einen Fluss hinaufzufahren. Diejenigen, die Wallace, Conrad oder den bereits erwähnten O'Hanlon gelesen haben, wissen das, denn im Schutz der Strömung ist es möglich, sich unbemerkt dem Wald und seinen Bewohnern zu nähern, ohne sie zu verscheuchen. Zumindest ist das am Kinabatangan der Fall, wo wir schon so viele Tiere gesehen haben, dass mich manchmal das Gefühl überkommt, auf einer Safari zu sein, und ich mich anstrengen muss, nicht zu vergessen, dass wir uns in der Wildnis befinden und alle Lebewesen, denen wir begegnen, frei lebende Wildtiere sind.

Direkt bei Tagesanbruch fahren wir aufs Wasser hinaus, und in diesem Moment fühle ich mich bereits wie betäubt, da die vielen Begegnungen mit außergewöhnlichen Tieren so kurz hintereinander meine Aufnahmefähigkeit überfordern. Dutzende Tierarten wie in einem lebenden, atmenden Museum, das das

Anthropozän trotz allem noch erlebt. Für einen Moment lasse ich mich von meinen Gefühlen hinreißen. Die üppige Biodiversität, der ich mich gegenübersehe, lässt mich glauben, dass doch noch nicht alles verloren ist, dass es noch Hoffnung gibt. Allerdings kehrt die Bestürzung gleich wieder zurück, als mir wieder einfällt, wie dumm die menschliche Rasse ist. Wie kann man darauf kommen, diesen biologischen Reichtum gegen Palmöl auszutauschen? Um Kekse, Seife, Lippenbalsam und Nutella herzustellen. Was für eine Verschwendung!

Wenn das, was von Borneo noch übrig ist, mich bereits derart beeindruckt, wie dermaßen überbordend muss diese Welt dann gewesen sein, bevor wir Menschen sie verstümmelt haben? Das ist, wie sich anhand von ein paar Zähnen einen Dinosaurier vorzustellen. Dann beruhigt mich die Gewissheit, dass wir nur ein vorübergehender Gast auf der Erde sind. Wie schon erwähnt, früher oder später wird der Homo sapiens nicht mehr als eine weitere Schicht des Fossilienberichts sein, während die Erde überdauern wird. Und nach diesem grausamen Kampf wird das Leben wieder auferstehen und weitergehen, sich neu erfinden wie seit Milliarden von Jahren.

Mit diesen Gedanken bin ich gerade beschäftigt, als unser Führer das Wort ausspricht, das ich so sehr erhofft habe: »Orang-Utan!«

Ich folge seinem Blick und entdecke tatsächlich auf einem etwa zehn Meter entfernten Baum ein Wesen mit rotem Fell. Es scheint ein junges Männchen zu sein, das in dem Nest liegt, in dem es die Nacht verbracht hat.

Der Affe reißt einen Zweig ab und kratzt sich am Ohr, wirkt angesichts der voyeuristischen Blicke seiner nahen Verwandten jedoch ungerührt. Ich vergesse alles, sogar Fotos zu machen.

Von der Ekstase verzehrt, die einen überkommt, wenn Träume wahr werden, beschränke ich mich darauf, die Szene mit meinem ganzen Wesen aufzusaugen. In dem Bewusstsein, dass, wenn die Entwicklungsgeschichte nur ein wenig anders verlaufen wäre, er derjenige sein könnte, der zu mir kommt, um mich zu besuchen.

Komodo, Indonesien

Das ist die wirklich verlorene Welt. Sengende Hitze, schroffe Klippen, unberechenbare Vulkane. Unbezähmbarkeit in ihrer reinsten Form. Hier, in der trockensten Region des Südpazifiks, herrscht noch das Gesetz der Riesenreptilien; sie sind die absoluten Herrscher der örtlichen Nahrungskette. Imposante Warane, Echsen mit scharfen Krallen, gespaltener Zunge und giftigem Biss. Archaische, wilde Tiere, beinah mythologische Bestien. Drachen, wenn man so will, und dies ist ihr prachtvolles ozeanisches Reich. Ein Pastiche aus schillernden Riffen, perlweißen Stränden, türkisfarbenem Wasser, smaragdgrünen Wiesen und zerklüfteten Hügeln. Eine kleine Inselgruppe im großen Malaiischen Archipel, dem größten auf unserem Planeten, die aus drei Hauptinseln besteht – Komodo, Rinca und Padar – sowie zahlreichen kleineren und winzigen Inseln und vier Reservaten im Osten der Insel Flores, die zusammen mit dem großen Meeresquadranten, der sie alle umgibt, zu einem der sieben neuen Weltwunder der Natur erklärt wurde.

Steckbrief 3

Breitengrad: 8° 32′35,9988″S **Längengrad:** 119° 29′21,9876″O

Lage: Kleine Sundainseln, südlich-zentral im Malaiischen Archipel gelegen / Grenze zwischen den westlichen und östlichen Provinzen von Nusa Tenggara, östlich der Insel Sumbawa und westlich von Flores.

Größe: Geschützte Fläche 1 733 km² (davon 602 km² Landfläche).

Bevölkerung: 3 267 Einwohner innerhalb des Parks und 16 816 in den angrenzenden Gebieten (letzte Volkszählung 2004), außerdem etwa 45 000 jährliche Besucher.

Vegetation: Aufgrund des trockenen und heißen Klimas sind 70 % des Landes von typischer Savannenflora, offenem Grasland und Laubwald bedeckt. In höher gelegenen Gebieten gibt es mesophile Wälder und in den Küstenregionen Küstenvegetation und Mangroven.

Fauna: Das bekannteste Lebewesen ist der Komodowaran. Darüber hinaus gibt es Javanische Speikobras, Kettenvipern, Javaneraffen, Mähnenhirsche, Wildschweine, Palmzibetkatzen, 72 Vogelarten und eine endemische Ratte. Die Artenvielfalt im Meer ist überwältigend, es gibt Dugongs, Blaugeringelte Kraken, Walhaie, Riesenmantas, 14 Walarten, 5 Schildkrötenarten und riesige Korallenriffe mit einer Vielzahl von Fischen und wirbellosen Tieren.

Schutzstatus: 1977 wurden die Inseln von der UNESCO zum Biosphärenreservat erklärt, einige Jahre später wurde das Reservat auf das Meeresgebiet ausgedehnt und 1991 zum Weltnaturerbe erklärt. Derzeit wird diskutiert, die jährliche Anzahl der Touristen zu reduzieren und das Schutzgebiet auf 2 321 km² zu erweitern.

Screening Room 3: Beinah Godzilla

»Und wann kommt jetzt unser Boot?«, frage ich auf Englisch einen Indonesier, der an Deck eines heruntergekommenen Bootes Curry und Bier zum Frühstück verzehrt. In zwei Tagen, gibt er mir mit der entsprechenden Anzahl an Fingern zu verstehen und zeigt dann in den Himmel, um pantomimisch fallenden Regen anzudeuten.

Wir haben diesen wortkargen Mann mit dem strahlenden Lächeln am Vorabend in einer der wenigen Bars an der Strandpromenade von Labuan Bajo kennengelernt, einem Fischerort an der Westspitze der großen Insel Flores, dem Ausgangspunkt für Touren in den Komodo-Nationalpark. Ein paar Kilometer entfernt befindet sich der einzige Flughafen in der Nähe der Heimat der letzten Drachen. Dort sind Ana Jacoba und ich nach einem angespannten Flug in einem zweimotorigen Flugzeug aus dem Zweiten Weltkrieg, das wir nach unserer Begegnung mit den Orang-Utans auf Borneo bestiegen haben, von Bali aus angekommen.

Das waren wirklich anstrengende Reisetage. Das Finale einer fast dreimonatigen (an sich schon zermürbenden) Tour durch Südostasien mit Komodo als letzter Station. Der krönende Abschluss unserer Flitterwochen in Form einer Expedition durch tropische Gefilde. Zumindest dachten wir das, denn wir hatten nicht damit gerechnet, dass ein Unwetter unsere Pläne durchkreuzen würde.

Da man in das Reich der größten Echsen der Welt nur mit dem Schiff gelangen kann – vier oder fünf Stunden von dem Hafen aus, in dem wir uns befinden –, hängt die Möglichkeit eines Besuchs vor allem vom Seegang ab, und der ist zu dieser frühen Morgenstunde bereits ziemlich heftig. Außerdem ist der kleine Archipel, der aus Komodo, Rinca, Padar und den kleinen Nachbarinseln besteht, der Konvergenzpunkt vieler starker Meeresströmungen (die Grenze, wo das Südchinesische Meer auf den Indischen Ozean trifft), sodass seine Gewässer in Kombination mit den knapp unter der Wasseroberfläche liegenden scharfen Riffen, den sich ständig neu bildenden Sandbänken, spontanen Strudeln und abgrundtiefen Unterwasserschluchten nicht nur zu den artenreichsten des Planeten zählen, sondern auch zu den tückischsten für die Küstenschifffahrt. Und wie man sich vorstellen kann, kommt es nicht selten zu Havarien.

Wenn also der Mann mit dem Curry-und-Bier-Frühstück sagt, dass wir geduldig sein müssen, dann ist da nichts zu machen. Wie wir am Vorabend mit ihm besprochen haben, wollen wir zuerst Komodo und Rinca besuchen, anschließend noch drei Tage an der Küste von Sumbawa entlangsegeln und ein paarmal anhalten, um zu schnorcheln und die Insel zu erkunden, bis wir Lombok erreichen (von wo aus wir die lange Heimreise zurück in den Okzident antreten werden: Bali – Kuala Lumpur – Katar – Madrid).

Ich hoffe nur, dass die Verzögerung wegen des schlechten Wetters nicht allzu lang sein wird, da unsere finanziellen Mittel gefährlich dahinschwinden. Tatsächlich reicht das Geld nicht mal mehr, um ein Boot mit Kabinen zu nehmen, darum werden wir mit den anderen Passagieren an Deck übernachten müssen (in der Theorie auf einem Boot, das dafür geeignet ist). Wobei der Regen, der gerade auf uns niedergeht, nicht gerade dazu beiträgt, meine Vorstellung von dem, was uns erwartet, angenehmer zu machen. Nicht dass ich vollkommen pessimistisch wäre, allerdings weiß ich inzwischen aus Erfahrung, dass, genau wie in Mexiko, auch in Indonesien ein deutlicher Unterschied zwischen dem besteht, was einem versprochen wird, und dem, was man erhält.

Aber ich will mich nicht von Vorurteilen leiten lassen, vielleicht liegen die Dinge diesmal ja anders. Vielleicht wird das Geschehen mich überraschen, hoffe ich, während ich am Horizont einen Gewitterwirbel entdecke, der noch grauer ist als der Rest des Himmels. Mal sehen, wann das Boot kommt. Wir haben noch zwei Tage vor uns, und der Regen wird von Minute zu Minute stärker.

Es mag sein, dass es in dieser Region Indonesiens nicht so häufig regnet – dem Territorial-Atlas zufolge ist dies das trockenste Gebiet der rund siebzehntausend Inseln, aus denen sich der Inselstaat zusammensetzt –, aber wenn sich der Himmel über der zentralen Provinz Nusa Tenggara entleert, tut er das mit einem sintflutartigen Monsunregen. Manchmal hat es dann den Eindruck, als ob jemand mitten im Sturm eimerweise Wasser in die Gegend schüttet, sodass der geschlossene Tropfenvorhang noch dichter wird, so als würde der Regen in dicken Strömen vom Himmel fallen. Ich versuche die Wahrscheinlichkeit einzuschätzen, dass wir uns ausgerechnet zur gleichen Zeit wie eines der seltenen jährlichen Unwetter in dieser abgelegenen Ecke des Südpazifiks befinden, aber es macht keinen Sinn, deswegen Trübsal zu blasen – wieso gerät der Reisende so leicht in Versuchung, die Wetterbedingungen persönlich zu nehmen? –, zumal die ganze Gegend das Ereignis zu feiern scheint. Die Kinder rennen durch die Straßen und sind begeistert, klatschnass zu werden, und die Erwachsenen nutzen die Gelegenheit, um in Fässern und Töpfen Wasser zu sammeln. Wasserbüffel erfrischen sich erleichtert im Schlamm, und sogar die Hühner kommen aus den Büschen, um den Regen freudig zu begrüßen.

Wir suchen in der Bar am Hafen Zuflucht. Um mir die Wartezeit zu vertreiben, lese ich noch einmal *Die Letzten ihrer Art*, das Buch, mit dem Douglas Adams 1990 in den Olymp der Reiseberichte zu den vom Aussterben bedrohten Tieren aufstieg. Es ist vielleicht nicht das beste Werk, das je über gefährdete Wildtiere geschrieben wurde, aber sicherlich das unterhaltsamste und zusammen mit der gleichnamigen BBC-Radiosendung eines der ersten populärwissenschaftlichen Werke, durch die es gelungen ist, das gegenwärtige Artensterben in die breite Öffentlichkeit zu tragen.

Mit beißendem Humor und Ironie erzählt Adams von seinen Abenteuern zusammen mit dem Zoologen Mark Carwardine, als sich die beiden auf die unvorstellbare Mission begeben, den Globus auf der Suche nach den am stärksten gefährdeten zoologischen Arten zu bereisen: dem Chinesischen Flussdelfin, dem Fingertier, dem Kakapo, dem Breitmaulnashorn, dem Berggorilla und natürlich dem Komodowaran, den Adams in dem für ihn so charakteristischen Monty-Python-Tonfall hartnäckig als »Menschenfresser« bezeichnet. Er führt dann weiter aus, dass Komodo, als wäre es nicht genug, von einem der gefährlichsten Meere der Welt umgeben und voller blutrünstiger Riesenechsen zu sein, auch noch der Ort ist, auf dem es pro Quadratmeter Boden mehr Giftschlangen gibt als in jedem vergleichbaren Gebiet auf Erden. Was sicher etwas übertrieben ist, aber nicht allzu sehr, denn von den fünfzehn auf der Insel vorhandenen Schlangenarten ist die Hälfte giftig, darunter die

Brillenschlange, die Speikobra, die Kettenviper und die Popes Bambusotter.

Natürlich hat das nicht verhindert, dass das Naturschutzgebiet in den drei Jahrzehnten, die seit der Veröffentlichung des Buchs vergangen sind, zum begehrten Ziel von Massen eines bestimmten Typs von Globetrottern geworden ist. Abgesehen davon, dass es als eines der weltweit beliebtesten Tauchparadiese gilt. Die Zahl der Besucher hat sich jedes Jahr verdoppelt, und 2019 lag sie bei 180 000. Dieses Phänomen hat eine beträchtliche Menge an Devisen mit sich gebracht, die das Überleben der Heimat der letzten Drachen und der neben ihnen existierenden menschlichen Gemeinschaften sichern – was für eine der ärmsten Regionen des Inselstaats keine schlechte Leistung ist –, allerdings führt es allmählich auch zu schweren Schäden im Naturschutzgebiet (zum Beispiel an den Korallenriffen, es erschwert aber auch die Bemühungen, Wilderer daran zu hindern, Tiere aus dem Reservat zu stehlen, man findet immer mehr Benzinlachen und Abfälle und so weiter).

Es ist ja kein großes Geheimnis, dass der Ökotourismus häufig zu einem zweischneidigen Schwert wird. Vor allem wenn das vorrangige Ziel schneller finanzieller Gewinn und nicht der Schutz der Umwelt ist. »Menschen, die fast einzigartig darin sind, aus den Erfahrungen anderer zu lernen, sind auch bemerkenswert für ihre offensichtliche Abneigung, dies zu tun«, sagte Adams einmal, womit er zutreffend zusammenfasst, was überall auf der Erde immer wieder passiert, wo ausufernde Touristenmassen – auch wenn sie theoretisch »geringe Auswirkungen« haben – auf Naturschutzgebiete treffen.

Natürlich ist mir bewusst, dass auch ich ansonsten nicht an diesem Ort sein könnte (es sei denn aus akademischen Gründen und von einer Universität oder einem Museum finanziert) und dass die Zukunft der Drachen ohne öffentliches Interesse wahrscheinlich düster aussehen würde (vor allem in dem völlig utilitaristischen Kontext, der in unserer Zeit im Hinblick auf die Erhaltung der biologischen Vielfalt vorherrscht). Und genau darin liegt das Paradoxe in dieser Sache: Im kapitalistischen System sind Touristen unverzichtbar, aber gleichzeitig ein Fluch.

Jedenfalls bin ich froh, dass ich die Gelegenheit hatte, diese abgelegene Region Indonesiens noch vor dem touristischen Ansturm zu erleben, von dem in den folgenden Jahren nicht mal der Gipfel des Mount Everest verschont blieb.

Denn im Jahr 2012 war die Vorstellung, ein relativ unberührtes Stück des Urwalds zu erkunden, ohne die nächste Touristengruppe schon an den Hacken zu haben, noch möglich. Mit dem zusätzlichen Vorteil, dass die fragwürdigen Zirkusvorstellungen bereits verboten waren, die Adams in den 1990er-Jahren noch beobachtet hat und bei denen es üblich war, Ziegen aufzuhängen, damit die Touristen zusehen konnten, wie die Drachen sie zerstückelten.

Zwei Tage später kehren wir zum Kai zurück, um nach unserem Boot zu fragen. Es regnet noch immer, aber nur noch leicht. Diesmal ist der Mann nicht mit Frühstücken beschäftigt, sondern macht ein Motorrad an der Reling seines heruntergekommenen Bootes fest. Dies tut er mit einer solchen Hingabe, dass ich einen Moment zögere, ihn zu unterbrechen, denn ich möchte diese kunstvolle Verknotung nicht stören, aber Ana Jacoba kommt mir zuvor:

»Gibt es etwas Neues zum Boot?«

»Es ist schon hier«, erklärt er, ohne den Blick zu heben.

»Genial. Wo?«

»Hier!« Er macht eine umfassende Geste mit der Hand, die anscheinend bedeutet, dass dieser Schrottkahn unser Boot ist.

Da muss ein Irrtum vorliegen, denke ich, während ich zusehe, wie ein junger Mann mit einem Gefäß das Wasser vom Deck schöpft. Ob der Mann unsere Abmachung vergessen hat? Ob er nicht mehr vorhat, uns, nachdem wir die Drachen besucht haben, nach Lombok zu bringen? Das Boot ist gar nicht so klein und hat sogar eine Plattform oberhalb der Brücke, auf der ein anderer junger Mann gerade eine Plane anbringt, aber das heißt noch lange nicht, dass man vier Tage lang darauf leben kann. Ganz davon abgesehen, dass, wenn man bedenkt, was man sich so über das Meer erzählt, das wir durchqueren müssen, der Zustand des Gefährts nicht gerade vertrauenerweckend ist.

Offenbar fällt dem Mann unsere Verunsicherung auf, denn er betont eilig: »Kein Grund zu Sorge. Das Boot ist vielleicht nicht besonders schick, aber ich verspreche Ihnen, dass es sicherer ist, als mit den Waranen an Land zu sein.«

Ich denke an die Fotos, die der Mann (den wir am Ende trotz allem als guten Freund geschätzt haben, sodass wir sogar sein typisches Frühstück aus Curry und Bier mit ihm geteilt haben) uns an jenem ersten Abend in der Bar gezeigt hat, bevor wir unser Abkommen getroffen haben, und natürlich war das Boot auf diesen Fotos ein anderes. Zumindest schien es mindestens dreißig Jahre jünger und deutlich moderner zu sein. Erneut kommt mir das Zeugnis von Douglas Adams in den Sinn, der wahrscheinlich in einer ähnlichen Situation geschrieben hat: »Da man uns gesagt hatte, Indonesien könne man nur in einem Gemütszustand äußerster Gelassenheit in Angriff nehmen, beschlossen wir, es damit zu versuchen.«

»Sie schlafen oben«, erklärt der Mann und zeigt auf die Plattform über der Brücke, die, da das Licht durch die Plane fällt, inzwischen bläulich leuchtet, »wir anderen hinten in der Kombüse.«

Immer noch verblüfft, folgt mein Blick seinen Handbewegungen.

»Tagsüber und zum Essen halten wir uns dort auf«, fügt er hinzu und weist auf das kleine Vorderdeck, auf dem das Motorrad ziemlich viel Platz einnimmt.

»Wir haben Tauchermasken und Schnorchel, und die Toilette wird Ihnen gefallen«, sagt er und schenkt uns ein Lächeln, in dem ein gewisser Sarkasmus liegt, als wolle er uns zu verstehen geben, dass er über den Quatsch Bescheid weiß, den die westlichen Touristen erwarten. »Und zudem die größte Dusche Asiens«, fügt er mit einer weit ausholenden Handbewegung in Richtung Meer hinzu, wobei er erneut lächelt, um seinen Witz zu untermauern. Nur dass wir schon bald herausfinden werden, dass das gar kein Witz war, da das wenige Süßwasser an Bord nur zum Trinken und zum Kochen dient.

Unseren Gesichtern muss anzusehen sein, dass wir nicht wirklich überzeugt sind, da er uns versichert, dass es eine durchaus bequeme Reise werden wird, weil nur fünf weitere Passagiere mit an Bord sein werden. Das sei eine eher kleine Gruppe, lässt er uns wissen, da wir zusammen mit der Besatzung – die beiden jungen Männer, die auf dem Boot arbeiten, und der alte Kapitän und Koch, den er uns anschließend vorstellt – gerade mal elf Leute seien.

»Sie müssten das mal in der Hochsaison erleben«, meint er kopfschüttelnd, »da fahren wir manchmal mit fünfundzwanzig Leuten raus.«

Ich stelle mir gerade vor, wie so viele Leute auf diesen rostigen Kahn passen sollen, als ich am Heck zwei Hühner entdecke.

»Das Abendessen am letzten Tag«, erklärt unser Gastgeber stolz, was mich daran erinnert, dass sich auch Adams gezwungen sah, das Boot mit dem Essen zu teilen, sodass er dem Kapitel über Komodo den Titel *Hier Hühner* gab.

Ein paar Stunden später schippern wir durch ruhiges und so kristallklares Wasser, dass wir die Riffe unter uns sehen können. Der Eindruck, in der Luft zu schweben, erzeugt Schwindel. Nachdem wir die imposanten Umrisse der Insel Flores schon eine Weile hinter uns gelassen haben, sehen wir die ersten Delfine. Die anderen Passagiere sind zwei junge Frauen, Zwillinge aus Deutschland, die man nicht unterscheiden kann, und ihr bester Freund, ebenfalls ein Deutscher, sowie ein italienischer Schwimmchampion, der nicht mehr der Jüngste ist. (Zugegebenermaßen beruhigt es mich, dass jemand an Bord ist, der sich als »Schwimmchampion« bezeichnet.) Der letzte Teilnehmer ist der Eigentümer des Motorrads, das uns ein Stück des wertvollen Decks raubt. Ihn sammeln wir am zweiten Tag aus dem Meer auf, wo er sich auf einem Tauchausflug befindet, den er von einem anderen Schiff aus gestartet hat.

Wir bewegen uns zwischen heterogenen Landmassen voran. Einer unregelmäßigen Topographie, die eine geografische Version des auf dem Archipel omnipräsenten Batik-Sarongs zu sein scheint, der aus verschiedenen Stoffresten gefertigt wird. Es gibt keine Wiederholungen, alle Flächen oberhalb des Meeres verfügen über eine eigene Textur und eine einzigartige Farbskala. Vom Boot aus gesehen, erinnert die Landschaft ein wenig an den Golf von Kalifornien, allerdings in einer Version mit riesigen konischen Vulkanen, steilen orangefarbenen Felsschluchten und einer Vegetation vom dornigen Gestrüpp bis zum Tieflandregenwald.

Es ist faszinierend zu sehen, welchen Effekt diese Küsten mit ihren wie zerbrochenes Glas glitzernden Wellen, den Klippen mit den jadegrünen Gräsern und den funkelnden Diamantstränden hervorrufen. Man wird von einem intensiven Verdacht an Irrealität erfüllt. Wie wenn man sich einer Blüte gegenübersieht, die so perfekt ist, dass sie unecht wirkt. Man stellt sich die Frage, ob einem vielleicht jemand ein starkes Psychedelikum in den Morgenkaffee getan hat. Dabei kommt mir der Gedanke, dass es vielleicht gar nicht so schlecht wäre, in diesen Gewässern Schiffbruch zu erleiden, denn dann könnte man sich von rein ästhetischen Wahrnehmungen ernähren und sich der kontemplativen Poesie widmen. Doch was meine Neuronen noch mehr als das Panorama erregt und mich vorübergehend meine Bedenken wegen des zweifelhaften Boots vergessen lässt, auf dem wir reisen (Bedenken, die nicht ganz unbegründet sind, denn im Jahr 2014 sollte ein ähnliches Schiff, wenn nicht dasselbe, auf genau dieser Strecke havarieren und die Mannschaft und alle zwanzig Passagiere ihrem Schicksal überlassen, von denen zwei nie wieder aufgetaucht sind), ist die Gewissheit, dass sich auf einer dieser Inseln die Drachen verstecken.

Die mächtigen *Varanus komodoensis*, nicht mehr und nicht weniger als die größten Echsen auf Erden. Imposante Reptilien, die bis zu drei Meter lang werden und ein Gewicht von hundertzwanzig Kilo erreichen können. Dimensionen, die sie nach unserem Verständnis der freien Natur (also mit einer deutlichen zeitlichen Verzerrung, die nur einen winzigen Abschnitt der Naturgeschichte umfasst) zu wahrhaften Riesen unter den Echsen oder sogar unter allen Tieren machen. Im Licht der fossilen Funde auf dem australischen Kontinent betrachtet, von dem sie stammen, wirken sie jedoch eher bescheiden. Denn ihre Vorfahren, die unter der Bezeichnung Megalane oder *Varanus priscus* bekannt sind, die größten Warane, die bis vor etwa dreißigtausend Jahren mit den dort beheimateten Hominiden zusammengelebt haben (einschließlich der ersten australischen Buschmänner unserer Spezies), waren mehr als fünf Meter lang und dreihundert Kilo schwer.

Dabei kommt mir das Bild einer dieser riesigen Bestien in den Sinn, die sich gierig auf einen erschreckten *Homo floresiensis* – Mensch von Flores – stürzt, der gerade mal ein Meter zwanzig groß war, gefolgt von der Vermutung, dass es vielleicht doch kein reiner Zufall war, dass diese zu unserem Stammbaum zählenden Pygmäen ausgestorben sind. Aber die Worte unseres Kapitäns reißen mich abrupt aus meinem mentalen Ausflug in die Vergangenheit. Er deutet auf einen leicht amorphen Flecken Erde am Horizont und spricht den Namen des Ortes aus, nach dem ich mich so lange gesehnt habe:

»Komodo.«

Wir legen an, und wenig später erkenne ich die Tücke meiner Selbsttäuschung, die Naivität meiner Erwartungen, denn im Büro des Reservats teilt man uns mit, dass es keine Garantie dafür gibt, dass wir die Drachen sehen werden. Da die Tiere in Freiheit leben und angesichts dessen, dass das Areal, auf dem sie sich aufhalten, immens und die Population nicht sehr groß ist, ist überhaupt nicht sicher, dass wir einem von ihnen begegnen werden. Dennoch tragen wir uns ein und entscheiden uns für die lange Route, einen Rundweg, der durch einen großen Teil der verschiedenen Ökosysteme führt, wo die Wahrscheinlichkeit größer ist, auf ein Exemplar zu stoßen. Man warnt uns, dass der Fußmarsch unter der gnadenlosen Sonne etwa fünf

Stunden dauern wird. Wir erhalten zwei einheimische Führer, die aus einem kleinen Ort an einem Ende der Insel stammen. Beide scheinen nicht älter als fünfzehn Jahre zu sein. Sie haben eine Art Besen dabei, dessen Ende die Form eines Y hat, die einzig mögliche Art, sich gegen den Angriff eines Drachens zu verteidigen.

Einige Mitglieder unserer Gruppe äußern ihre Besorgnis und das noch deutlicher, als wir an einem Schild zum Gedenken an vergangene Opfer vorbeikommen. Darauf sind die Gesichter von Touristen und Einheimischen zu sehen, die im Laufe der Jahre den Angriff einer der Reptilien nicht überlebt haben, was uns daran erinnert, dass wir dabei sind, in das Reich eines der gefährlichsten wilden Tiere einzudringen, die es auf der Erde noch gibt. Mit erwartungsvoller Spannung und nicht ohne eine gewisse Nervosität beginnen wir uns einen Weg durchs Unterholz zu bahnen.

Diese verlorene Welt ist tatsächlich so, wie man sie sich aus der Entfernung vorstellt: brutal und glühend heiß. Jeder Zentimeter von dem, was uns umgibt, scheint in einer archaischen kryptischen Sprache verschlüsselt zu sein. Eine evolutionäre Linie, zu der wir sprechende Zweibeiner nicht gehören. Die Luft ist zäh, und die Atmosphäre hat etwas Wildes, Unbezwingbares, das aus einer Epoche vor Anbeginn der Zeit stammt. Ein gutturales Echo, das mehr physisch als auditiv ist, schleicht sich von hinten an. Geht unter die Haut. Es ist, als ob du plötzlich feststellst, dass dein Nacken entblößt ist, dass du nichts weiter bist als ein verletzliches Stück Knochen mit schmackhaftem Fleisch drumherum.

Auf der ganzen Insel hat man das Gefühl, dass eine mächtige Kraft nach oben drängt. Etwas, das unter der Oberfläche brüllt und tobt. Wenn in diesem Moment in der Ferne ein Vulkan ausbrechen würde, wäre dies für mich keine Überraschung. Lavaströme, in Panik fliehende Wiederkäuer, so stelle ich mir das erschütterte Panorama vor, wenn diese Katharsis, die auf allen Seiten zu lauern scheint, endlich losbricht und uns mit einem Schlag die Eingeweide herausreißt. Los! Zeig dich! Entlade endlich deine unverständliche Wut!, würde ich am liebsten schreien.

Dann wird mir bewusst, dass die Hitze mich den Verstand verlieren lässt. Delirierend laufe ich durch die letzten Überreste dessen, was einmal das Pleistozän war. Von da an achte ich darauf, immer wieder lange Schlucke aus der Flasche mit der Molke zu nehmen, die wir dabei haben, und mir regelmäßig den Kopf zu erfrischen, damit er klar bleibt.

Unterwegs treffen wir auf Mähnenhirsche, Wasserbüffel, Javaneraffen und Bärtige Wildschweine. Wenn man sie im Gebüsch aufschreckt und das Aufblitzen der Furcht in ihren Augen sieht, ist die erste Intuition, die man hat, dass der Grund für ihre Angst unser Eindringen in die Landschaft sein könnte. Aber davon darf man sich nicht täuschen lassen, denn die Anwesenheit von Menschen interessiert sie nicht. Pflanzenfresser befinden sich aus einem anderen Grund mit geschärften Sinnen, die Muskeln startbereit, in ständiger Alarmbereitschaft. Die Angst in ihrem Blick ist der Tatsache geschuldet, dass in diesem Reich der Schatten und Nesseln die Reptilien immer noch an der Spitze der Nahrungskette stehen und ihr Gesetz mit extremer Gewalt durchsetzen. Ich vermute, dass alle Lebewesen um uns herum die Furcht im Rückenmark eintätowiert haben, die nächste Beute auf der Speisekarte dieses gierigen und nicht besonders wählerischen Raubtiers zu sein.

Erneut kommt mir Douglas Adams in den Sinn, aber diesmal muss ich an seine Rede *Parrots, the Universe and Everything* an der Universität von Kalifornien in Santa Barbara denken: »Wie sich herausstellte, ist das am stärksten bedrohte Tier auf der Insel jedes, das kein Komodowaran ist.« Die Atmosphäre ist ganz anders als auf den Galapagosinseln mit ihrer friedlichen Fauna, die die Blicke um sie herum beinah gleichmütig hinnimmt, denn hier ist die Spannung beinah greifbar.

In den ersten Stunden, in denen wir unterwegs sind, sind keine Drachen zu sehen, was nach und nach immer frustrierender wird, denn wir mühen uns durch dorniges Gestrüpp, was ziemlich anstrengend ist. Als wir den Gipfel des Berges erreichen, zeigt das Thermometer 41 °C an. Von dieser Stelle aus ist es möglich, einen Gutteil der Insel zu überblicken, während der Rest des ozeanischen Drachenreichs in der Ferne verschwimmt. Erneut kommt mir das Bild eines glühende Lava speienden Vulkans in den Sinn. Man erwartet beinah, dass jeden Moment ein Pterodaktylus am Himmel erscheint. Wir gehen weiter. Eine Viertelstunde später bleiben unsere Führer abrupt stehen. Sie haben etwas entdeckt. Ich begutachte aufmerksam das Laub, ohne irgendetwas Ungewöhnliches zu entdecken. Auch den anderen Teilnehmern scheint nichts aufzufallen, was die Aufmerksamkeit unserer Führer erregt haben könnte. Nicht mal Ana Jacoba mit ihrem in der Farbmetrik geschulten Sehvermögen ist in der Lage, das Rätsel des Laubs vor uns zu lösen.

Nach einer Weile geben unsere Begleiter auf. Es ist sinnlos, zu versuchen, Außenstehenden beizubringen, die mimetische Silhouette zu identifizieren, die ihnen, die an diesem Ort geboren wurden und sie ganz genau kennen, sofort ins Auge fällt. Also zeigen sie uns einfach das ersehnte Exemplar, ein Weibchen von der Größe eines Liegestuhls, das es sich in wenigen Metern Entfernung bequem gemacht hat.

Ich werde nie die Gefühle vergessen, die mich in diesem Augenblick überkommen. Einerseits erstaunt mich, wie gut diese Organismen getarnt sind (sie verschmelzen wortwörtlich mit der Umgebung), andererseits jedoch bin ich höchst verwirrt, dass es mir nicht gelungen ist, den Umriss des Tiers mit eigenen Augen zu erkennen. Ich, von dem man annehmen sollte, dass er (wenn auch eher theoretisch als praktisch) zumindest über die grundlegenden Fähigkeiten eines Feldherpetologen verfügt. Und das bei einem der größten Reptilien, die ich je gesehen habe.

Doch in diesem Moment kann ich nichts anderes tun, als vollkommen verblüfft dieses Tier anzustarren, von dem ich, seit ich ein Kind war, geträumt habe. Ich habe mich seit vielen Jahren danach gesehnt, mal einen Orang-Utan in freier Wildbahn zu sehen, aber die Leidenschaft für die größten Warane auf Erden hat mich schon gepackt, als ich gerade lesen gelernt und entdeckt habe, dass es ein solches Tier überhaupt gibt.

Erst als es mir gelingt, aus der Trance zu erwachen, in die mich die Tatsache versetzt hat, einen wahrhaftigen in Freiheit lebenden Komodowaran vor mir zu sehen, fällt mir auf, dass das Weibchen ziemlich schlank ist. Die Wirbelsäule sticht aus dem Rücken hervor, und die Haut hängt in schlaffen Falten, als wäre sie ihm einige Nummern zu groß. Ich erkundige mich bei unseren Führern, ob das Tier vielleicht krank ist oder ziemlich alt. Und ihre Antwort macht seine Gegenwart, die an sich schon außergewöhnlich ist, noch spannender: Das Weibchen bewacht sein Nest.

Wie ich damals lernte, bewachen die Weibchen ihr Nest bis zu drei Monaten, nachdem sie die Eier abgelegt haben, und verlassen es nicht mal, um zu fressen. Dies ist ein Prozess, der ziemlich viel Arbeit mit sich bringt, denn sie müssen nicht nur die tiefe Kuhle ausheben, in die sie zwischen fünfzehn und zwanzig Eier ablegen (aus denen etwa neun Monate später die Jungen schlüpfen), sondern darum herum auch noch mehrere falsche Tunnel graben, um mögliche Feinde in die Irre zu führen. Wenn die lange Zeit der Bewachung schließlich zu Ende ist, drückt das Weibchen mit dem Bauch die Erde fest, um jede Spur zu dem Ort zu verwischen, wo ihre Jungen bis zu dem Tag verborgen bleiben sollen, an dem sie in der Gestalt von niedlichen kleinen schwarzen Echsen mit gelben Punkten die Schale durchbrechen. Diese Punkte werden ihre Körper etwa bis zu ihrem dritten Lebensjahr zieren, denn dann folgt die anatomische Umwandlung zu der bräunlich-grauen Färbung mit bläulicher, gelblicher und rosafarbener Tönung an Kopf und Hals der erwachsenen Tiere.

Wir betrachten die werdende Mutter mit dem Aussehen eines modernen Velociraptors noch ein paar Minuten und gehen dann weiter. Hoch oben in den Baumkronen ist das laute Kreischen der Kakadus zu hören (der zahlreichsten und schrillsten Vögel der Insel), und überall blühen die Kapokbäume. Ein paar Meter weiter kreuzt eine Speikobra unseren Weg, was die erste von insgesamt sechs flüchtigen Begegnungen mit Exemplaren ihrer Art im Laufe des Tages sein wird. Ich hätte sie gern ein wenig erschreckt, um zuzusehen, wie sie ihr Gift verschleudert, wenn unsere Führer mir nicht zuvorgekommen wären, um sie mit Steinwürfen zu vertreiben. Jedenfalls wäre ich zu diesem Zeitpunkt schon zufrieden gewesen, wenn wir keinem weiteren Drachen mehr begegnet wären. Doch das Schicksal hat für uns an diesem Tag eine Menge zoologischer Leckerbissen auf Lager. In den folgenden drei Stunden sehen wir noch insgesamt zwanzig Exemplare. Zwei oder drei trächtige Weibchen, zwei Jungtiere, ein Baby auf einem Baum (wo sie die ersten drei Jahre verbringen, um vor Raubtieren geschützt zu sein, zu denen auch ihre größten Artgenossen zählen, und sich von Geckos, Insekten, Schnecken und Fröschen zu ernähren) und schließlich noch vier imposante Männchen.

Ich denke, dass, wenn es auf der Welt noch Tiere gibt, die es wert sind, in jene mittelalterlichen Bestiarien aufgenommen zu werden, die die Realität mit Legenden mischen, es diese Warane sind, denn der kräftigste von ihnen hat die Größe eines Esstischs, an dem locker ein Dutzend Gäste Platz finden würden. (Wobei sein massiger Körperbau auf die Entfernung sogar noch ausladender wirkt.) Sie schreiten mit jener hochmütigen Anmut wiegend voran, die sie zu absoluten Herrschern dieses Territoriums macht, und halten einen Moment inne, um in die Luft zu schnuppern und ihre gespaltenen Zungen herausschnellen zu lassen (die in der Lage sein sollen, den fauligen Geruch von Aas aus mehr als sechs Kilometern Entfernung wahrzunehmen), woraufhin sie ihre pechschwarzen Augen, deren versteinerter Blick auf die Ethymologie ihres umgangssprachlichen Namens zurückgeht, auf die Zuschauer heften. (Das Wort »Drache« wurde vom griechischen δράκων (drákōn) abgleitet – »Schlange« oder »Drache« –, das wiederum aus der Wurzel des Verbs δέρκομαι (dérkomai) hervorgeht: »starr und durchdringend schauen«, welches auf den Blick von Schlangen, Adlern, Gorgonen und Kriegern angewendet wird.)

Doch nicht nur das lässt mich an mittelalterliche Bestiarien denken, sondern auch ihre rechteckigen Schnauzen, die ihre Sägezähne verbergen; ihre gebogenen scharfen Krallen, die zu einer Raubkatze gehören könnten; ihre raue, mit runden Osteodermen ausgestattete Haut – Knochenplatten, die in die Schuppen eingebettet sind und sie aussehen lassen, als trügen sie ein mit Geschossen übersätes Kettenhemd – oder ihre mächtigen Schwänze, die sie aufrecht in einer Längsachse zum Körper tragen und die sie zusammen mit ihren langen Hälsen und den massiven Rümpfen anatomisch wie eine Art reptilienartigen Rammbock aussehen lassen. Aber was offen gesagt die Grenzen der Fantasie übersteigt und sie meiner Meinung nach zu mythologischen Bestien macht – die es eher als andere Riesenreptilien wie Netzpythons, Anakondas und Salzwasserkrokodile verdienen, in kryptozoologische Kataloge aufgenommen zu werden –, ist, dass die gigantischen Echsen dieser Inseln auch noch giftig sind.

Das heißt, dass sie, wenn sie auch nicht im wörtlichen Sinne Feuer spucken, dies auf biochemische Art tun. Ihr ätzender Speichel verbrennt das Gewebe ihrer Opfer wie in Zeitlupe und vergiftet von innen heraus ihren Blutkreislauf, was für einen sehr effizienten, schrecklichen Tod sorgt. Eine Tatsache, die mich auf den Gedanken bringt, dass die Drachen von Komodo zwar nicht so groß wie ihre australischen Vorfahren sind, aber ansonsten fast wie Godzilla. (Da auch das japanische Filmmonster von einer östlichen Insel stammt, gern im Meer untertaucht und seine gefährlichste Waffe sein radioaktiver Atem ist.)

Nachdem in den letzten Jahrzehnten unter Experten diskutiert wurde, ob die Tödlichkeit ihres Bisses darauf zurückzuführen ist, dass ihr Speichel einen gefährlichen Bakteriencocktail enthält (der sich aus mehr als fünfzig verschiedenen Stämmen zusammensetzt und bei den Beutetieren heftige Infektionen hervorruft – so der Konsens bis zum Beginn des einundzwanzigsten Jahrhunderts), oder auf das Vorhandensein eines vom

Organismus abgesonderten Toxins, weiß man heute, dass die Drachen zwei giftproduzierende Drüsen im Unterkiefer haben. Dies verleiht ihnen den Titel »größtes Gifttier der Welt«. (Falls der Titel, die größten lebenden Echsen zu sein, ihnen nicht genügt.)

Tatsächlich sondern nicht nur die Komodowarane, sondern auch mehrere andere Waranarten – wie die Buntwarane, die Gefleckten Baumwarane und ein paar andere aus Ozeanien stammende Arten – eine Reihe von Proteinen mit toxischer Wirkung ab, die zu einer Hemmung der Blutgerinnung, Blutdrucksenkung, Muskellähmung und Unterkühlung führen, wodurch die Beute in einen Schockzustand versetzt wird und das Bewusstsein verliert. Das macht sie zusammen mit der Gila-Krustenechse und der Skorpion-Krustenechse aus Mexiko und Guatemala (die bis 2005 als die einzigen giftigen Echsen auf der Erde galten) zum Mitglied der exklusiven Gruppe der Giftechsen.

Daher überrascht es nicht wirklich, dass die Drachen mit diesen Heloderma nicht nur den giftigen Biss und den mit kleinen Kugeln bedeckten Körper, sondern auch den Zweig des phylogenetischen Stammbaums gemeinsam haben. Gemäß des Taxonomischen Index und der kladistischen Analyse (ein biologisches Werkzeug zur Bestimmung der evolutionären Beziehungen zwischen Organismen) stellen ihre jeweiligen Familien, die *Varanidae* und die *Helodermatidae*, Schwestertaxone dar und haben im Fossilbericht einen gemeinsamen Vorfahren.

Im Gegensatz zu Schlangen haben Echsen keine speziellen Zähne, um ihr Gift zu verabreichen, sondern sie müssen sich festbeißen oder die Beute wiederholt beißen, um das Gewebe mit ihrem Speichel in Kontakt zu bringen. Danach müssen sie dem verletzten Tier nur noch folgen, bis die Gifte wirken, was bei einem mehr als eine Tonne wiegenden Wasserbüffel bis zu zwei Tagen dauern kann. Für die Waldbewohner auf dieser Insel gibt es nichts Deprimierenderes als einen großen Pflanzenfresser, der sich mühsam voranschleppt, während ihm ein Trupp von vier oder fünf Drachen dicht auf den Fersen ist. Und wenn der Bukephalos endlich zusammenbricht, gibt es kein Halten mehr. Dann senken die Drachen ihre blutverschmierten Gesichter mit dem zähflüssigen rötlichen Speichel auf ihr Opfer hinunter, bohren ihre Krallen in den Kadaver und werfen die Köpfe hin und her, um ihn zu zerlegen und sich ein Stück des Festmahls zu sichern. Ein Schlachtfest also, wie ich es gern auf einem von Goyas Schwarzen Gemälden oder von Francis Bacon in Szene gesetzt sehen würde.

Zumindest haben wir es so aus den Fernsehdokumentationen unserer Kindheit erfahren. Allerdings stellt dies eher die Ausnahme dar. Nicht das mit dem Schlachtfest, aber die geduldige Verfolgung des Opfers (einer der von den Dokumentarfilmern aus den 1980er-Jahren verbreiteten Mythen, zu denen auch der gehört, dass die Lemminge in Massen in den Tod springen). In der Realität dauert so ein Angriff nur wenige Minuten, auch wenn es sich um ausgewachsene Hirsche oder Wildschweine handelt, die sie von hinten attackieren, mit Schwanzschlägen betäuben und dann so heftig beißen und schütteln, bis sie verbluten oder auf andere Art außer Gefecht gesetzt werden.

Wenn es beispielsweise Affen, Ziegen oder Vögel trifft, besteht eine bei den Drachen sehr beliebte Technik darin, sie fest mit dem Maul zu packen und heftig gegen Felsen oder Bäume zu schlagen (manchmal so fest, dass sie Felsen oder Bäume umhauen), um sie dann lebend und, wenn es die Größe zulässt, mit einem Biss zu verschlingen. Die Komodowarane sind nicht gerade wählerisch, wenn der Hunger sie überkommt, und stürzen sich sowohl auf Säugetiere als auch auf Meeresschildkröten, Schlangen oder Eier und sogar auf kleinere Artgenossen, wenn sich die Gelegenheit ergibt. Sie verschmähen Aas nicht, wenn es vom Meer an den Strand gespült wird, und haben auch schon menschliche Leichen ausgegraben (weshalb die Einheimischen sich angewöhnt haben, ihre Toten in Gegenden mit Lehmböden zu beerdigen und die Gräber mit Steinhaufen zu beschweren).

In jedem Fall können sie bei einer Mahlzeit bis zum Achtzigfachen ihres Gewichts verspeisen (was sie zusammen mit den Schlangen zu den Landlebewesen mit den höchsten Verdauungskapazitäten macht). Anschließend legen sie sich zur Verdauung in die Sonne, um wenig später ein Gemisch aus Haaren, Nägeln, Zähnen, Hörnern und anderen zoologischen Überresten auszuwürgen, die ihre Därme nicht verarbeiten können. Diese befördern sie mit offenem Mund und einer Reihe von krampfartigen Bewegungen nach oben, die an die von Katzen erinnern, wenn sie ihre Haarballen erbrechen.

Angeblich braucht ein ausgewachsener Drache, wenn er einmal richtig satt ist, bis zu einem Monat nichts mehr zu fressen. Daher hoffe ich, dass die Exemplare vor uns gut genährt sind, denn, auch wenn es nicht so häufig vorkommt, wie sich so mancher vorstellen mag (zumindest heutzutage), greifen diese Tiere durchaus auch Menschen an.

In *Deadly Animals: Savage Encounters Between Man and Beast* berichtet Gordon Grice von den aufsehenerregenden Todesfällen seit 1974, unter denen sich ein Baron aus der Schweiz befindet, der sich von seiner Gruppe entfernte, um Fotos zu machen, und von dem anschließend nur noch der

Hut und die Kamera gefunden wurden. Des Weiteren ein vierzehnjähriger Junge, der verblutete, nachdem ein Waran ihm das Fleisch an der Rückseite der Oberschenkel herausgerissen hatte, und ein achtjähriger Junge, der in einem Reservat angefallen wurde und dessen Wirbelsäule gebrochen war, nachdem der Drache ihn an der Taille hochgehoben und heftig von einer Seite zur anderen geschleudert hatte. Außerdem wird der Todesfall eines anderen Kindes erwähnt, an das die Inselbewohner erst herankamen, als es schon halb gefressen war, und eines Mannes, der im Jahr 2009 von Drachen angegriffen wurde, nachdem er von einem Baum gefallen war, und der, obwohl er von Fischern gerettet wurde, anschließend im Krankenhaus starb.

Dass sie nicht regelmäßig Menschen fressen, heißt nicht, dass sie es nicht versuchen, indem sie auf Inselbewohner und Fischer lauern. Und manchmal schaffen sie es auch, sich in die Häuser und Büros der Wildhüter im Reservat zu schleichen. Im Jahr 2008 gelangte eine Gruppe von Tauchern, die von der Strömung abgetrieben worden waren, zur Insel Rinca, und sie berichteten, dass die Drachen sie in den zwei Tagen, bis sie gefunden wurden, belagert und immer wieder angegriffen haben. In jedem Fall könnte ein ausgewachsenes Exemplar mit Leichtigkeit das Bein eines Menschen abbeißen, der sich ihm unvorsichtig nähert, wobei man nicht vergessen darf, dass diese Reptilien auf kurzen Strecken bis zu fünfzig Stundenkilometer erreichen können und damit schneller laufen als wir (und sogar schneller als Usain Bolt). Daher sollte man besser vorsichtig sein und ihre Bewegungen nicht aus den Augen lassen.

Zurück auf dem Boot denke ich noch einmal an das Buch von Douglas Adams und das Gespräch, das er mit Mark Carwardine führte, als er herauszufinden versuchte, wie viele Drachen sich im Reservat wohl aufhalten.

»Wie viele von den Dingern gibt es denn noch?«, fragt Adams.

»Ungefähr fünftausend«, antwortet Mark.

»Und wie viele waren es ursprünglich?«

»Ungefähr fünftausend. Man geht davon aus, dass, grob geschätzt, immer so viele da waren.«

Mit »immer« bezieht sich Mark auf die Zählungen, die seit der zweiten Hälfte des zwanzigsten Jahrhunderts durchgeführt wurden (da die Art erst 1910 zum ersten Mal erwähnt wurde und die ersten Zählungen erst mehrere Jahrzehnte später stattfanden). Der Punkt ist, dass die Population der Drachen, obwohl ihre Zahl im Vergleich zu anderen Tierarten gering erscheint, bis zum ersten Jahrzehnt des einundzwanzigsten Jahrhunderts relativ stabil bei fünftausend Exemplaren geblieben ist. Allerdings hat ihre Anzahl sich in den letzten Jahren gefährlich verringert, sodass sie nun nicht mehr zu den gefährdeten, sondern zu den vom Aussterben bedrohten Arten zählen.

In der jüngsten Ausgabe der Roten Liste bedrohter Arten der IUCN (International Union for Conservation of Nature) von 2019 sind 3 458 Exemplare verzeichnet (darunter nur 1 383 geschlechtsreife). Das Problem ist, dass etwa ein Drittel davon außerhalb geschützter Zonen an der Nordwestküste der Insel Flores leben. Es handelt sich also zweifellos um eine der vielen Arten (die jeden Tag zahlreicher werden), deren Zukunft vollständig von uns Menschen abhängt und die bei nachlassenden

Schutzbemühungen jederzeit vollständig aussterben könnten.

Nachdem der Tourismus im Jahr 2019 mit hundertachtzigtausend Besuchern überhandgenommen hat, beschlossen die Behörden, keine Zeit mehr zu verlieren und die Zahl der Reisenden zu begrenzen. Sie zogen sogar in Erwägung, das Reservat für ein Jahr zu sperren. Doch dann kam die Corona-Pandemie dazwischen und ersparte den Behörden eine solch drastische Maßnahme.

Inzwischen hat der Gouverneur der Provinz Nusa Tenggara, Viktor Bungtilu Laiskodat, eine radikale Veränderung vorgeschlagen. Er fordert, den Eintrittspreis für den Nationalpark deutlich zu erhöhen (auf tausend Dollar für eine Jahreskarte), um den Tourismus einzudämmen, während gleichzeitig in Erwägung gezogen wird, die innerhalb des Schutzgebiets lebenden Menschen auf benachbarte Inseln umzusiedeln.

Letzteres ist allerdings nicht besonders gut angekommen, vor allem bei den Tausenden von Menschen, die sich die Insel seit Generationen mit den Drachen teilen, die sie laut ihrer Tradition als Brüder betrachten. Denn diese Menschen sind inzwischen vom Reptilientourismus abhängig, um ihren Lebensunterhalt bestreiten zu können. Laiskodat scheint jedoch fest entschlossen und ging sogar so weit, den Medien zu erklären: »Die Insel heißt Komodo, weil sie den *komodos* (Drachen) gehört und nicht den Menschen. An diesem Ort gelten keine Menschenrechte, sondern nur die der Tiere.«

Man wird sehen, ob die Zentralregierung in Jakarta seinen Vorschlag unterstützen wird. Vorläufig gibt es eine neu erlassene Obergrenze von fünfzigtausend Besuchern im Jahr und eine weitere von fünfundsiebzig am Tag, was – wie man nicht zu erklären braucht – eine Rechnung ist, die nicht aufgeht. Aber in Indonesien, wo das, was vereinbart wird, und das, was umgesetzt wird, eh nicht unbedingt übereinstimmt, spielt das ohnehin keine Rolle.

Sulawesi, Indonesien

Vier lange mit Dschungel bewachsene Halbinseln, die in einem zerklüfteten Gebirgskern zusammenlaufen, drei Tiefseebuchten, die von Leben wimmeln, riesige Korallenriffsysteme, die die Küste säumen, gewundene, unzugängliche Bergketten, schimmernde Täler, die das Hochland durchdringen, üppige Botanik überall und ein bewundernswerter ethnischer Reichtum unter der Bevölkerung: Das ist die Grenze zwischen Asien und Ozeanien. Eine große Insel, das Produkt der Kollision von asiatischen Erdplatten und der australischen Erdplatte, und der Scheitelpunkt zweier ineinander übergehender biogeografischer Regionen. Wir befinden uns mitten im Herzen der Wallacea, an der Kreuzung zweier einzigartiger Biota, der Region mit dem wahrscheinlich höchsten Grad an Endemismus des Malaiischen Archipels. Dem Land ebenso geheimnisvoller wie einzigartiger Tiere. Der Heimat der beeindruckenden Kokosnusskrabbe (des größten an Land lebenden Gliederfüßers) und des Quastenflossers, jenes lebenden Fossils unter den Fischen, das über Jahrhunderte als ausgestorben galt.

Steckbrief 4

Breitengrad: -2° 07'60.00"S Längengrad: 120° 16'60.00"O / Die Äquatorlinie verläuft durch die nördliche Zentralregion der Insel auf der oberen der vier Halbinseln, aus denen sie besteht.

Lage: Wallacea, zentrale Region des indonesischen Archipels östlich von Borneo, westlich von den Molukken, südlich der Philippinen und nördlich von Nusa Tenggara.

Größe: 193 846 km^2 (die elftgrößte Insel der Erde).

Bevölkerung: 19 896 951 Einwohner (Volkszählung von 2020).

Vegetation: Bedingt durch die bergige Orographie und das heiße, feuchte Klima war die Insel größtenteils von montanem Regenwald und mesophilem Wald bedeckt, mit niedrigem immergrünen Wald an den Küstenhängen und Mangrovenwäldern oberhalb der Gezeitenlinie.

Fauna: Die Insel hat eine der höchsten Endemismusraten in Südostasien, insbesondere bei Säugetieren (127 vorhandene Arten, von denen 79 endemisch sind, darunter Anoas oder Zwergbüffel, Babirusas, 6 Makakenarten und 7 Arten von Koboldmakis) und Vögeln (insgesamt 337 Arten, von denen 70 endemisch oder semiendemisch sind).

Schutzstatus: Schätzungen zufolge sind seit 2007 etwa 80 % des Waldes durch Abholzung verloren gegangen, ebenso wie ein Großteil der Mangroven und der meisten Feuchtgebiete. Auf der Insel gibt es 8 Nationalparks, von denen 4 Meeresparks sind. Der Nationalpark Bunaken, der ein reiches Korallensystem entlang der Nordwestküste schützt, wurde von der UNESCO als Weltnaturerbe vorgeschlagen.

Screening Room 4: Das Gegenteil von King Kong

Jemand klopft ziemlich hartnäckig gegen die Tür der Hütte. Ich öffne erschreckt die Augen und weiß für ein paar Minuten nicht, wo ich bin. Mein Mund fühlt sich klebrig an, und meine Schläfen pochen. Ich nehme an, dass der *tuak* (dieser Wein, der manchmal aus Palmen und sonst aus Reis hergestellt wird) mir einen heftigen Kater beschert hat. Nach und nach gelingt es meinem Gehirn, die Abfolge der vergangenen Tage nachzuvollziehen. Die Aneinanderreihung der vielen einzelnen Reiseetappen, die nötig waren, um hierherzukommen, an den östlichsten Punkt der Erde, an dem ich jemals war. In diesem Moment entdecke ich sie, eine beunruhigende Silhouette auf dem Moskitonetz, das das Bett umhüllt. Es handelt sich um eine Spinne, und sie ist riesig, aber vor allem befindet sie sich sehr nah an meinem Gesicht. Ich denke, es könnte eine Tarantel sein, was ich in der morgendlichen Dunkelheit jedoch nicht genau erkennen kann.

Ein paar Sekunden lang betrachte ich wie benommen den Spinnenschatten, wobei mir nicht ganz klar ist, ob er sich an der Innen- oder der Außenseite des Stoffs bewegt, also ob er eine unmittelbare Bedrohung darstellt oder nur eine unwillkommene Präsenz. In dem Bemühen, keine Aufmerksamkeit zu erregen, das heißt, sorgfältig darauf achtend, das Moskitonetz nicht zu berühren und nicht auch nur den leisesten Seufzer auszustoßen, strecke ich den Arm aus und greife nach der Taschenlampe, die neben meinem Kissen liegt (nicht ohne einen gewissen Stolz, dass ich so klug war, sie in Reichweite abzulegen). Als ich sie einschalte, stelle ich erleichtert fest, dass sich das Tier an der Außenseite des Moskitonetzes befindet, das uns vor möglichen nächtlichen Besuchern schützt.

Es handelt sich nicht um eine Tarantel, sondern um die größte Spinne, die ich je mit eigenen Augen erblickt habe. Ihr Bauch ist glänzend, hellgrün mit weißen Längsstreifen. Ihre Kieferklauen sehen aus wie Nägel, und ihre schlanken, spitzen Beine verleihen ihr etwas Biomechanisches. Ich schätze, dass sie etwa so groß ist wie mein Fuß, und mir kommt der Gedanke, dass sie keine Insekten jagt, sondern Geckos.

Ich rüttele sanft Ana Jacoba wach, die neben mir in dem für sie typischen Tiefschlaf liegt (»wie ein Stein« beschreibt es wohl am treffendsten). Dabei warne ich sie vor, damit sie sich nicht ruckartig aufsetzt, und schließlich öffnet sie die Augen. Ich zeige auf unseren Zimmergenossen.

»Verdammt«, flüstert sie, und mit äußerster Vorsicht, um das furchterregende Spinnentier nicht zu stören, kriechen wir schwitzend aus dem Bett, in dem wir nur zwei Stunden gelegen haben. Draußen erwartet uns der Dschungel. Die Chitingeräusche der Arthropoden mischen sich mit dem hohen Gesang der Frösche, und zahlreiche Fledermäuse durchstreifen den offenen Raum zwischen dem Dickicht auf der Suche nach nächtlichen Leckerbissen. Es ist halb vier Uhr am Morgen.

Renny Linggar, die in dieser Gegend geboren und unsere Führerin ist, empfängt uns mit einem mütterlichen Lächeln in der Hütte, die als Küche dient. Sie scheint sich über die verschlafenen Gesichter der Fremden zu amüsieren, die es nicht gewohnt sind, zu dieser unangemessen frühen Stunde schon auf den Beinen zu sein. Renny ist eine lebhafte Frau mit einem ansprechenden Gesicht, trägt das Haar locker hochgesteckt und bewegt sich flink. Sie ist eine dieser Persönlichkeiten, denen man sofort vertraut – was beruhigend ist, da wir vorhaben, mit ihr in den nächtlichen Dschungel einzudringen –, und ihr Lachen wirkt ansteckend.

Unsere Gastgeberin schürt ein Feuer mit Holzscheiten, während sie uns erklärt, was uns in den nächsten acht Stunden erwartet, was zu tun ist, wenn wir uns verirren, wie man die örtlichen Giftschlangen erkennt, in welchen Gebieten es viel Treibsand gibt, wie wir auf den Angriff eines Makaken-Alpha-Männchens reagieren sollen und solche Dinge. Ratschläge, die während der vor uns liegenden Expedition nützlich sein könnten. Die knisternden Flammen beleuchten ihre Gesichtszüge, und ich denke, dass ihre Physiognomie problemlos auch in die Berge Oaxacas passen würde. Ich schätze, dass sie etwa vierzig Jahre alt ist.

Renny bietet uns Kardamomtee mit Honig und Bällchen aus klebrigem Reis mit Banane an und fordert uns auf, schnell zu essen, denn in zehn Minuten werden wir losgehen. Während der ersten anderthalb Stunden müssen wir ein gutes Tempo vorlegen, wenn wir vor Sonnenaufgang den Ort erreichen wollen, an dem sich das Lebewesen befindet, das wir sehen möchten. Denn exakt mit den ersten Sonnenstrahlen bietet sich die einzige Möglichkeit, das scheue Tier in seiner natürlichen Umgebung zu beobachten. Daher schalten wir unsere Taschenlampen an und dringen entschlossen in die dunkle Vegetation ein.

Es sind die letzten Tage des Jahres 2013, und wir befinden uns im äußersten Nordosten der Insel Sulawesi, früher Celebes, der elftgrößten Insel der Erde. Ihre Form erinnert, von oben gesehen, an ein K, ihre Fläche ist etwas größer als Griechenland, und sie ist von üppiger Vegetation bedeckt. Wir befinden uns in der Nähe des Tangkoko-Batuangus-Naturreservats, einem ausgedehnten Regenwaldgebiet (8.700 Hektar), das sich zwischen der molukkischen Küste und den Gipfeln dreier kegelförmiger Vulkane erstreckt.

Es sind etwas weniger als zwei Jahre seit unserem letzten Besuch in Indonesien vergangen, bei dem uns die Idee kam, Sulawesi zu besuchen. Während jener Fahrt zwischen Komodo und Lombok hatte der italienische Schwimmchampion, der mit uns auf dem Boot war, uns von den aufwändigen Bestattungsritualen in der Region Tana Toraja im südlichen Teil der Insel erzählt: Wenn ein Mitglied des Stamms der Toraja stirbt, wird der Körper durch Injektion von Formaldehyd konserviert, bis die ganze Familie, die manchmal aus mehr als tausend Mitgliedern besteht, zusammenkommen kann, um an dem sieben Tage dauernden Festmahl und den rituellen Opfern teilzunehmen. Wenn der Verstorbene reich war, werden bis zu zweihundert Schweine und bis zu dreihundert Wasserbüffel geschlachtet (angeblich wurden bis vor ein paar Jahrhunderten auch Menschen geköpft), und danach werden die sterblichen Überreste in einer Grabhöhle oder einer in den Felshang gehauenen Nische bestattet.

Wahrscheinlich hätte die Schilderung dieses Rituals schon ausgereicht, Ana Jacoba und mich noch einmal auf den Archipel zu locken, ganz abgesehen von den in dieser Gegend endemischen Tieren, die wir gern sehen würden, oder der Möglichkeit, auf den Spuren von Alfred Russel Wallace zu wandeln, dem mysteriösen Naturforscher, der mit seinen Gedanken zur Evolution durch natürliche Selektion Darwin dicht auf den Fersen war. Natürlich mussten wir erst mal ein paar Jahre lang genügend Geld zusammensparen, um unseren Plan in die Realität umzusetzen und erneut auf den Meeren des Südpazifiks rund um den Äquator herumzuschippern.

Inzwischen sind wir seit etwa einem Monat in der Gesellschaft von Carlos Andrés und Nidia, unseren besten Freunden in Berlin, auf der Insel unterwegs, die, ihrem kolumbianischen Naturell gemäß, die Gelegenheit genutzt haben, die Lethargie der Passagiere auf der Fähre mit ein wenig Cumbia-Unterricht zu vertreiben. Die Reise hat in Macassar (ganz im Süden der Insel) begonnen und soll gegen Ende der Woche in Manado enden. Im Laufe unserer Expedition haben wir nicht nur ein paar Tage lang einer Bestattung der Toraja beigewohnt, sondern auch ein paar unvergessliche Tauchgänge unternommen, und sind auf Netzpythons, Goldkronen-Flughunde, Indopazifische Aale und Babirusas getroffen (seltsame Schweine, die auf Sulawesi endemisch sind, halbaquatisch leben und stark vom Aussterben bedroht sind, mit riesigen, nach oben gebogenen Stoßzähnen, die deutlich größer als ihr Kiefer sind, die Oberlippe durchbohren und sich ähnlich wie Hörner über das Gesicht erheben). Aber der Tag, der nun vor uns liegt, verspricht, zumindest für mich, einer der bewegendsten der ganzen Reise zu werden. Denn wenn wir mit Renny Schritt halten können, werden wir den eigenartigen Sulawesi-Koboldmaki in Freiheit erleben, zweifellos eine der rätselhaftesten Erscheinungen in der Zoologie und einer unserer kleinsten nächsten Verwandten.

Als wir auf dem Weg zum Eingang des Reservats die Küste entlanggehen, entdecke ich am Horizont Ternate, die Hauptstadt der Nordmolukken. Ternate ist mir ein Begriff, weil von dort aus der verblüffende Brief abgeschickt wurde, den Charles Darwin am Freitag, dem 18. Juni 1858, erreichte.

Der Inhalt dieses Briefes hatte den damals neunundvierzigjährigen einflussreichen Wissenschaftler, der später als »Vater der Evolution« in die Geschichte eingehen sollte, sicher erbleichen lassen, denn es war ein Text mit dem Titel *Über die Tendenz der Arten, sich auf unbestimmte Zeit vom ursprünglichen Typ zu entfernen* mit Gedanken über die biologische Evolution mittels Selektion, die der von Darwin selbst erarbeiteten Theorie bemerkenswert nahekamen. Ob sich Darwin während der Lektüre des Textes am Rande eines Speiseröhrenkrampfes befand, werden wir nie erfahren, aber er hat sicherlich mindestens eine Gastritis erlitten, da sich sein eigenes Buch zu dem Thema mit dem Titel *Der Ursprung der Arten* – an dessen Manuskript er nach fast zwanzig Jahren des Sammelns von Beweisen nach wie vor fleißig arbeitete –, noch im Stadium des Entwurfs auf seinem Schreibtisch befand.

Ist es möglich, dass zwei über Tausende Kilometer voneinander entfernte Gehirne am selben rationalen Scheideweg, ohne miteinander zu kommunizieren, in ihren Gedanken übereinstimmen? Zumal es dabei nicht nur um ein bloßes Dilemma ging, sondern um einen kognitiven Abgrund, der eine echte intellektuelle Revolution erforderte, um ihn zu überwinden. Einen aufrüttelnden und brillanten Vorschlag von einer solchen Originalität und Einfachheit, dass es, mal ganz ehrlich, äußerst abwegig scheint, dass noch jemand anderes darauf kommen konnte. Jemand anderes als Darwin, versteht sich.

Doch nachdem der herausragende Naturforscher den Inhalt des Briefes mehrmals gelesen hatte, mit wahrscheinlich immer tiefer sinkender Kinnlade, blieb ihm keine andere Möglichkeit, als zu akzeptieren, dass, so unwahrscheinlich es auch schien, genau das passiert war. Ein Plagiat war ausgeschlossen, da Darwin darauf geachtet hatte, seine Überlegungen nur mit seinen

Freunden und engsten Kollegen zu teilen, weshalb er die einzig mögliche Erklärung hinnehmen musste: Es handelte sich um einen ungewöhnlichen Fall von konvergentem Denken.

Allerdings war Darwin auch nicht der erste Wissenschaftler, der zu verstehen versuchte, wie die Arten auf der Erde entstanden waren. Tatsächlich lag der Heilige Gral der naturwissenschaftlichen Disziplin darin, die Mechanismen aufzudecken, durch die das Leben mutiert und gedeiht. Vor Darwins berühmter These von der natürlichen Selektion gab es bereits Hypothesen von Georges-Louis Leclerc de Buffon, Georges Cuvier und Jean Baptiste de Lamarck – der 1804 den Begriff »Biologie« prägte und die erste Theorie der biologischen Evolution formulierte – und sogar von seinem eigenen Großvater Erasmus Darwin. Kurz gesagt: Charles Darwins Werk *Über die Entstehung der Arten* sind etwa zwanzig wegweisende Arbeiten vorausgegangen.

Es bestand also kein Zweifel mehr daran, dass sich die Organismen mit der Zeit veränderten, aber bis dahin war niemand in der Lage gewesen, die Drähte zu finden, die die evolutionäre Marionette tanzen ließen. Oder besser gesagt, niemand außer Charles Darwin und demjenigen, der ihm den verflixten Brief aus Ternate geschrieben hatte.

Während wir über einen schlammigen Pfad gehen, informiert Renny uns, dass in dem siebenundachtzig Quadratmeter großen Reservat etwa 127 Säugetierarten, 237 Vögel, 104 verschiedene Reptilien und Amphibien und unzählige wirbellose Tiere beheimatet sind. Mehr als ein Drittel von all diesen Tierarten seien endemisch auf der Insel, versichert sie uns, und die meisten seien dem Aussterben gefährlich nah. Neben den Sulawesi-Koboldmakis sind der Schwarze Schopfmakake, der Sulawesi-

Kuskus, die Blaue Vogelspinne, der Rhinozerosvogel und nicht weniger als fünfzehn Giftschlangenarten weitere ikonische Organismen der Gegend.

Kurz darauf ist der Moment gekommen, an dem es zu schweigen gilt, denn wir betreten offiziell den Bereich des Naturschutzgebietes und wollen uns nicht die Gelegenheit verderben, irgendein Tier zu sehen, weil wir es mit unserem Geschwätz vertreiben. Es ist noch immer stockdunkel, und die Schwärze des frühen Morgens wird nur von den Strahlen unserer Taschenlampen und kleinen Lichtblitzen im Wald durchbrochen. Und nein, es handelt sich nicht um Glühwürmchen, sondern um die scheuen Augen zahlreicher Spinnen und Skorpione, die im Schatten lauern und das Licht der Lampen in bunten Farbreflexen brechen.

Plötzlich verändert sich die Vegetation. Die Landschaft wird nicht mehr von Sträuchern und Schlingpflanzen beherrscht, sondern von dicken Stämmen, die in den Himmel ragen und zwischen denen Baumfarne wachsen. Die Luft fühlt sich noch feuchter an, und das sich zersetzende Laub unter unseren Füßen ist ein angenehmer Untergrund. Renny steckt ihre Machete weg und schaut auf die Uhr. Ihrem Gesichtsausdruck ist anzusehen, dass wir gut in der Zeit sind. Wir nutzen die Pause, um eifrig Wasser zu trinken. Obwohl der Tag noch nicht angebrochen ist, schwitzen wir vier Ausländer extrem.

Wir machen uns wieder auf den Weg. Allmählich werden die Abstände zwischen den Bäumen größer, und wir können schneller gehen. Während wir das Tempo erhöhen, kommt mir in den Sinn, dass es am Ende unseres Stammbaums noch zwei andere Anwärter auf den Titel »kleinster Organismus unter den Primaten« gibt, den Braunen Mausmaki *(Microcebus rufus)* und das Zwergseidenäffchen *(Cebuella pygmaea)*, wobei beide sogar noch etwas kleiner sein dürften als der Koboldmaki, nach dem wir auf der Suche sind. Aber wir sind ja nicht an diesen Ort gekommen, um anatomische Rekorde festzuhalten – in jedem Fall handelt es sich bei jedem dieser Pygmäen-Primaten um den kleinsten seiner Art auf dem jeweiligen Kontinent, auf dem er lebt –, sondern um eine biologische Reliquie zu betrachten. Eines jener einzigartigen Tiere, die, wenn es sie nicht tatsächlich geben würde, hätten erfunden werden müssen. Das Säugetier mit den größten Augen (zumindest in Relation zu seinem Körper), das es auf dem Planeten gibt, einen faszinierenden Affen, der locker in eine Handfläche passt und nur selten den Boden berührt.

Es existieren etwa zehn Arten von der Spezies *Tarsius*, von denen alle von den Inseln in Südostasien und dem Südpazifik stammen. Einige davon beschränken sich auf winzige Verbreitungsgebiete, Mikroendemismen, die nur in den Wäldern um einen bestimmten Vulkan oder in den letzten Überbleibseln eines Naturschutzgebietes leben, und alle sind stark vom Aussterben bedroht. Je nachdem, um welche Art es sich handelt, erreichen die ausgewachsenen Exemplare eine Länge zwischen acht und vierzehn Zentimetern und werden nicht schwerer als hundertdreißig Gramm. Es sind nachtaktive Primaten, die sich hauptsächlich dadurch auszeichnen, von allen Säugetieren in Proportion zu ihrem Körper die größten Augäpfel zu haben. Diese hervorstehenden Augen, die üblicherweise kastanienfarben oder von einem gelblichen Grün sind, nehmen dreißig Prozent des Schädels ein, was das Tier in seinen Bewegungen einschränkt. Tatsächlich verfügen die Koboldmakis nicht über Muskeln, um ihre Augäpfel zu drehen, weshalb sie, um in der Lage zu sein, ihre Umgebung abzusuchen, über eine weitere auffällige Anpassung verfügen, nämlich über modifizierte Halswirbel. Diese sind so rotationsfähig wie ein hydraulisches Stativ und erlauben ihnen, den Kopf um beinah dreihundertsechzig Grad zu drehen.

Die vorderen Extremitäten dieser Primaten sind relativ klein, die hinteren dagegen sind kräftig und ausgestreckt doppelt so lang wie der Rest des Körpers, was sie zu geschickten Akrobaten macht. So können sie bis zu sechs Meter hoch springen, was im Vergleich mit einem menschlichen Turner bedeuten würde, dass dieser einen Sprung von mehr als sechzig Metern Höhe hinlegt. Der Schwanz der Koboldmakis ist länger als der Körper und nicht von Fell bedeckt, endet jedoch in einem kleinen behaarten Büschel, das wie ein Pinsel aussieht. Ihre langen rosafarbenen Hände laufen in schlanken Fingern mit scheibenförmigen Ballen an den Spitzen aus. Sie erinnern ein wenig an die Finger von E.T. dem Außerirdischen oder an die von Baumfröschen.

Die abstehenden nackten Ohren zusammen mit den riesigen Augen verleihen dem Tier ein, man könnte sagen, niedliches Aussehen. Allerdings sind die Koboldmakis ein Sonderfall unter den Primaten, denn sie sind ausnahmslos Fleischfresser und ernähren sich nur von lebender Beute – Insekten, Eidechsen, Fröschen und Spinnen, die sie während ihrer nächtlichen Ausflüge jagen und gierig verschlingen.

Der Brief mit dem Inhalt, der Darwin an jenem Morgen im späten Frühling 1858 erzittern ließ, stammte von einem gewissen Alfred Russel Wallace, einem jungen walisischen Forscher, der die letzten fünf Jahre damit verbracht hatte, im Dschungel des Malaiischen Archipels verschiedene Organismen zu sammeln. Wallace war sozusagen der Archetyp des Naturforschers im neunzehnten Jahrhundert und hatte vor seinem langen Aufenthalt in Südostasien vier Jahre im Amazonas-Regenwald verbracht, um die dortigen Lebewesen zu untersuchen. Er verdiente sich seinen Lebensunterhalt damit, Vögel, Reptilien, Amphibien, Säugetiere und vor allem Insekten für die Sammlungen europäischer Museen zu fangen, und auf diesem Gebiet war er wirklich herausragend. Man schätzt, dass er es allein in den acht Jahren, die er auf dem Malaiischen Archipel verbrachte, auf mehr als 125 000 Exemplare brachte, von denen mehrere Hundert für die westlichen Wissenschaftler bis dahin unbekannte Arten waren.

Der intensive tägliche Kontakt mit der freien Natur ermöglichte es Wallace, die enorme biologische Vielfalt zu erfassen sowie die Art und Weise, in der diese im Verhältnis zur Geographie variiert. Nach und nach erkannte der junge Forscher, dass die Art und die Häufigkeit der Lebewesen nicht nur an den verschiedenen Orten, die er besuchte, nicht einheitlich waren, sondern auch in Abhängigkeit von bestimmten historischen Prozessen zu variieren schienen. Diese prägten die Verbreitungsgebiete, was bedeutet, dass einige Spezies eine ähnliche Evolutionsgeschichte haben. Wegen dieses Grundwissens wird Wallace als Begründer der Biogeografie angesehen, und die Wallace-Linie wurde nach ihm benannt, die imaginäre biogeographische Linie zwischen Borneo und Sulawesi, die bis heute dazu dient, die Grenze zwischen der charakteristischen Biota Südostasiens und der Ozeaniens zu markieren. So findet man im Westen dieser Linie Zwergaffen, -Elefanten und -Nashörner und im Osten nur Beuteltiere.

Ich muss in diesem Moment nicht nur wegen des Briefes, mit dem er den Vater der Evolution herausforderte, an Wallace denken, sondern auch, weil die Gegend, in der wir uns gerade mühsam einen Weg durch die feuchte Vegetation bahnen, unter der Bezeichnung Wallacea bekannt ist. Ein Quadrant, der einen Großteil der zentralen Inseln des Malaiischen Archipels umfasst, darunter Sumbawa, Komodo, Flores, Timor, die Molukken, die Banda-Inseln und natürlich Sulawesi, die größte und artenreichste Region der ganzen Wallacea, in der die biogeografischen Bereiche Asiens und Australasiens aufeinandertreffen, jeder mit seiner Schar schillernder Tiere.

Neben Wallace' Überlegungen zu den Mustern, die die Verteilung der Organismen bestimmen, beobachtete er, dass, auch wenn die Populationsgrößen der verschiedenen Arten eher stabil bleiben, die dazugehörenden Individuen stark variieren. Eine Entdeckung, die ihm nach einem schweren Malariaanfall, noch ohne es zu wissen, als Grundlage für die gleichen Schlussfolgerungen diente, zu denen auch Darwin gelangt war. Laut Wallace' eigener Aussage brachten seine fieberhaften Wahnvorstellungen ihn dazu, Malthus' Ideen über das Wachstum der menschlichen Bevölkerung mit den geologischen Prinzipien von Charles Lyell in Verbindung zu bringen. Auf diese Weise gelang es ihm, den evolutionären Knoten zu entwirren und die Konzepte von Anpassung und Konkurrenz zu entwickeln, die für das Verständnis des Prozesses der natürlichen Selektion fundamental sind.

»In jeder Population entsteht ein Existenzkampf, bei dem nur die Besten überleben und ihre vorteilhaften Eigenschaften an ihre Nachkommen weitergeben. Dabei ist die Sterblichkeit der weniger gut Angepassten der Faktor, der die Populationsgröße konstant hält«, schrieb Wallace in seiner Abhandlung. Und diese Erleuchtung war so immens, dass er sich, obwohl er unter dem tropischen Fieber litt, vom Krankenbett erhob und hinsetzte, um seine Überlegungen dem Naturforscher mitzuteilen, den er für die Eminenz dieser Materie hielt: Darwin.

Seit zwanzig Minuten bemühen wir uns, einen dornigen Hang zu bezwingen, und es weist uns eindeutig als Stadtmenschen aus, dass wir ständig stolpern, während Renny mühelos vorankommt und nahezu über die Landschaft schwebt. Zu unserer Verteidigung muss gesagt werden, dass der anhaltende leichte Regen dafür gesorgt hat, dass der Boden so rutschig ist, als würden wir über Eis laufen.

Als wir die Hügelkuppe erreichen, wird die Pflanzendecke über uns wieder dichter. Das Blätterdach des Waldes zwanzig Meter über uns ist so fest geschlossen, dass die Regentropfen nicht bis zum Boden kommen. Renny holt ihr Handy hervor und ruft jemanden an. Wir anderen lassen uns erschöpft auf einem morschen Stamm nieder. Unsere Führerin versucht ihre Cousine zu erreichen, die auf einer anderen Route vor uns unterwegs ist. Nach zwei vergeblichen Versuchen gelingt es ihr, und ich stelle überrascht fest, dass das Netz sogar auf Sulawesi besser ist als in Mexiko. Renny murmelt etwas ins Telefon, sieht auf die Uhr und dreht sich lächelnd zu uns um. Sie sagt uns, dass wir großes Glück haben, wir uns aber beeilen und absolut still sein müssen.

Die nächsten hundert Meter legen wir extrem leise zurück. Renny erklärt uns in Zeichensprache, dass wir uns vor einen großen Baum setzen und die Taschenlampen ausschalten sollen. Es ist genau die Tageszeit, in der im ersten Licht allmählich Umrisse und Konturen zu erkennen sind und alles bräunlich aussieht.

Es vergehen zehn lange Minuten, in denen nichts passiert. Dann zehn weitere. Mir kommt der Gedanke, dass wir vielleicht doch nicht so viel Glück haben und ich mich zu früh gefreut habe. Wilde Tiere richten sich eindeutig nicht nach dem Menschen. Zu meiner Frustration und der Müdigkeit gesellt sich noch der Gedanke, dass es jeden Tag weniger Tiere gibt. Während die Gefahr durch die Entwaldung in aller Munde ist, ist von der der Defaunation viel seltener die Rede. Dabei ist das sprunghaft ansteigende Verschwinden von Tieren aus den meisten Biomen der Welt vielleicht sogar ein aktuelleres, zeitnäheres Problem, und wie es scheint, beschäftigen wir uns nicht gern mit aktuellen Dingen, denn sonst bliebe uns nichts anderes übrig, als anzuerkennen, dass wir ein integraler Bestandteil der Gleichung sind.

In diesem Moment unterbricht ein seltsames Geräusch meine Grübeleien. Aus der Ferne nähert sich ein pfeifender und schnalzender Chor.

Er klingt ganz anders als die sonstigen Töne des Waldes und hört sich an wie ein intensiver Dialog aus metallischen, fast ultraschallartigen Schreien, deren Frequenz und abgehackter Rhythmus an eine Art Morsecode erinnern. Die Geräusche kommen immer näher. Ich spitze erwartungsvoll die Ohren und suche die Umgebung sehnsüchtig mit Blicken ab. Plötzlich schießt eine Silhouette zwischen den Blättern hervor und landet auf einem Stamm in unserer Nähe. Es folgen eine weitere und noch ein paar mehr. Ich hefte meinen Blick auf die kleinen milchkaffeebraunen Fellbündel und betrachte sie aufgeregt. Insgesamt sind es fünf, drei ausgewachsene und zwei Jungtiere, und ihre Gesichter mit den hervorstehenden Augen und den verkniffenen Mündern machen den Eindruck, als wären sie verschreckt. Die Gruppe verweilt einen Moment, um sich umzusehen, und dann tauschen ihre Mitglieder ein paar Sätze in ihrer pfeifenden Sprache aus. Mit ihren choreografierten und koordinierten Bewegungen, ihrer bemerkenswerten Agilität und ihrem insgesamt berechnenden Verhalten erinnern sie mich an bestimmte Star-Wars-Helden. Sie wirken wie eine Schwadron kleiner Jedi-Mönche, ein Trupp winziger Plüsch-Ninjas.

Die Sulawesi-Koboldmakis (*Tarsius tarsier*) leben in kleinen Familienverbänden von bis zu sieben Mitgliedern. Sie legen einen bestimmten Bereich von etwa einem Hektar fest, den sie jede Nacht auf der Nahrungssuche durchstreifen, und bei Sonnenaufgang ziehen sie sich gemeinsam zum Schlafen zurück. Die Tragzeit dieser Tiere dauert hundertneunzig Tage, nach denen das Weibchen ein einziges Junges zur Welt bringt, das etwa ein Drittel des Gewichts der Mutter auf die Waage bringt. Damit verdienen sie eine weitere Medaille, denn sie sind, proportional zur Größe eines ausgewachsenen Exemplars gesehen, die schwersten Neugeborenen unter den Säugetieren. Die Exemplare, die wir vor uns haben, springen einige Minuten lang in den Ästen um den großen Baum herum, interagieren ein wenig, geben kräftige Laute von sich und verschwinden schließlich in einer Abfolge, die einer rituellen Ordnung zu folgen scheint, in einem Hohlraum im Stamm.

Renny erzählt uns, dass dies eines ihrer liebsten Verstecke ist, sie jedoch täglich wechseln, weshalb es ihr nicht immer gelingt, sie zu finden. Sie hat die Entwicklung genau dieser Gruppe seit vielen Jahren verfolgt und kennt jedes einzelne Tier seit seiner Geburt. Tatsächlich hat sie ein paar Monate zuvor eine Expedition der BBC angeführt, die gekommen ist, um die Gruppe, über die sie wacht, zu filmen.

Unsere Führerin nickt zufrieden, nimmt ein paar blattförmige Grillen aus einem Gefäß, das sie im Rucksack dabeihat, und legt sie in die Nähe des Hohlraums der Koboldmakis. Wenige Sekunden später tauchen mit schwindelerregender Schnelligkeit kurz die ausgewachsenen Familienmitglieder auf, stürzen sich auf die Insekten, ergreifen sie mit beiden Händen und beißen ihnen die Köpfe ab, bevor sie sie in ihr sicheres Nest mitnehmen. Renny erklärt uns, dass das eine kleine Entschädigung ist, weil wir sie gestört haben.

Was passierte also, nachdem Darwin jenen unerhörten Brief auf dem Malaiischen Archipel mehrfach gelesen hatte? Ich meine, was tat er, nachdem er sich von dem Schock erholt hatte, dass es – auf der anderen Seite der Erde – noch jemanden gab, der die gleichen Hypothesen aufgestellt hatte wie er? Ist es denkbar, dass Darwin die Existenz des Dokuments absichtlich einige Wochen lang verheimlichte, während er seinem Manuskript den letzten Schliff gab?

Über diese Frage, die die Rechtschaffenheit des berühmten englischen Naturforschers infrage stellt, diskutieren Historiker und Biografen bis heute. Schließlich stand einiges auf dem Spiel, denn es bestand die Gefahr, nicht als Entdecker der Theorie der Evolution durch natürliche Selektion angesehen zu werden, eines der wichtigsten wissenschaftlichen Meilensteine in der Geschichte der Menschheit. Sicher ist hingegen, dass Wallace' Worte Darwin endgültig dazu brachten, sein Buch zu veröffentlichen und damit die moderne Denkweise definitiv zu verändern.

In jedem Fall hat Wallace die Entdeckung niemals für sich beansprucht. In seinen Augen war Darwin derjenige, der diese Auszeichnung verdiente, wie er in einem Brief aus dem Jahr 1887 erklärte (was ich dem Buch *El científico que creía en los fantasmas* des mexikanischen Schriftstellers Fedro Carlos Guillén entnommen habe): »Zu jener Zeit hatte ich nicht die geringste Ahnung, dass er bereits eine ausgereifte Theorie erarbeitet hatte, und schon gar nicht, dass es darin genau um das ging, was mir 1858 in Ternate so plötzlich eingefallen war … Ich dachte gar nicht daran, ich könne sterben, sondern wollte die Theorie nach meiner Rückkehr nach Hause so weit wie möglich weiterentwickeln, ohne dass ich ahnte, dass Darwin mir schon so weit voraus war. Heute kann ich nur bestätigen, was ich vor vielen Jahren bereits gesagt habe, nämlich dass ich mich freue, dass es so war, da ich nicht über die Liebe zur Arbeit, zum Experimentieren und zum Detail verfüge, die Darwin auszeichnet, sodass nichts von dem, was ich hätte schreiben können, die Welt überzeugt hätte.«

Dass sich Wallace das Podium des Vaters der Evolutionstheorie nicht mit Darwin geteilt hat, schmälert seinen außergewöhnlichen Beitrag innerhalb der naturwissenschaftlichen Glanzleistungen jedoch nicht. Vielleicht ist sein Vermächtnis nicht jedem bekannt, aber im Laufe der neunzig Jahre seines Lebens veröffentlichte er zweiundzwanzig Bücher und mindestens 747 Artikel in Fachzeitschriften, von denen sich sieben Prozent mit Spiritismus und Phrenologie befassen, die nach Wallace' Meinung mit der gleichen wissenschaftlichen Ernsthaftigkeit betrachtet werden sollten wie Naturphänomene. Und auch wenn sein Beitrag zur Evolutionstheorie nicht gebührend gewürdigt wird, so kann er sich immerhin damit rühmen, dass eine wunderbare Region auf dem Malaiischen Archipel nach ihm benannt wurde sowie eine der einzigartigsten Kreaturen, die dort leben, nämlich der Wallace-Flugfrosch, eine Amphibie, die mithilfe der Flughaut zwischen ihren Zehen, die sie wie kleine Fallschirme benutzt, in der Lage ist, von einem Baum zum anderen durch die Luft zu gleiten.

Als sich der Schleier der Irrealität um das, was wir gesehen haben, auflöst und die Gestalten der Koboldmakis nur noch eine wertvolle Erinnerung sind, ist es heller Tag, und der Gesang von Dutzenden unbekannten Vögeln ist zu hören. Die Sonne dringt zwischen den Blättern hervor und hüllt die Landschaft in ein goldfarbenes Licht, das ab und an beinah kitschig wirkt.

Wir setzen unseren Weg beinah schwebend vor Glück fort, denn das, was wir gerade erleben durften, war zwar nur kurz, aber überwältigend. Vielleicht nicht so sehr, dass es unser Leben verändern wird, aber definitiv eindrücklich. Wir sind derart benommen von der Begegnung mit den winzigen Primaten, dass keiner von uns dreien, die wir vorangehen, die Gefahr auf dem Weg bemerken. Nicht einmal unsere Führerin entdeckt die Schlange früh genug, um einen möglichen Unfall zu verhindern. Einmal mehr ist es Ana Jacoba, die das Reptil entdeckt, das etwa einen Meter neben dem Weg lauert und an dem wir gerade sorglos vorbeigegangen sind.

Auf ihre Warnung hin bemerken auch wir die einschüchternde Schlange. Sie ist von einer beinah fluoreszierenden gelbgrünen Farbe mit bläulichem Muster und locker ein Meter lang. Es muss sich um eine der in der Region häufigsten Grubenottern handeln, eine Viper der Art *Trimeresurus* oder *Tropidolaemus* möglicherweise.

Kurz überlege ich, sie zu fangen. Ich suche nach einem passenden Ast und nähere mich ihr entschlossen. Wahrscheinlich handelt es sich um einen Reflex aus der Zeit meines Biologiestudiums, als ich noch davon träumte, Herpetologe zu werden und mich mit Begeisterung auf jede Schlange gestürzt habe, die meinen Weg kreuzte. Sagen wir, dass das muskuläre Gedächtnis nicht leicht zu ignorieren ist. Dennoch unterdrücke ich den Impuls für ein paar Sekunden, wäge zögernd ab, was passieren würde, wenn ich auch nur den kleinsten Fehler mache, und kriege Schiss. In diesem Moment bekommt Renny einen hysterischen Anfall und schreit mich an.

Das sollte das einzige Mal sein, dass diese sonst so ruhige Frau die Beherrschung verlor. Was durchaus verständlich ist, wenn man bedenkt, dass sie für eine Gruppe Touristen verantwortlich war, von denen einer so dumm war, einen Zwischenfall mit einer Grubenotter zu riskieren. Denn diese verfügt wie all ihre Artgenossen über ein hämotoxisches Gift, das das Gewebe von Beutetieren und unvorsichtigen Personen verflüssigt und einen erwachsenen Menschen in etwa sechs Stunden töten kann, wenn kein entsprechendes Gegengift verabreicht wird. Und wir sind mehrere Stunden vom nächsten Krankenhaus entfernt. Ich frage mich, ob unsere Führerin schon mal erlebt hat, dass jemand aus ihrem Dorf nach einer unglücklichen Begegnung mit einer dieser Schlangen gestorben ist oder jemanden kennt, der unter den dauerhaften Folgen ihres Bisses leidet. Was gar nicht so abwegig ist. Jedenfalls sehe ich von meinem Vorhaben ab und begnüge mich damit, die Schlange zu begutachten.

Eine halbe Stunde später treffen wir auf eine ansehnliche Gruppe Schopfaffen *(Macaca nigra)*. Es sind ungefähr fünfzig, und sie suchen den Boden nach reifen Früchten ab. Mit ihrer Irokesenfrisur, dem pechschwarzen Fell, den länglichen Gesichtern und den auffälligen zusammengewachsenen Augenbrauen wirken sie durchaus charismatisch. Im Vergleich zu den anderen Primaten, die wir bei Sonnenaufgang beobachtet haben, sind diese Verwandten von uns riesig. Die Männchen erreichen eine Größe von einem Meter und ein Gewicht von etwa zehn Kilo. Zusammen mit den Orang-Utans, den Gorillas und den Bonobos zählen sie zu den am meisten vom Aussterben bedrohten Affen auf der Erde. Ihre Gesamtpopulation auf Sulawesi beläuft sich auf etwa fünftausend Exemplare.

Die restlichen Stunden des Tages verbringen wir damit, den

Makaken zu folgen. Während ich mich umsehe, kommt mir eine Frage in den Sinn: Warum kann nicht jeder Tag so sein wie dieser? Dann fällt mir auf, dass ich einen Bärenhunger habe, dass die drückende Hitze bei über vierzig Grad Celsius liegt, dass meine Feldflasche leer ist, dass mir vier Blutegel am Schienbein kleben, dass es praktisch keine Stelle auf meiner Haut gibt, die nicht von einem Moskito gestochen wurde, und auf einmal bin ich mir nicht mehr so sicher, dass ich mir das wirklich wünsche.

Guadalupe, Mexiko

Auch die »Galapagosinseln der nördlichen Hemisphäre« genannt, ist Guadalupe in jeder Hinsicht einzigartig. Eine Vulkaninsel mit markanten Reliefs und unendlichen Tiefen, ein titanisches Durcheinander an ozeanischen Felsen, die sich über die Wolken erheben und die westlichste und nördlichste Grenze Mexikos markieren. Sie ist die Heimat von Kreaturen und Vegetationen, die an keinem anderen Ort auf dem Planeten existieren. Abgelegen, rätselhaft, faszinierend, Auffangbecken für das Schlimmste und das Beste, was die menschliche Rasse zu bieten hat. Historischer Schauplatz blutigen Aussterbens, zügelloser Ausbeutung und biologischer Albträume durch eingeführte Arten, aber gleichzeitig auch eine Quelle der Hoffnung und der Inspiration, die beweist, dass, wenn der Wille und die Bereitschaft zur Erhaltung vorhanden sind, wir das Wenige retten können, das es noch gibt.

Steckbrief 5

Breitengrad: 29° 02'27.3"N **Längengrad:** 118° 17'07.0"W

Lage: Nordpazifik, 260 Kilometer von der Küste entfernt, westlich der Halbinsel Baja California. Der westlichste geografische Punkt von Mexiko und Lateinamerika.

Größe: 250 km² (Landfläche) / 4 519 km² (Fläche des Meeresschutzgebiets).

Bevölkerung: 99 ständige Einwohner, dazu 100 Fischer während der Saison und die Militäreinheit, deren Anzahl je nach den Aktivitäten der Marine variiert.

Vegetation: In den unteren Teilen der Insel xerophytische Macchia und Palmenwälder, während im Hochland Kiefern- und Zypressenwälder vorherrschen (derzeit stark geschädigt und im Prozess der Wiederherstellung). Es gibt oder gab 216 Arten von Gefäßpflanzen, von denen 30 wahrscheinlich ausgestorben sind und 171 als möglicherweise einheimisch gelten; davon sind 34 endemisch.

Fauna: In den umliegenden Gewässern wurden 158 Fischarten gezählt (17 Haifischarten, darunter eine der weltweit größten Populationen von Weißen Haien). Es waren schon mal mehr, aber heute gibt es 36 Vogelarten (einige davon Zugvögel und 19 Brutvögel, von denen 3 endemisch sind) und Brutkolonien von Kalifornischen Seelöwen, Guadalupe-Seebären (die sich nur hier fortpflanzen) und Nördlichen Seeelefanten.

Schutzstatus: Durch die Pelz- und Walfangtätigkeit des 18. und 19. Jahrhunderts wurde das Ökosystem der Insel stark beeinträchtigt (vor allem durch die Einführung von Ziegen, Katzen, Mäusen und Hunden), was bei mehreren endemischen Arten zum Aussterben führte. 2002 begannen die Maßnahmen zur Ausrottung der invasiven Arten und zur Wiederherstellung, und 2005 wurde ein Biosphärenreservat eingerichtet.

Screening Room 5: Wo die Touristen nicht hinkommen

Aus beruflichen Gründen, in der Freizeit oder weil ich umziehen musste, war ich in meinem Leben schon oft auf dem Wasser unterwegs, mit den unterschiedlichen Fahrzeugen, von Kanus, Pangas und Booten verschiedenster Größe (sogar einmal auf einem Baumstamm, der mich nach einem kleinen Schiffbruch rettete), bis hin zu Fähren, Krabbenkuttern, Frachtschiffen und Ozeandampfern. Ich habe sogar manchmal über kurze Zeiträume an Bord gewohnt. (Zum Beispiel habe ich eine Woche als Journalist auf der *Esperanza* verbracht, dem größten Schiff der Flottille von *Greenpeace* im oberen Golf von Kalifornien auf einer verzweifelten Mission zur Rettung des Kalifornischen Schweinswals.) Jedoch war ich noch nie auf einem Militärschiff, und dass wir auf dem Vorderdeck in Zelten übernachten werden, macht das Erlebnis zu einem noch ungewöhnlicheren Ereignis.

Das Schiff *Matamoros* der mexikanischen Marine ist ein amerikanisches Relikt aus dem Zweiten Weltkrieg und hat die Bezeichnung PO-117 an den Seiten, Kanonen, die in den Himmel zeigen, eine Besatzung von achtzig Mann und eine Länge von siebenundsechzig Metern. Nach ausgiebigen Tankmanövern sind wir vor ein paar Stunden aus dem Hafen von Ensenada ausgelaufen, und mittlerweile kann man in allen vier Himmelsrichtungen nur endloses Meer sehen.

Ich habe mich zwischen Soldaten noch nie besonders wohlgefühlt – wegen der Überheblichkeit, die die Waffen und die Sonderrechte ihnen verleihen – und schon gar nicht in Begleitung von Jerónimo, der extrem unberechenbar ist und uns jederzeit in Schwierigkeiten bringen kann. Doch das Bild unserer am Deck des Schiffs befestigten Zelte mildert den militärischen Ernst ein wenig ab – eine durchaus surreale Szenerie, die dadurch noch verstärkt wird, dass sie von riesigen Chips- und Müslipackungen umgeben sind, gestapelten Reifen, Fernsehern, mehreren Waschmaschinen, Matratzen und einem Kühlschrank. Der Anblick erinnert mehr an ein Flüchtlingslager als an ein Kriegsschiff.

Die *Matamoros* ist die einzige regelmäßige Verbindung zwischen dem Festland und der Insel Guadalupe (mit einem Zwischenstopp auf der Insel Cedros). Sie dient der monatlichen Versorgung der Militäreinheit und der Bewohner der kleinen örtlichen Fischergemeinden und wird auch von Biologen und Forschern genutzt. Trotz der heißen Sonne, die auf das olivgrüne Metall des Schiffes knallt, und obwohl wir wie Kadetten behandelt werden, fühle ich mich beschwingt, denn in etwa zwanzig Stunden werden wir eines der seltenen Überbleibsel beinah unberührter Natur unseres Landes – und vielleicht auf der Erde – erreichen, das für Touristen verboten ist. Oder, na ja, nicht ganz, denn die Wahrheit ist, dass sich rund um die Insel eine florierende Tauchindustrie entwickelt hat, denn dieser Ort gilt neben Gansbaai in Südafrika und Port Lincoln in Australien als einer der besten, um mit den Herrschern der Meere zu tauchen, den Weißen Haien. Doch wenn man auch nur einen Fuß auf die Insel setzen will, muss dies wissenschaftlich begründet sein, und man braucht eine Genehmigung des Militärs und der CONANP, der Nationalen Schutzgebietskommission Mexikos. In unserem Fall ist es ein Dokumentarfilm über die verschiedenen ökologischen Wiederherstellungsmaßnahmen, die durch die GECI (Gruppe für Ökologie und Bewahrung der Inseln) auf den verschiedenen Inseln in Baja California vorgenommen werden, der uns im Oktober 2014 das Privileg gewährt, eine Woche lang eines der am schwersten zugänglichen Gebiete des Landes zu erkunden.

Im Grunde wollen wir erst einmal für das Projekt recherchieren, Bilder sammeln, Interviews führen, geeignete Charaktere finden und solche Dinge. Wobei ich ehrlich gesagt für die Gelegenheit, Guadalupe zu bereisen, sogar akzeptiert hätte, als Kabelträger mitzufahren.

Die Morgendämmerung des nächsten Tages begrüßt uns, ohne dass wir viel Schlaf abbekommen haben, denn die See war rau und hat das Schiff kräftig durchgeschüttelt. Müdigkeit und Übelkeit sind nicht gerade die besten Reisebegleiter, die wir uns wünschen können, zumal uns am Vorabend gesagt wurde, dass wir uns niemals allein über das Schiff bewegen dürfen, nicht einmal zur Toilette, da ansonsten niemand merken würde, wenn wir über Bord gehen (was auf einem Schiff, das nicht für den Transport von Passagieren gebaut wurde, an den offenen Bereichen nicht mit einer Reling ausgestattet ist und im besten Fall nur über rudimentäre Beleuchtung verfügt, gar nicht so unwahrscheinlich ist). Allerdings haben weder Jerónimo noch ich eine besonders große Blase, sodass sich alle paar Stunden einer von uns gezwungen sah, den anderen zu wecken, um den gefährlichen Weg zur Toilette gemeinsam zurückzulegen. Aber völlig egal, ob Müdigkeit, Übelkeit oder Koffeinentzug, all das ist auf einen Schlag vergessen, als ein kleiner Hügel am Horizont auftaucht.

Während ich zusehe, wie die steinerne Silhouette der Insel an

Größe gewinnt, muss ich an andere unerreichbare Inseln denken: Ithaka, Caliban, Pala. Obwohl sich die Schauplätze nicht ähneln – die Inseln von Homer, Shakespeare und Aldous Huxley sind tropisch und üppig bewachsen, und die, die vor mir liegt, ist felsig und schroff –, gibt es etwas in ihrer Natur, das sie irgendwie miteinander verbindet. Als wäre Guadalupe eine Brücke zu anderen Dimensionen, der Scheitelpunkt von Realität und Fantasie. Als ob auch hier in ähnlicher Weise wie auf den literarischen Inseln die Regeln der Physik einer anderen Logik gehorchten und man mit Zyklopen und sprechenden Tieren rechnen müsste.

Der Anblick, den Guadalupe demjenigen bietet, der auf dem Seeweg ankommt, ist beeindruckend. Diese unglaubliche Kargheit. Die monolithische Präsenz der Insel nimmt das gesamte Blickfeld ein. Steile Hänge, die sich fast ohne Übergang von der steinigen Küste bis in mehrere Hundert Meter Höhe erstrecken. Freiliegende Mineralwände mit orange- und ockerfarbener, brauner und rötlicher Patina, mit schwärzlichen und gräulichen Adern, die in erodierte Abgründe gleiten. Teppiche aus blassen Grüntönen und hellem Braun, die sich wie riesige Flechten an die Felsen klammern. Es mag sein, dass die Insel nur fünfunddreißig Kilometer lang und zwölf Kilometer breit ist (an der breitesten Stelle), doch die hitzige Orographie ihrer Kontur vom Meeresspiegel bis zu einer Höhe von tausenddreihundert Metern verleiht ihr insgesamt das Aussehen einer vom offenen Meer umgebenen Gebirgskette. Man könnte sie als ozeanische Klippen beschreiben, vulkanische Formationen, die aus dem flüssigen Abgrund auftauchen und sich erheben, bis sie in den Wolken verschwinden.

Jerónimo erklärt mir, dass die ganze Insel eine Art titanischer Fels ist, ein riesiger Berg (eigentlich zwei miteinander verschmolzene Schildvulkane), und dass das, was wir an der Oberfläche sehen, nur die Spitze des Eisbergs ist. Er sagt, dass, wenn wir ihren Entstehungsort auf dem Meeresgrund – in einer Tiefe von viertausendfünfhundert Metern – sehen würden, ihr Umfang größer sei als der des Pico de Orizaba (auch Citlaltepetl, mit 5 636 Metern der höchste Vulkan Mexikos). Ich weiß nicht, ob es Sinn ergibt, aber mir kommt der Gedanke, dass man hier gleichzeitig unter Agoraphobie und Klaustrophobie leiden könnte, indem man sich hoffnungslos in der Weite der Landschaft verliert, ohne irgendwo anders hingehen zu können. Ich stelle mir vor, dass man auf den Gipfeln des Himalaya etwas Ähnliches empfinden muss: Man kann tagelang weitergehen, ohne von dem Gebirge herunterzukommen.

Das Profil der »großen Guadalupe« verzaubert, gibt einem aber zugleich das Gefühl, winzig, zerbrechlich und unbedeutend zu sein. Sie scheint eine Zeitskala zu manifestieren, an die wir nicht gewöhnt sind, einen Horizont, dessen Einheiten in geologischen Epochen gemessen werden. »Was wisst ihr schon von der Ewigkeit«, scheint sie mit ihrer ausufernden Tektonik flüstern zu wollen. »Ihr, die ihr gerade mal einen Wimpernschlag lang auf diesem Planeten seid und schon wieder gehen wollt. Ihr armen umherziehenden Affen, wenn ihr wüsstet, worum es bei der Transzendenz wirklich geht, was wirkliche Wurzeln sind. Wenn ihr nicht so sehr mit eurem eigenen Spiegelbild beschäftigt wäret, könnte ich es euch vielleicht offenbaren«, schlägt das Antlitz der Insel stoisch vor.

Ähnlich dem Impuls, der mich auf Komodo überkam, wo ich die allgegenwärtige Wildheit anschreien wollte, möchte ich hier die steinernen Giganten auffordern, sich zu erheben.

Das Entladen des Schiffs nimmt einen Großteil des restlichen Vormittags in Anspruch, vor allem weil man sich vergewissern muss, dass sich kein blinder Passagier in Gestalt einer Ratte in der Ladung versteckt. Bisher ist es gelungen, derartige Eindringlinge von der Insel fernzuhalten, doch die Möglichkeit versetzt die Gruppen, die für die Erhaltung der Insel kämpfen, in Angst und Schrecken. Denn das wäre für das anfällige heimische Ökosystem, das eh schon sehr weit zerstört ist, sozusagen der Tropfen, der das Fass zum Überlaufen bringt.

Die Leute von der Fischereigenossenschaft kommen mit Booten, um die Passagiere und die Ladung in Empfang zu nehmen und ganz im Stil der Baja an Land zu bringen. Sie fahren an die Betonrampe auf den Felsen – Sandstrände sind hier eher selten – und gelangen auf die Ladefläche eines Trucks, der sie aus dem Wasser zieht. Das Ganze ist durchaus beeindruckend, wenn man es zum ersten Mal sieht, aber nach dem vierten Mal wird es langweilig, sodass ich mich unter den Anwohnern auf die Suche nach passenden Mitwirkenden für unseren Film mache.

Das Dorf ist karg und nüchtern, kleine Häuser mit Metalldächern, einige Betonbauten – wie die Kapelle und die Schule – und Boote, Netze, Bojen und andere Fischereigeräte, die überall herumliegen. Eine Gruppe Kinder kommt, um mich zu begrüßen. Eines von ihnen hat eine schwanzlose grau getigerte Katze auf dem Arm, was dem entspricht, wie alle Katzen (nach Jahren der Endogamie) vor Ort aussehen, die die letzte Herausforderung bei der Ausrottung der eingeführten Arten darstellen. Denn man darf nicht vergessen, dass dieser riesige Felsen im Meer vor allem eine Vogelinsel ist, und Katzen und Hunde waren schon immer äußerst effektive Jäger von Federvieh.

Auf Guadalupe waren irgendwann einmal neun endemische

Vogelarten beheimatet, doch heutzutage gelten sechs davon als ausgestorben. In dem Buch *Isla Guadalupe. Restauración y conservación* berichtet die GECI: »Seit 1900 sind 26 Arten von Gefäßpflanzen ausgestorben, von denen fünf endemisch waren, und viele andere sind stark bedroht. Darüber hinaus gelten viele Vogelarten als ausgestorben, und einige andere sind vom Aussterben bedroht. Der Guadalupe-Karakara ist der Jagd der Fischer zum Opfer gefallen. Der Guadalupe-Sturmvogel, der einzige auf einer einzigen Insel endemische Sturmvogel, der weltweit entdeckt wurde, wurde von den Katzen ausgerottet und seit 1912 nicht mehr gesehen. Der Guadalupe-Buschzaunkönig, die Guadalupe-Rötelgrundammer und der Guadalupe-Specht gelten als ausgestorben.«

Dennoch klammern sich die Bewohner der Insel an ihre Haustiere, und nichts deutet darauf hin, dass sich dies in naher Zukunft ändern wird. Sie argumentieren damit, dass die von den Umweltschützern gehassten Katzen die Mäuse fangen (die auch eingeführt wurden) und die einzige Hoffnung seien, wenn sich irgendwann einmal eine der gefürchteten Ratten auf der Insel einschleichen sollte. Wobei es auch nicht ganz fair wäre, den Bewohnern dieser abgelegenen Insel ihre Haustiere wegzunehmen, eine der wenigen täglichen Abwechslungen in einer Umgebung, in der es die menschliche Existenz nicht gerade leicht hat.

Wovon man sicher ausgehen kann, ist, dass die Fischereigenossenschaft und ihre Familien die Insel nicht verlassen werden, denn Guadalupe ist einer der wenigen Orte auf dem amerikanischen Kontinent, an dem noch Abalonen gefischt werden. Und nach Angaben der FAO gilt der Abalone, der in Mexiko gefangen wird – einem der letzten Länder, in denen der *Haliotis fulgens* (Grünes Meerohr) noch legal gefischt werden darf –, weltweit als Spitzenprodukt, das den höchsten Preis pro Dose aller Weichtiere erzielt. Und als wäre das noch nicht genug, ist an diesem Ort auch die nachhaltige Fischerei von Gewöhnlichen Langusten – laut des Zertifikats des MSC (Marine Stewardship Council) ein weiterer äußerst wertvoller Fang – ausgesprochen verbreitet.

»Hör mal, du Wahnsinniger, in einer guten Saison verdienen allein die Taucher jeder mehr als eine Million Pesos«, versichern mir die Männer in dem Truck, der die Boote aus dem Wasser zieht, als ich mit ihnen rede.

So erfahre ich, dass ein guter Taucher in Guadalupe in der Abalonen-Saison (die nur wenige Monate dauert) mal eben fünfzigtausend Euro verdienen kann, was in Mexiko eine Riesensumme ist, zu der dann ja auch noch der Verdienst mit den Langusten kommt.

Ich weiß nicht, warum, vielleicht weil es sich um ein Naturschutzgebiet handelt und so weit vom Festland entfernt liegt, wegen der starken Militärpräsenz und der genossenschaftlichen Organisation, bin ich davon ausgegangen, dass die Bewohner dieser Insel vor den Ungerechtigkeiten im Rest des Landes geschützt wären. Dass Guadalupe in gewisser Weise an jenes andere literarische Eiland erinnerte, die Insel Utopia von Thomas Morus (mit ihrer egalitären und friedlichen Gesellschaft und der Neigung zum gemeinsamen Besitz von Eigentum). Doch schon bald wird mir klar, dass es, genauso wie im Fall der Natur, keinen Ort mehr zu geben scheint, der nicht infiziert worden ist, denn die Unterschiede, für die die Kaufkraft gesorgt hat, werden schnell deutlich.

Eine Frau mit Kindern erzählt mir ziemlich wütend, dass nicht wenige der Fischer quasi ein Doppelleben führen, indem sie während der Saison fleißig ihrer Arbeit nachgehen, um dann in Ensenada das gesamt Geld, das sie verdient haben, für Drogen, Frauen, teuren Sport und andere Verführungen der Zivilisation auszugeben. Einige von ihnen haben sogar zwei Familien, eine auf der Insel und eine auf dem Festland.

Ich frage mich, wie viel größer das Gefühl der Einsamkeit wohl ist, wenn man von seinem Lebenspartner an einem derart abgelegenen Ort zurückgelassen wird. Doch mir bleibt keine Zeit, um bei der Genossenschaft weitere Erkundigungen einzuziehen, denn die Entladung der *Matamoros* ist abgeschlossen, und in wenigen Minuten werden wir zusammen mit den Mitgliedern des GECI-Teams, die mit uns angekommen sind, zur Forschungsstation aufbrechen.

Wir reisen, auf unseren Koffern sitzend, auf der Ladefläche eines der Geländewagen, die uns abholen kommen. Der Weg zur Station, die sich im oberen Teil der Insel befindet, dauert etwa drei Stunden und führt über eine felsige, steil ansteigende Straße. Wir gewinnen schnell an Höhe, und die Abgründe am Wegrand werden immer tiefer. Eine halbe Stunde später verändert sich die Landschaft, es geht nicht mehr so steil bergauf, sondern über das kleine Inselplateau, und die Vegetation wird dichter. Es gibt sogar Flecken mit verdrehten Bäumen, die sich zwischen den Büschen auf den Klippen erheben und der Landschaft einen Anstrich von Tolkiens Fantasien verleihen.

Warum bin ich so oft auf der Suche nach dem Exotischen auf die andere Seite der Erde gereist, wenn es in Mexiko Orte wie diesen gibt?, frage ich mich und denke an meine Erfahrungen in Indonesien und mein Interesse an Ozeanien mit dem großartigen Papua-Neuguinea und seinen Grünen Baumpythons. Es gibt keinen anderen Ort wie Guadalupe. Die Insel ist absolut einmalig, exotisch im wahrsten Sinne des Wortes. So weit weg und anders als mein üblicher Bezugsrahmen im entgegengesetzten Teil des Landes, und auch wenn sie von einer Vielzahl eingeführter Arten erdrosselt wurde, kann man sie durchaus noch als Wildnis bezeichnen. Vor allem auf den Gipfeln, die wahrscheinlich die am wenigsten von Menschen aufgesuchten Orte sind, an denen ich bisher war oder an die ich jemals gelangen werde.

Jerónimo erzählt mir, dass dies eine sehr betagte und isolierte Insel ist, denn ihr Alter liegt zwischen sieben und acht Millionen Jahren mit mehreren Vulkanausbrüchen dazwischen, und sie ist der letzte übrig gebliebene Ort mit einer flechtenreichen Flora, wie sie früher in Kalifornien und in Baja California üblich war. Guadalupe sei in jeglicher Hinsicht ein biologisches Relikt, betont Jerónimo und fügt hinzu, dass die Insel seiner Meinung nach eine Art Jurassic Park sei, nur ohne Dinosaurier. Für mich ist sie eher ein besonders für Megafauna und die Vorfahren der Menschen geeigneter Lebensraum, ein perfektes Diorama für eine Szene aus *Am Anfang war das Feuer*, und es würde mich nicht wundern, wenn wir hinter dem nächsten Gipfel auf einen Stamm Neandertaler treffen würden.

»All das muss ein ungestörtes Paradies gewesen sein, bis die europäischen Walfänger kamen«, klagt mein Freund und deutet in Richtung Horizont. »Eine riesige Insel mit großen üppigen Wäldern mit einzigartigen Kreaturen und Pflanzen. Wusstest du, dass es hier sogar einen endemischen Karakara gab?«

Jerónimo meint den Guadalupe-Karakara *(Caracara lutosa)*, einen Raubvogel aus der Familie der Habichte, der absichtlich durch Menschenhand ausgerottet wurde. Sein Aussterben ist direkt auf die Jagd und auf Vergiftung durch Fischer und Ziegenhirten im neunzehnten Jahrhundert zurückzuführen, um die Raubvögel daran zu hindern, ihre Ziegen und andere Haustiere zu fressen, und weil die Inselbewohner Aasfresser damals als schädliche Vögel ansahen.

Zusätzlich könnte es zu ihrem endgültigen Niedergang beigetragen haben, dass viele Exemplare für Museen und wissenschaftliche Sammlungen gefangen wurden, meint der Biologe, mit dem wir die Ladefläche des Wagens teilen. Anscheinend erregten ihre Federn großes Interesse bei den Ornithologen, sodass die Nachfrage stieg, während die damalige Gesetzgebung der Jagd kaum Beschränkungen auferlegte, sodass auf diese Art möglicherweise die letzten wertvollen Exemplare einer eh schon dezimierten Art ausgerottet wurden. Jedenfalls wurde seit 1900 kein Exemplar mehr gesehen, weder in Freiheit noch in Gefangenschaft, und somit haben wir einen majestätischen Vogel verloren.

Etwas später wird uns zum ersten Mal klar, warum Guadalupe auch die »Insel in den Wolken« genannt wird. Das Klima verändert sich schlagartig, und ein eisiger Wind aus Westen bringt Nebelfetzen mit sich. Der Himmel ist vollständig bedeckt, und die Temperatur sinkt um mehrere Grade. Es scheint, als seien wir von einem plötzlichen grauen Unwetter verschluckt worden. Doch wenige Sekunden später tauchen wir aus der Sturmböe wieder auf, und die Sonne scheint vom Himmel. Hinter uns bleibt der flache Teil der Insel unter der dichten Wolkenschicht zurück.

Als wir die Forschungsstation erreichen und man uns Satellitenbilder der Insel zeigt, sehen wir, dass das daran liegt, dass die scharfen Bergkämme den Himmel buchstäblich spalten und aufgrund ihrer Ausrichtung wie eine Barriere für den Durchzug der vom Nordpazifik heranziehenden Wolkenschicht dienen. Sie reißen sie auf und erzeugen Turbulenzen, was die Bildung enormer konzentrischer Dunstwirbel begünstigt, die an der Ostseite der Insel aufsteigen.

Ich denke, dass die Bilder an einen Stein in einem Fluss erinnern, der das Flussbett aufspaltet und Stromschnellen entstehen lässt. Oder an ein düsteres Schiff, das sich seinen Weg durch den Nebel bahnt.

Es gibt einen japanischen Ausdruck, *yūgen*, der einen tieferen und mysteriösen Sinn der Schönheit des Universums benennt. Dabei geht es darum, dass das Universum emotionale Reaktionen auslöst, die zu tief und zu rätselhaft sind, um mit Worten ausgedrückt zu werden. Und genau das empfindet man, wenn man in einer klaren Nacht in den Sternenhimmel über Guadalupe schaut. Oder besser gesagt, in den kurzen Momenten, wenn die Wolken aufreißen (das Klima ändert sich andauernd, auch nach Sonnenuntergang) und das himmlische Gewölbe durch die Augenlinsen direkt auf die Nervenzellen trifft. Das ist einfach spektakulär. Unmöglich zu beschreiben. Umwerfend. Sodass man für den Rest des Lebens in diesem Moment verharren möchte. Katatonisch und glücklich.

Hier gibt es keine künstliche Lichtverschmutzung, die umgebende Dunkelheit ist absolut, sodass sich der Kosmos in all seiner ursprünglichen Pracht zeigt. Es gibt so viele Sterne, Galaxien, Kometen und Nebel am Himmel über der Insel, dass man den Eindruck hat, sich in einer mondlosen Nacht auch ohne Taschenlampe zurechtfinden zu können, bis sich der Himmel wieder schließt und man nicht mal mehr die Hand vor den Augen sehen kann. Und wenn der Himmel sich dann einige Minuten später wieder öffnet, ist er genauso glanzvoll. Hier ist die Atmosphäre am durchsichtigsten, denkt man, sie scheint dünner, ätherischer zu sein. Wenn man es so sieht, versteht man, dass die Griechen, die Mayas, die Phönizier, die östlichen Dynastien und andere Zivilisationen der Antike ihr Leben nach dem Schicksal richteten, das sie in den Sternen lasen. Ich frage mich, wie es sein kann, dass unsere Vorfahren nicht verrückt wurden, wenn sie jeden Abend einen solchen Himmel sahen? Dann fällt mir ein, dass sie vielleicht wirklich verrückt wurden und genau das das Problem ist.

Doch hier kann man den Weltraum nicht nur ohne visuelle Verschmutzung sehen, sondern auch – was für Kosmologen noch wichtiger ist – ohne elektromagnetische Kontamination, das unaufhörliche Geräusch von Frequenzen – Wellen von Fernsehern, Telefonen, Internet, Strahlung von elektrischen Geräten und vielem mehr –, das derzeit die Umwelt an den meisten Orten der Erde belastet und die Messungen von Radioteleskopen stört, wenn nicht sogar verhindert. »Die Insel Guadalupe und die Revillagigedo-Inseln sind möglicherweise die besten radiosilenten Gebiete Nordamerikas«, sagte der berühmte Astrophysiker Omar López Cruz einmal in Bezug auf die privilegierten Umstände bei der Untersuchung des Himmels nach Spuren der Entstehung des Universums.

Omar, der heute ein guter Freund von mir ist, hat mir auch erklärt, dass Inseln wie multidimensionale Laboratorien sind, um in die Vergangenheit zu blicken und die Evolution zu studieren, und zwar sowohl die nahe liegende biologische Evolution als auch die fernere Evolution der Sterne und der siderischen Grenzen der Zeit.

Obwohl wir mehrere Tage an diesem Ort verbringen, überrascht es mich immer wieder, wie schnell die Wolken über den Himmel ziehen. Auf dem Monte Augusta, dem höchsten Punkt der Insel, beobachten wir eine Kaskade von Wolken, die über den Berghang treiben, einen kontinuierlichen, dynamischen Strom von Wasserdampf, der aussieht wie ein mächtiger Wasserfall, der vom Himmel herabstürzt. Daran denke ich, während wir wieder mit dem Geländewagen unterwegs sind, diesmal aber auf dem Weg nach unten.

Nachdem wir die Albatrosnester gefilmt haben (auf Guadalupe handelt es sich um den Laysanalbatros, *Phoebastria immutabilis*, der eigentlich auf Hawaii beheimatet ist, aber mit einer Population von mehr als dreitausend Exemplaren die Insel bevölkert; es gibt auch Überlegungen, zukünftig, eine Kolonie des stark vom Aussterben bedrohten Schwarzfußalbatros, *Phoebastria nigripes*, hier anzusiedeln) sowie mehrere Kolibris, Felsenzaunkönige und verschiedene Seevögel, sind wir jetzt auf dem Weg zur Küste, um die anderen emblematischen Bewohner dieser Insel aufzusuchen, die Flossentiere.

Die Nördlichen See-Elefanten *(Mirounga angustirostris)*, Guadalupe-Seebären *(Arctocephalus townsendi)* und Kalifornischen Seelöwen (*Zalophus californianus*), die einst durch die Pelztierzucht an den Rand des Aussterbens gebracht wurden – allein von den Seelöwen wurden zwischen 1806 und 1890 schätzungsweise zweiundfünfzigtausend Exemplare auf den Inseln von Baja California abgeschlachtet, sodass sie eine Weile über als ausgestorben galten, bis sie 1928 nach ein paar Sichtungen auf Guadalupe »wiederentdeckt« wurden –, sind dank jahrzehntelanger Erhaltungsbemühungen wieder zahlreicher geworden. Leider gilt das nicht für den Seeotter, den es in der Gegend tatsächlich nicht mehr gibt.

Obwohl die Seebären die bekanntesten Meeressäugetiere in der Region sind und sich ihr Verbreitungsgebiet auf Guadalupe (den einzigen Ort, an dem sie sich fortpflanzen), die Insel Cedros und die Kanalinseln in Kalifornien beschränkt – die

Gesamtpopulation wird derzeit auf etwa 7 000 Exemplare geschätzt –, wollen wir heute die Nördlichen See-Elefanten filmen. Diese Riesenrobben – die *Phocidae* oder Hundsrobben unterscheiden sich von den *Otariini* (Ohrenrobben) dadurch, dass sie keine sichtbaren Ohren haben und ihre Hinterbeine nicht für die Fortbewegung an Land geeignet sind –, können im Fall der Männchen bis zu fünf Meter lang und bis zu zwei Tonnen schwer werden, während die Weibchen eine Länge von zwei bis drei Metern und ein Gewicht von achthundert Kilo erreichen. Und ihr auffälliger Rüssel, der wie ein angeschwollener Kolben in ihrem Gesicht hängt, prägt eines der extravagantesten und eindrucksvollsten Gesichter unter den Meeresbewohnern.

Durch die Nutzung dieser bizarren Nasenstruktur und der großen Brusthöhle sind männliche See-Elefanten in der Lage, einen der lautesten Rufe im Tierreich auszustoßen. (Um dies in Relation zu setzen und deutlich zu machen, von welcher Lautstärke wir hier sprechen, sei gesagt, dass das Brüllen eines Löwen etwa 114 Dezibel erreicht, mehr oder weniger so viel wie eine Rockband, während das eines See-Elefanten mit 130 Dezibel dem Krachen eines Donnerschlags gleichkommt; doch die wahren Meister des zoologischen Getöses sind die Pottwale, die Töne ausstoßen können, die an 230 Dezibel herankommen, was lauter ist als eine startende Weltraumrakete und ausreicht, um als Schallwaffe zu dienen und Riesenkalamare zu betäuben.)

Die See-Elefanten nutzen ihre gutturalen Ausrufe, um bis in weite Ferne ihren Namen kundzutun – was bedeutet, dass jedes Exemplar einen besonderen Ruf, also einen eigenen Namen, hat, wenn man so will – und potenzielle Rivalen vor ihrer Anwesenheit zu warnen. Wie alle anderen Robben, die sich in Herden fortpflanzen, verteidigen auch die See-Elefanten ihr

Revier und sind, was ihren Harem angeht, äußerst eifersüchtig. Die Männchen liefern sich zu Beginn der Paarungszeit heftige Kämpfe (wie Sumoringer, aber mit Bissen und viel Blut). Und um sich danach weitere Auseinandersetzungen zu sparen, sorgen sie dafür, dass ihr persönliches Heulen ihren Kontrahenten im Gedächtnis bleibt.

Sie gehören auch zu den Meeressäugern, die auf der Nahrungssuche am weitesten in die Tiefe tauchen, nämlich nachgewiesenermaßen bis zu zweitausend Meter (was nur von Pottwalen und Cuvier-Schnabelwalen übertroffen wird). Und sie können zwei Stunden, ohne Luft zu holen, unter Wasser bleiben. Das Eigenartige ist, dass sie ihre Lungen nicht mit Luft füllen, bevor sie tauchen, sondern sie im Gegenteil komplett leeren und stattdessen den nötigen Sauerstoff in ihren Muskeln und Fettreserven speichern.

Wenn man sie so zu Hunderten dicht gedrängt auf den Felsen liegen sieht, an denen sich die Flut bricht, kann man kaum glauben, dass sie noch vor gar nicht langer Zeit kurz davor standen, für immer aus der Welt zu scheiden. Während des neunzehnten Jahrhunderts wurden sie von uns Menschen zu Hunderttausenden gejagt, um an ihr lukratives Fett zu gelangen (das unter anderem als Schmiermittel für Motoren benutzt wurde), bis die komplette Art auf eine kleine Kolonie von weniger als hundert Exemplaren reduziert war (einigen Studien zufolge könnten es sogar nur noch zwanzig gewesen sein), die, in einer abgelegenen Bucht der Insel Guadalupe versteckt, überlebten. Glücklicherweise erwies sich diese kleine Gruppe für die Fortpflanzung als ausreichend, sodass die Population sich, nachdem sie unter Schutz gestellt wurde, allmählich erholte. Heute beläuft sie sich auf etwa hundertdreißigtausend Exemplare, die nach und nach ihr Territorium zurückerobern, das sich von Punta

Reyes in der Nähe von San Francisco bis zur Insel Cedros erstreckt. Wobei sie sich während der Paarungszeit auf verschiedenen mexikanischen und kalifornischen Inseln aufhalten, darunter die Farallon Inseln, San Miguel, Santa Cruz, San Nicolás, San Clemente, Coronado, San Benito und natürlich Guadalupe.

Zu der gegenwärtigen Jahreszeit ist die Kolonie nicht so groß wie in der Paarungszeit, denn sie besteht nur aus Weibchen mit ihren Jungtieren aus der vorherigen Saison (die trotz ihres zarten Alters bereits so groß sind wie andere ausgewachsene Robben und die dank der nahrhaften Muttermilch vier Kilo pro Tag zunehmen). Die Männchen und die übrigen Weibchen werden später, während des Winters, dazustoßen. Derzeit befinden sie sich wahrscheinlich auf einer ihrer langen Wanderungen im Meer, die sich über Tausende Kilometer erstrecken können, bis nach Alaska Richtung Norden oder Japan im Westen. Dabei legen sie bis zu neunzig Prozent tauchend zurück und schlafen zeitweise sogar unter der Wasseroberfläche.

Obwohl keine Männchen zu sehen sind, nähere ich mich ihnen nur zögernd, denn die Begegnung mit dem Seelöwen auf den Galapagosinseln hat mich nachhaltig geprägt, sodass ich in Gegenwart derartiger Tiere lieber äußerst vorsichtig bin. Außerdem sind die Weibchen, die dort unten in der Sonne liegen, größer als Kühe und können ein erstaunliches Tempo erreichen, obwohl sie nicht in der Lage sind, sich auf ihren Flossen fortzubewegen, sondern vorankriechen wie riesige Würmer. Ich möchte auf keinen Fall zwischen eines der Weibchen und ihr Jungtier geraten, weshalb ich Jerónimo vorschlage, dass er für die Nahaufnahmen der Tiere zuständig ist, während ich mich um die halbnahen Aufnahmen von unserer derzeitigen Position in zwanzig Metern Entfernung von der Kolonie kümmere.

Jerónimo zuckt mit den Schultern, hängt sich die Kamera um den Hals und macht sich zu dem Felsenstrand auf, wobei er sich nicht verkneifen kann, mich als Feigling zu bezeichnen. Während er davongeht, fällt mir eine der Geschichten ein, die Gaby Aramoni, eine mit meiner Mutter befreundete Biologin, erzählt hat, als ich noch ein Kind war. Gaby hat 1984 genau diese See-Elefanten-Kolonie besucht, als sie für ihre Abschlussarbeit eine genetische Studie durchführen musste, in der es um den Flaschenhalseffekt ging, den die Tiere durchliefen, als sie vom Aussterben bedroht waren. Dafür musste sie Blutproben von den Jungtieren nehmen, und wie man sich vorstellen kann, war sie ununterbrochen wilden Verfolgungsjagden ausgesetzt. Ich erinnere mich noch, wie sie beschrieb, dass allein um eines der Jungtiere ruhigzustellen, zwei Personen nötig waren, während eine dritte das Plasma aus der Hinterflosse entnahm.

Natürlich dauert es nicht lange, bis ich meinen Freund panisch vor einem wütenden Weibchen davonlaufen sehe, das ihm dicht auf den Fersen ist. Ich habe Jerónimo in vielen heiklen Situationen mit Tieren gesehen, aber diese wird immer eine meiner liebsten sein.

Die Ziegen *(capra hircus)* wurden Mitte des achtzehnten Jahrhunderts als Nahrungsquelle für die Seeleute, die die Insel besuchten, auf Guadalupe eingeführt, und in nur wenigen Jahrzehnten wuchs die Population so stark an, dass es Ende des Jahrhunderts bereits Zehntausende waren, die meisten von ihnen verwildert.

Jedem, der schon mal die Gelegenheit hatte, mit einem solchen Wiederkäuer zusammenzuleben, dürfte seine bemerkenswerte Gefräßigkeit aufgefallen sein sowie die mangelnde Selektivität bei der Nahrungssuche in der Vegetation. Und jetzt stellen Sie sich mal vor, was in einem unberührten Wald passieren würde, der noch nie einem Trupp unersättlicher Pflanzenfresser ausgesetzt war, geschweige denn in dieser Anzahl, und in dem es obendrein keine größeren Raubtiere gibt, um der Huftierbelagerung Einhalt zu gebieten. Die Ziegen begannen, alle Sämlinge und Jungbäume zu fressen, und verhinderten damit die Erneuerung des Ökosystems. Innerhalb kurzer Zeit waren große Teile der Oberfläche zerstört, bis Anfang des einundzwanzigsten Jahrhunderts von den fast viertausend Hektar Zypressen- und Pinienwäldern nur noch fünfundachtzig übrig waren. Auf die gleiche Art wurde der endemische Wacholderwald im zentralen Teil der Insel um etwa zweitausend Hektar verkleinert. Und es versteht sich von selbst, dass mit dem Walddebakel eine beträchtliche Anzahl von Vögeln und Pflanzen verschiedenster Art ihren Lebensraum und damit auch die Existenzgrundlage verloren.

Das, was auf Guadalupe und auf so vielen anderen Inseln seit der Ankunft der ersten russischen Walfänger passiert ist, ist ein trauriges Beispiel für die ökologische Zerstörung, die wir Menschen und die Arten, die uns begleiten, anrichten, wenn wir in ein neues Gebiet eindringen und beginnen, die Spielregeln zu verändern. In nur wenigen Jahrhunderten haben wir es geschafft, dass so viele Arten ausgestorben sind. In gewisser Weise kann Guadalupe als ein sehr schöner Friedhof angesehen werden, ein paläontologischer Überrest vieler besonderer Tiere und Pflanzen, die in ihrer Art einzigartig waren und nun nicht mehr existieren. Aber Guadalupe ist auch ein gutes Beispiel dafür, wie weitreichend Naturschutzbemühungen sein können, wenn der politische Wille dazu vorhanden ist. Ein biologisches Narrativ, das sich ständig weiterentwickelt und meiner Meinung nach zeigt, dass es immer noch möglich ist, bei der von uns ausgelösten Umweltkatastrophe das Ruder herumzureißen. Oder in jedem Fall die Auswirkungen so weit wie möglich abzumildern. Wenn auch nicht für die Tiere, die bereits ausgestorben sind (die wir ausgelöscht haben), dann zumindest für die, die trotz der Misshandlung der Umwelt, in der wir leben, noch fortbestehen.

Was ich sagen will, ist, dass die Natur die Fähigkeit hat, wieder zu erstarken. Sie erhebt sich aus der Asche, gedeiht zwischen den Trümmern. Sogar an wahrhaft postapokalyptischen Orten wie Tschernobyl kann man erste ermutigende Ansätze entdecken, denn erneut durchstreifen Wölfe, Bären, Wisente, Luchse, Przewalski-Pferde und etwa zweihundert Vogelarten die Ruinenstadt Pripjat. Sie beanspruchen wieder, was ihnen einst gehörte, auch wenn es jetzt radioaktiv ist. Das Gleiche ereignet sich auch unter der Oberfläche des Bikini-Atolls im Südpazifik, Schauplatz von dreiundzwanzig Nuklearexplosionen durch die Vereinigten Staaten zwischen 1946 und 1958 (mit einer kombinierten Sprengkraft von zweiundvierzig Megatonnen). Allein die Detonation des Tests *Bravo* der Testserie *Operation Castle* (eine thermonukleare Wasserstoffbombe mit Trockentreibstoff, die sich aufgrund einer Fehlkalkulation als weitaus zerstörerischer als erwartet herausstellte) war etwa tausendmal stärker als jede der Atombomben, die während des Zweiten Weltkriegs auf Hiroshima und Nagasaki abgeworfen wurden, und löschte eine ganze Insel von der Landkarte. Und nun, siebzig Jahre später, gedeiht ein Korallenriff in dem Krater, den die Detonation zurückgelassen hat.

Man braucht sich nur anzuschauen, was nach einem Vulkanausbruch passiert, um die enorme Widerstandskraft zu erkennen, die der Natur zur Verfügung steht, wenn Sporen von Flechten und Moosen die erstarrten Lavafelder besiedeln und eine ökologische Sukzession beginnt. Im Laufe der Jahre entsteht eine neue Umwelt, die vielleicht etwas anders ist als die vorherige, improvisiert, wenn man so will, aber dennoch fruchtbar, damit die Evolution weiterhin das tun kann, was sie ausmacht, nämlich sich selbst immer wieder neu zu erfinden. Das Problem ist nur, dass im aktuellen Fall wir der Vulkan sind und die Explosion überall gleichzeitig stattfindet, wodurch dem Leben der einzige Faktor genommen wird, der es ihm ermöglicht, sich anzupassen und fortzubestehen: die Zeit.

Natürlich wird in der derzeitigen Lage das alte Motto »Besondere Situationen erfordern besondere Maßnahmen« immer evidenter. So wurde zum Beispiel das, was von Guadalupe noch übrig ist, dank der Arbeit der GECI gerettet, die in Abstimmung mit der Regierung von 2002 bis 2007 Tausende Ziegen ausrotteten, sodass die Jagd ein Mittel der Erhaltung wurde. Das mag als eine paradoxe Strategie erscheinen, empörend für bestimmte Tierschützerkreise (die übrigens, obwohl sie ihre Stimme erheben, nur sehr wenig für den Naturschutz tun), aber man darf nicht aus den Augen verlieren, was auf dem Spiel steht: das Überleben eines der außergewöhnlichsten Gebiete wild lebender Tiere und Pflanzen, die es heute noch gibt.

Mit der Unterstützung von Berufsjägern und Scharfschützen und unter Anwendung der Judasziege-Methode (mit Peilsendern ausgestattete Ziegen, die die Jäger zu den verwilderten Herden führen, die sich in die unzugänglichsten Gebiete der Insel geflüchtet haben) wurde die Ziegenpopulation allmählich unter Kontrolle gebracht, und heute wachsen einige Pflanzen wieder, die bereits als ausgestorben galten. Vielleicht wird auch eines Tages der Wald wieder gedeihen. Möglicherweise werden wir das nicht mehr erleben, denn unser Leben ist kurz, aber dann kann uns niemand nachsagen, dass wir nicht alles uns

Mögliche getan haben, um den Schaden zu beheben, den die vergangenen Generationen angerichtet haben. Und das bringt mich ein letztes Mal dazu, Guadalupe mit einer anderen populären literarischen Insel zu vergleichen, mit Robert Stevensons *Schatzinsel.* Nur dass der Schatz, den Guadalupe hütet, in diesen Zeiten, in denen sich die gesamte Menschheit wie Piraten verhält, aus Hoffnung besteht.

Einmal mehr sind wir in der naiven Absicht, den Sonnenaufgang zu filmen, vor Tagesanbruch aufgestanden. (Naiv, weil der Himmel in der Morgendämmerung fast immer bewölkt ist und das Einzige, was wir davon haben, kalte Füße sind.) In der Kälte, die uns in die Knochen zieht, der Feuchtigkeit, die so nervig ist wie Nieselregen, und dem Wind, der sich uns entgegenstemmt, haben wir eher den Eindruck, in der sibirischen Tundra zu sein als an der Pazifikküste von Baja California. Zumindest haben wir heute ausnahmsweise nicht vor, bis zu den Klippen zu gelangen, wo sich die Kälte noch intensiver anfühlt, sondern nur bis zum gegenüberliegenden Waldrand, der etwa eine halbe Stunde Fußmarsch entfernt liegt.

Wir erreichen die Stelle, die wir uns ausgeguckt haben, exakt bei Sonnenaufgang. Nachdem wir das Stativ aufgestellt und die Kamera daran befestigt haben, machen wir uns bereit. Ich habe das Gefühl, dass mir jeden Moment die tiefgefrorenen Finger abfallen könnten. Kurz darauf erleben wir eine Morgenröte wie im deutschen Winter. Zutiefst deprimierend. Noch nie hatte ich größere Lust, wieder ins Bett zu kriechen, aber jetzt sind wir schon mal hier, und es ist unser letzter Tag auf Guadalupe, den wir unbedingt nutzen sollten. Doch wenige Minuten später senkt sich eine Nebelbank über die Landschaft und verschluckt den Wald. Der Nebel hüllt uns ein, und bald können wir uns nicht mal mehr gegenseitig sehen, als befänden wir uns in einem Luftbefeuchter.

Ich fühle mich wie unter sensorischer Deprivation, nur dass ich nicht von Schwärze umgeben bin, sondern alles weiß ist. Wir tun das, wozu man uns in der Forschungsstation geraten hat: Wir setzen uns auf den Boden und warten darauf, dass sich der Nebel auflöst, damit wir uns nicht verlaufen oder – schlimmer noch – von der Klippe stürzen.

»Verdammt, ich kann meinen eigenen Körper nicht mehr sehen!«, höre ich Jerónimo wie aus weiter Ferne rufen, dabei könnte ich ihn mit ausgestrecktem Bein wahrscheinlich berühren.

Die Minuten vergehen ohne irgendein Anzeichen, dass der Nebel lichter wird. Wie lange sitzen wir hier schon?, frage ich mich ohne jegliches Zeitgefühl. Es ist erstaunlich, was im Gehirn passiert, wenn die Türen der Wahrnehmung geschlossen sind. Man fängt an zu halluzinieren, hört in der Stille nicht vorhandene Geräusche und sieht Dinge, die nicht existieren. Ich denke, dass diese dichte Sahne eine Art Warnung davor ist, wie die Zukunft aussehen könnte, wenn sich die Menschheit nicht zusammenreißt, ihre Zerstörungswut nicht bekämpft und diese fatale Neigung nicht ablegt, das Schiff versenken zu wollen, auf dem wir unterwegs sind. Der Nebel ist ein Eindruck dessen, was passieren wird, wenn wir es geschafft haben, alles um uns herum auszulöschen. Wenn die Gier und die Feindseligkeit uns selbst und allem gegenüber, was uns umgibt, die Oberhand gewinnen. Wenn das Anthropozän oder Kapitalozän oder wie immer man unser Zeitalter nennen will, seinen unheilvollen Höhepunkt erreicht.

Ich denke, dass der Nebel so ist wie das Nichts in *Die unendliche Geschichte*, das Phantasien gnadenlos verschlingt. Und mir fällt auf, dass unser Nebel, unser Nichts – diese Zerstörung, die wir links und rechts anrichten –, tatsächlich ein wenig jenem von Michael Ende erschaffenen Nichts ähnelt, das gleichzeitig ein Mangel an Fantasie ist, da wir nicht in der Lage sind, uns als etwas anderes zu begreifen als das, was wir uns seit Jahrtausenden einreden: Kinder von nicht existenten Göttern zu sein, die verlorenen Kinder der Evolution. Dabei sind wir in Wahrheit nur ein verkrüppelter Zweig im großen Baum des Lebens, gerade mal halb bewusste Spitzmäuse, technologische, hyperaktive Tuberkel, ein Stück Kosmos, das sich selbst mit Stolz betrachtet und sich einen Dreck um das Universum schert. Und dennoch verbreiten wir überall unser Nichts, das uns zur Auslöschung verdammt.

Am nächsten Morgen werden wir zu dem kleinen Militärflugplatz gebracht (der in Wahrheit nur eine von Vegetation überwucherte Landebahn ist), wo das Flugzeug auf uns wartet, das uns von der Insel wegbringen wird. Obwohl wir nur eine Woche an diesem Ort verbracht haben, fühlt es sich an wie ein Jahr, und ich frage mich, wie es wohl wäre, wenn ich wie die anderen Biologen und Wissenschaftler einen ganzen Monat hierbleiben und von dem regelmäßigen Anlegen des Militärschiffs abhängig sein würde.

Seit ein paar Tagen quengelt Jerónimo, dass er nach Hause will, um die Geburt seines Neffen nicht zu verpassen, der in der unklaren Zeit ohne Handynetz schon längst auf der Welt sein könnte. So nervös habe ich ihn noch nie erlebt, nicht mal, als er vor einigen Jahren von einer Klapperschlange gebissen wurde. Meiner Meinung nach übertreibt er ein wenig mit seiner Besessenheit, unbedingt bei der Entbindung vor Ort sein zu müssen. Als ob es so wichtig wäre, ein neues Mitglied unserer Spezies auf diesem Planeten willkommen zu heißen, wo wir doch schon so viele hier sind. Schließlich gibt es jede Minute dreihundert neue Erdenbürger.

Damals ahne ich noch nicht, dass ich mich kurz darauf in einer ähnlichen Situation befinden würde. Denn nicht mal ein halbes Jahr später würde ich eine Tochter haben, eine wilde Kreatur, deren Betreuung weitaus komplexer ist als die von zweihundert Chamäleons, die viel exotischer und hübscher ist als ein fliegender Frosch, viel einzigartiger und furchterregender als ein Axolotl. Ein rätselhaftes und überwältigendes Tierchen, das mein Leben komplett auf den Kopf stellen und mich zwingen wird, meine Naturforschungen ausschließlich in Innenräume zu verlagern, mit wenig Schlaf auszukommen und meine Bewegungsfreiheit stark einzuschränken. Das mich aber trotz allem, trotz aller Umweltkatastrophen, trotz des unaufhaltsamen Artensterbens und trotz der uns umgebenden Gewalt unglaublich glücklich macht und mich denken lässt, dass es noch Hoffnung gibt, auch wenn eine Lawine von Beweisen ständig das Gegenteil suggeriert.

Aber in diesem Moment weiß ich das noch nicht, und es gehört auf jeden Fall in ein anderes Buch, das Tag für Tag geschrieben wird und ein derzeit noch offenes Ende hat.

Saaltext: Ende der Ausstellung

Während ich diese Zeilen im Pandemie-Winter 2021 schreibe, sind wir 7,9 Milliarden Menschen, die wir diesen Planeten übervölkern, und das Abschmelzen der Polkappen schreitet weiter voran. In diesem Jahr wurden auf allen Kontinenten Temperaturrekorde verzeichnet, im vergangenen Sommer wurden die Küsten Griechenlands und der Vereinigten Staaten von verheerenden Bränden heimgesucht, und in Deutschland, Frankreich und China ereigneten sich nie dagewesene Überschwemmungen. Es gibt bereits fünf Müllstrudel im Meer (riesige Inseln, besser gesagt), wobei der im Nordpazifik zwischen Mexiko und Hawaii mit einer Fläche von schätzungsweise 1,6 Millionen Quadratkilometern der größte ist (was dem Dreifachen der Fläche Spaniens entspricht). Und alles weist darauf hin, dass diese Müllinseln zumindest in den nächsten Jahrzehnten noch größer werden. Bis zum Jahr 2050 wird zum Beispiel erwartet, dass die weltweite Kunststoffproduktion nicht nur nicht zurückgehen, sondern auf das Doppelte ansteigen wird. (Nach Schätzungen des UNEP, des Umweltprogramms der Vereinten Nationen, wird sie bis zur Mitte des Jahrhunderts von fünfhundert Millionen auf mehr als eine Milliarde Tonnen ansteigen, ganz zu schweigen davon, dass von der weltweiten Produktion seit 1950 nur zehn Prozent recycelt worden sind.)

Es besteht kein Zweifel mehr daran, dass wir uns im Prozess des sechsten Massenaussterbens befinden. Laut der Roten Liste der Weltnaturschutzorganisation IUCN sind gegenwärtig vierzigtausend Arten von Lebewesen vom Aussterben bedroht, was dreißig Prozent aller erfassten Arten entspricht. Und die ersten fünf Plätze auf der Liste der Länder mit der größten Anzahl gefährdeter Arten belegen Madagaskar (3.664), Ecuador (2.568), Mexiko (2.078), Indonesien (2.078) und Malaysia (1.928) (vier der in diesem Buch besuchten Länder und die große Insel der Lemuren und Chamäleons in Südostafrika, die ich hoffentlich noch kennenlernen werde, bevor sie vollständig zerstört ist). Ein Teil des Problems bei diesem beschleunigten Niedergang der Biodiversität liegt darin, dass es sich um ein ambivalentes Phänomen handelt, denn da es um einen Verlust geht, der keinen endgültigen Abschluss hat, fällt es uns schwer, ihn uns bewusst zu machen. Was genau bedeutet »in freier Wildbahn ausgestorben«, wenn es für die betroffenen Organismen keine Alternative gibt, ein erfülltes Leben zu führen? Eine Spezies hat nur in Korrelation mit dem Rest einen Sinn, sie wird sowohl durch die zu ihr gehörenden Individuen als auch durch die Interaktion mit allen Lebewesen und der Umwelt konstituiert. Denn ansonsten sind sie nichts als Gespenster. Wie der Axolotl, den es überall gibt (in Laboratorien, Aquarien, Museen, Zuchtstationen, Privathäusern), nur nicht dort, wo er hingehört. Oder wie die Kalifornischen Schweinswale, von denen es derzeit zwar noch sechzehn Exemplare gibt, aber praktisch (und ökologisch) ist es so, als gäbe es sie nicht mehr.

Derzeit wird achtzig Prozent der weltweit verbrauchten Primärenergie aus fossilen Brennstoffen gewonnen. Trotz des Rückgangs wird immer noch mehr als ein Drittel des weltweiten Strombedarfs durch Kohle gedeckt, während die Förderung von Öl und Gas weiter ansteigt. (Beide Stoffe haben in diesem Jahr deutlich an Wert gewonnen, der von Erdgas hat sich verfünffacht, und Erdöl ist um siebzig Prozent im Wert gestiegen.) Gleichzeitig weist die Weltbankgruppe in ihrem

Bericht von 2020 darauf hin, dass die Produktion von Mineralien wie Graphit, Lithium und Kobalt bis 2050 um fast fünfhundert Prozent steigen könnte, um die wachsende Nachfrage nach vermeintlich sauberen Energietechnologien zu decken. Die weltweite Produktion von Batterien für Elektro- und Hybridfahrzeuge ist zwischen Januar und Juli 2021 im Vergleich zum gleichen Zeitraum im Vorjahr um 154 Prozent gestiegen. Gleichermaßen steigt auch das Produktionsvolumen von Kunststoff, Herbiziden und Entlaubungsmitteln weiter an, genauso wie die von pflanzlichen Ölen und tierischen Fetten zu Küchenzwecken (zum Vergleich: ein Liter Altspeiseöl kann bis zu 40 000 Liter Trinkwasser verschmutzen). Und die Menge an Giftabfällen (Cadmium, Quecksilber, Arsen und anderen Schadstoffen) in ausrangierten elektronischen Geräten und Telefonen nimmt ständig zu.

Am 9. August 2021 hat der Weltklimarat der Vereinten Nationen (IPCC) eine Warnung an die Menschheit ausgesprochen und erklärt, dass aufgrund unserer Aktivitäten unaufhaltsame Veränderungen im gesamten Klimasystem der Erde zu beobachten sind (zum Beispiel der Anstieg des Meeresspiegels), wie es sie in Hunderttausenden von Jahren zuvor noch nie gegeben hat und deren Folgen sich über Jahrzehnte, wenn nicht Jahrhunderte manifestieren werden. Alles scheint darauf hinzuweisen, dass wir den *Point of no return* erreicht haben.

Die UN-Klimakonferenz dagegen, die vom 31. Oktober bis zum 12. November 2021 in Glasgow stattfand und auf der wie in jedem Jahr seit 2015 Vertreter aus 195 Ländern zusammenkamen, um sich dem Kampf gegen den Klimawandel, dem Schutz der Umwelt und nachhaltiger Entwicklung zu verpflichten (alle Teilnehmer reisten natürlich mit dem Flugzeug an), ließ viel zu wünschen übrig und endete mit einem Haufen leerer Versprechungen. Reine Simulation, würde Jerónimo sagen. Reines *greenwashing* (eine Werbestrategie von einigen Unternehmen, Organisationen oder politischen Entscheidungsträgern, mit der sie sich als umweltfreundlich darstellen, um von ihnen vorgenommene schädliche Praktiken zu verschleiern). Tatsächlich wurde nur wenige Tage nach der Teilnahme des ultrarechten Präsidenten Jair Bolsonaro und seiner Exekutive am Gipfel bekannt, dass die Abholzung im brasilianischen Amazonasgebiet um 21,9 Prozent gestiegen ist und damit die höchste Rate der Waldzerstörung seit 2006 erreicht wurde. (Allein zwischen August 2020 und Juli 2021 wurden 13 235 Quadratkilometer Wald abgeholzt, was der siebenfachen Größe von New York entspricht).

Die Klimakonferenz hat es auch versäumt, eine Reihe dringender sozial-ökonomischer Themen anzusprechen wie das große Wasserdilemma, die wachsende Klimaflüchtlingskrise und die äußerst umweltschädliche private Luft- und Raumfahrtindustrie zu touristischen Zwecken. Genauso blieb der sogenannte militärisch-industrielle Komplex unangetastet. (Fusionen zwischen der Militärindustrie und Konzernen, die in fossile Brennstoffe investieren, werden immer häufiger.) Und dem Konglomerat der großen transnationalen Konzerne, die den Markt bestimmen und weitgehend für die Umweltzerstörung verantwortlich sind, wurde ein Freibrief ausgestellt. Kurz gesagt, wir sind noch sehr, sehr weit davon entfernt, auch nur ansatzweise das Ruder herumzureißen und nicht mehr auf den ökologischen Schiffbruch zuzusteuern, der sich am Horizont abzeichnet.

Vor Kurzem hat mich meine Tochter Damiana, die jetzt fünf ist, gefragt, ob Menschen oder vom Aussterben bedrohte Tiere wichtiger sind. Da ich darauf keine eindeutige Antwort geben konnte, ohne mich in eine philosophische Abhandlung zu verstricken, auf die weder sie noch ich derzeit vorbereitet sind, habe ich es vorgezogen, die Frage umzuformulieren: Was ist wichtiger, die Bewahrung unserer Lebensweise oder die Rettung eines großen Teils der Organismen, die uns umgeben? Ich denke, dass darauf jeder seine eigene Antwort finden muss.

Mexiko-City, 11. Dezember 2021

Danksagung

Ich bin allen Menschen zu Dank verpflichtet, die mich auf diesem Weg begleitet haben. Ohne ihre Mitwirkung würde es dieses Buch vielleicht nicht geben, oder es wäre zumindest ganz anders. Deshalb geht mein aufrichtiger Dank an Luis Solano, Fátima Escribano und Félix Herrero für ihre engagierte Lektüre und ihre durchdachten Kommentare sowie an Núria Cots und das übrige Verlagsteam; es war ein Vergnügen, mit euch zu arbeiten. Ich danke der Jury des I. *Premio de No Ficción* von Libros del Asteroide dafür, dass sie an mein Projekt geglaubt hat, dem *Fondo Nacional para la Cultura y las Artes* FONCA (Mexiko), da ich mich dank seiner Unterstützung voll dem Schreiben widmen konnte, und Marina Penalva dafür, dass sie mich zu diesem Asteroiden geschickt hat.

Danke auch an María Minera und Jerónimo Berruecos für ihre weisen Ratschläge und alle Gespräche, an Andrés Kaizer, Ana Cristina Lesher, Sebas Durán, Bernardina de la Garza, Luisa Reyes Retana, Sarasvati Herrera und Viviana Cohen für die frühe Lektüre und ihr Feedback und natürlich an Ana Jacoba Bellido dafür, dass sie all die Stunden des monothematischen Geschwafels ertragen hat, die das Handwerk des Schreibens mit sich bringt, und dass sie meine Tage und meine Texte immer mit ihrem Talent verschönert. Da dieses Buch während der Pandemie geschrieben wurde, ist mir dies nur dank der Unterstützung der Blase gelungen: Dai, Paula, Leo, Pablo, Nina, Vera, Teo, Yamili, Aisha, Elena, Yos, Elvirita und den später

Hinzugekommenen. Danke, dass ihr diese eigenartigen Tage zu einer fröhlichen Zeit gemacht habt.

Einige Samen dieser Texte sind im Laufe der Jahre in Medien wie *Vice, Pijama surf, Mutante, Avispero* und der *Revista de la Universidad* erschienen, weshalb ich allen danke, die mich seinerzeit mit Korrekturen und Vorschlägen unterstützt haben. Und schließlich halte ich es für angebracht, all den Menschen zu danken, die sich jeden Tag dafür einsetzen, das Wenige zu retten, was von der freien Natur noch übrig ist; es ist ein Schwimmen gegen den Strom, aber es ist es wert.

Kurzbibliographie

Anmerkung des Autors: Da viele der in diesem Buch genannten Aspekte über die verschiedenen Organismen und Lebensräume auf Wissen basieren, das in jahrelanger Forschung und Erfahrung gesammelt wurde, ist es gar nicht möglich, alle Quellen anzuführen. Hier folgt jedoch eine Auswahl der während des Schreibprozesses erwähnten, zitierten, gelesenen (und noch einmal gelesenen) oder hinsichtlich bestimmter Daten herangezogenen Werke.

Beginn der Ausstellung

Lorenz, Konrad, *Er redete mit dem Vieh, den Vögeln und den Fischen,* Deutscher Taschenbuch Verlag GmbH & Co. KG, München 1983, 2. Auflage, S. 21, S. 131, S. 132

Durrell, Gerald *Meine Familie und andere Tiere,* übersetzt von Andree Hesse, Piper Verlag, München 2023

Herbert, Julián, *Bajan,* in *Ahora imagino cosas,* Literatura Random House, Mexiko 2019, S. 118

Kolbert, Elizabeth, *Das 6. Sterben: Wie der Mensch Naturgeschichte schreibt,* übersetzt von Ulrike Bischoff, Suhrkamp Verlag, Berlin 2015, S. 26

Wilson, E.O., *Die Hälfte der Erde: Ein Planet kämpft um sein Leben,* übersetzt von Elbeth Ranke, Verlag C.H. Beck, München 2016

Foster Wallace, David, *Das hier ist Wasser,* übersetzt von Ulrich Blumenbach, Verlag Kiepenheuer & Witsch, Köln 2012, S. 9

Axolotl

Arreola, Juan José, »El Ajolote« in *Narrativa Completa,* Alfaguara, Mexiko 1997

Cortázar, Julio, »Axolotl« in *Rückkehr aus der Nacht*, übersetzt von Rudolf Wittkopf, Suhrkamp Verlag, Berlin 2010, S. 246

SEMARNAT, »Programa de Acción para la Conservación de las Especies: Ambystoma spp«, SEMARNAT/CONANP, Mexiko 2018

Villadelángel Viñas, Gerardo und Roger Bartra, *Axolotiada. Vida y mito de un anfibio mexicano*, Fondo de Cultura Económica (FCE), Mexiko 2011

Zembrano Gonzalez, L., V.H. Reynoso und G. Herrera, »Abundancia y estructura poblacional del axolotl *(Ambystoma mexicanum)* en los sistemas dulceacuícolas de Xochimilco y Chalco«, UNAM. Instituto de Biología, Mexiko 2003

Demircan, T., G. Ovezmyradov, B. Yıldırım, et al. »Experimentally induced metamorphosis in highly regenerative axolotl *(Ambystoma mexicanum)* under constant diet restructures microbiota«, Sci Rep 8, 10974, 2018

Page, Robert B. und S. Randal Voss, »Induction of Metamorphosis in Axolotls *(Ambystoma mexicanum)*«, Cold Spring Harbor Protocol (CSH)

Enzensberger, Hans Magnus, *Meine Lieblings-Flops gefolgt von einem Ideen-Magazin*, Suhrkamp Verlag, Berlin 2010, S. 7

Pacheco, Jose Emilio, »Acrosoma« in *La edad de las tinieblas*, El Colegio Nacional/Era, Mexiko 2009, aus Bartra,

Roger, *Axolotiada*, FCE, Mexiko 2011

Dunkler Tigerpython

Zug, George R. Und Carl H. Ernst, *Snakes in question*, Smithsonian Books, USA 2015

Grice, Gordon, *Deadly Animals: Savage Encounters Between Man and Beast*, Penguin Books, USA, 2011

De Vosjoli, Philippe und Roger Klingenberg, *Burmese pythons, plus reticulated pythons and related species*, Advanced Vivarium Systems, USA, 2001

Frazier, Ian, »The Snakes That Ate Florida«, *Smithsonian Magazine*, Juli 2019

Henderson, R.W. und R. Powell (Eds.), *Biology of the Boas and Pythons*, Eagle Mountain Publishing, USA, 2007

Boback, Scott M., Katelyn J. McCann, Kevin A. Wood et al., »Snake constriction rapidly induces circulatory arrest in rats«, *Journal of Experimental Biology*, Volumen 218 (14): S. 2279–2288

Yong, Ed, »Meet the Agta, a tribe where a quarter of men have been attacked by giant snakes«, *National Geographic*, 12.12.2011

Headland, Thomas N. und Harry W. Greene, Harry, »Hunter-gatherers and other primates as prey, predators, and competitors of snakes«, PNAS, Dezember 2011, 108 (52): E1470-E1474

Kaiserskorpion

Jech, Jeff, *The Complete Guide to Emperor Scorpion Care: Scorpion Keeper Series,* independently published, USA, 2018

Instituto de Biología UNAM, »Especies de escorpiones de México«, *Colección nacional de arácnidos,* (www.ibiologia.unam.mx/html/mexico.html)

Yong, Ed, »Why do scorpions glow in the dark (and could their whole bodies be one big eye)?«, *National Geographic*, 23.12.2019

Gaffin, Bumm, Taylor, Popokina und Mann, »Scorpion fluorescence and reaction to light«, *Animal Behaviour*, Februar 2012, Volumen 83 (2): S. 429–436

Castro, Joseph, »Animal Mating: How Scorpions Do It«, *Live Science*, Juni 2016

Ward, Alie, »Scorpology (SCORPIONS) with Dr. Lauren Esposito«, *Ologies podcast*, 9.4.2019 (www.alieward.com/ologies/scorpiology)

Vierhornchamäleon

Bellosa, Henry und Hans Bisplinghof, *Regenbogenboas – Das Kompendium*, Edition Chimaira, 2012

Greene, Harry W., *Schlangen: Faszination einer unbekannten Welt,* Birkhäuser, 1999

Nečas, Peter, *Chamäleons: Bunte Juwelen der Natur*, Edition Chimaira, 1999

Nelson, Maggie, *Bluets,* übersetzt von Jan Wilm, btb Verlag, München, 2021, S. 92.

The reptile database, »*Trioceros quadricornis*«: www.reptile-database.org

Teyssier, J., S. Saenko, D. van der Marel, et al., »Photonic crystals cause active color change in chameleons«, *Nature Communications 6*, 6368, 2015

Geggel, Laura, »Chameleons' Color-Changing Secret Revealed«, *Live Science, 10.3.2015*

De Vosjoli, Philippe, *The Chameleon Manual*, Advanced Vivarium Systems, USA, 1999

Spitzkrokodil

Procuraduría Federal de Protección al Ambiente (PROFEPA), »Las tres especies de cocodrilos en México«, Gobierno Mexicano, 29.06.2020

Cedeño-Vázquez, José, Alejandro Villegas und Luis Sigler, »Guía gráfica para la identificación morfológica de Crocodylus moreletii y posibles hibridos con C. Acutus«, in *Programa de monitoreo del Cocodrilo de Pantano (Crocodylus moreletii) México, Belice y Guatemala*, CONABIO, Mexiko, S.207–221.

Mejía, Francisco, »Murió el 80 % de los animales de circo«, Milenio, Mexiko, 27.07.2016

Cruz, Iván, »Los animales son los más afectados por las iniciativas del Partido Verde«, *Data Noticias*, Mexiko, 03.05.2021

López-Luna, M.A., G. Barrios-Quiroz, A.H. Escobedo-Galván, et. al., »Diagnóstico del estado de conservación del cocodrilo americano *(Crocodylus acutus)* en México, consideraciones sobre CITES, NOM-059-SEMARNAT-2010 UICN, y propuesta de sitios potenciales para un programa de monitoreo, con base en información existente«, CONABIO, Mexiko, 2013

Guido Patiño, Juan, »Modelo espacial de ataques por cocodrilo en México«, Universidad Autónoma del Estado de México, 2015

»Waste shipment statistics« in Eurostat Statistics Explained, letzte Überarbeitung Dezember 2020

Gebrauchsanleitung, um den Angriff einer Anakonda im tropischen Regenwald zu überleben

»The following is from the US Government Peace Corps Manual for its volunteers who work in the Amazon Jungle. It tells what to do in case you are attacked by an anaconda«, 17.08.2004 (www.peacecorpsonline.org)

Galapagosinseln

Sarukhán, José, *Las musas de Darwin,* Fondo de Cultura Económica, Mexiko, 2017

»Darwin, apto para todas las especies«, American Museum of Natural History (AMNH), New York, 2014

Chambers, Paul, *A Sheltered Life: The Unexpected History of the Giant Tortoise,* Oxford University Press, England, 2005

Wildlife Alliance, »Galapagos Tortoise« (www.animals.sandiegozoo.org)

Arteaga, Alejandro, Lucas Bustamante, José Vieira, Washington, Tapia Aguilera, und Juan Manuel Guayasamin, *Reptiles of the Galápagos: Life on the Enchanted Islands,* Universidad Tecnológica Indoamérica, Ecuador, 2019

Ward, Alie, »Pinnipedology (SEALS & WALRUSES) with Luis A. Huckstadt«, *Ologies podcast,* 26.05.2021 (www.alieward.com/ologies/pinnipedology)

Galapagos Conservancy, »Expedición científica a volcán Wolf localiza una tortuga pariente del Solitario George«, 31.01.2020 (www.espanol.galapagos.org)

Borneo

O'Hanlon, Redmond, *Ins Innere von Borneo,* übersetzt von Meinhard Büning, dtv, München, 1999, S. 70

Sacks, Oliver, *Alles an seinem Platz. Erste Lieben und letzte Fälle,* übersetzt von Hainer Kober, Rowohlt Verlag, Hamburg, 2019, S. 251, S. 252

White, Mel, Tim Laman, »Inside the Private Lives of Orangutans«, *National Geographic,* Dezember 2016

Orangutan Conservancy, »Tapanuli Orangutan« (www.orangutan.com)

Goldman, Jason, »Is Orangutan Culture Made of Ideas?«, *Scientific American,* 20.12.2012

Adams, Jack, »Conclusive Proof That There Is No God and Humans Are Essentially Evil. Meet Pony the Prostitute Orangutan«, *Vice,* 2.10.2007 (www.vice.com)

Galdikas, Biruté, *Meine Orang-Utans. Zwanzig Jahre unter den scheuen »Waldmenschen« im Dschungel Borneos,* Scherz Verlag, Bern, 1996

Morrogh-Bernard, H.C., et al., »Self-medication by orangutans (Pongo pygmaeus) using bioactive properties of *Dracaena cantleyi*«, *Scientific Reports* 30.11.2017 (www.nature.com)

Komodo

Adams, Douglas und Mark Carwardine, *Die Letzten ihrer Art. Eine Reise zu den aussterbenden Tieren unserer Erde,* übersetzt von Sven Böttcher, Heyne Verlag, München, 2014, S. 21, S. 29, S. 50

Adams, Douglas, »Parrots, the Universe, and Everything«, Vortrag an der University of California, Santa Barbara, Kalifornien

Jackson, Timothy, »Are monitor lizards venomous? (the Tale of Toxicofera, part 4)«, *School of Biomedical Sciences*, University of Melbourne, 27.05.2020

World Heritage Datasheet, »Komodo National Park«

Grice, Gordon, *Deadly Animals: Savage Encounters Between Man and Beast,* Penguin Books, USA, 2012, pp. 164–169

Komodo Survival Program, *Working for ensuring the survival of The Last Dragon on Earth* (www.komododragon.org)

Ast, J., »Helodermatidae«, *Animal Diversity Web*, Museum of Zoology, University of Michigan

Jessop, T., A. Ariefiandy, M., Azmi, C. Ciofi, Imansyah und D. Purwandana, 2021, »*Varanus komodoensis*. The UICN Red List of Threatened Species«

Henschke, Rebecca y Callistasia Wijaya, »La radical idea para devolver la isla de Komodo a sus temidos (y admirados) dragones«, BBC News Mundo, 24.07.2019

Sulawesi

Gallardo, Milton H., »Alfred Russel Wallace (1823–1913): Obra y figura«, *Revista Chilena de Historia Natural*, 2013, vol. 86, n. 3, S. 241–250

Supriatna, Jatna, *Wallacea: a living laboratory of evolution, The Conversation*, 15.10.2017

Vicente, Miguel, »Sesenta minutos que pudieron conmover la evolución: la carta de Wallace«, *Sociedad*, 31.12.2011

Guillén, Fedro Carlos, *El científico que creía en los fantasmas*, Pangea, Mexiko 1996, S. 20

Cota Hiriart, Andrés, »Wallace, el otro padre de la evolución«, *Revista de la Universidad de México*, n.° 840, 2018, S. 131–135
In den Bosch, H.A.J., »Snakes of Sulawesi: checklist, key and additional Biogeographical remarks«, *Zoologische Verhandelingen*, 217(1), 1–50
Gursky, Sharon L., *The Spectral Tarsier*, Routledge, Primate Field Studies, USA, 2005

Isla Guadalupe

Prado, Karina y Edward Peters, *Isla Guadalupe: Restauración y conservación*, Instituto Nacional de Ecología, Mexiko, 2005
Grupo de Ecología y Conservación de Islas (GECI), »Isla Guadalupe« (www.islas.org.mx)
Luna-Mendoza, L., A. Aguirre-Munoz, J.C. Hernández-Montoya, et al. »Ten years after feral goat eradication: the active restoration of plant communities on Guadalupe Island, Mexico«, in: C.R. Veitch, M.N. Clout, A.R. Martin, J.C. Russell, y C.J. West, *Island Invasives: scaling up to meet the challenge*. Occasional Paper ssc no. 62. Gland, Switzerland, 2019, S. 571–575, IUCN
Fata Morgana, Exequiel, Alfonso Aguirre Muñoz, et al., »Plan de erradicación de especies introducidas en Isla Guadalupe« in *Isla Guadalupe: Restauración y Conservación*, Instituto Nacional de Ecología, Mexiko, S. 263.
Comisión Nacional de Áreas Protegidas, »La Isla Guadalupe: hogar de especies endemicas y únicas en México«, Mexiko, 2019
Ortiz, Pete, »Decibel equivalent tables: what does each volume sound like?«, *House Grail*, 29.10.2021
Ward, Alie, »Pinnipedology (SEALS & WALRUSES) with Luis A. Huckstadt«, *Ologies podcast*, 26.05.2021 (www.alieward.com/ologies/pinnipedology).

Ende der Ausstellung

THE IUCN Red List of Threatened Species: www.iucnredlist.org/
— Summary Statistics: www.iucnredlist.org/statistics
Jacka, Jerry K. (2019), »La gran mancha de basura del pacífico«, *Revista de la Universidad de México*, 2019, n.° 849, S. 27–33

IPCC, »Climate change widespread, rapid, and intensifying«, 09.08.2021, (www.ipcc.ch/2021/08/09/ar6-wg1-20210809-pr/)
Serratos, Francisco, @Antropocenista, noticias de humanismo ambiental, naturaleza, animales, capitalismo, política, alimentación, Twitter
Serratos, Francisco, *El Capitaloceno: Una historia radical de la crisis climática*, Festina Publicaciones, Mexiko, 2021

»Eine begnadete Erzählerin.«

Petra Hartlieb, ORF

Maja Lunde

Klimaquartett

Mitreißend und ergreifend erzählt Maja Lunde in ihrem Klimaquartett von Verlust und Hoffnung, vom Miteinander der Generationen und von unserem Umgang mit der Natur. Sie stellt einige der drängendsten Fragen unserer Zeit: Welche Zukunft hinterlassen wir unseren Kindern, und wofür sind wir bereit zu kämpfen?

Die Geschichte der Bienen
Roman, 528 Seiten

Die Geschichte des Wassers
Roman, 480 Seiten

Die Letzten ihrer Art
Roman, 640 Seiten

Der Traum von einem Baum
Roman, 560 Seiten

Eva Meijer

Das Vogelhaus

Roman

320 Seiten, btb 75794
Aus dem Niederländischen von Hanni Ehlers

Die wahre Geschichte einer ungewöhnlichen Frau und ihrer erstaunlichen Beziehung zu wild lebenden Vögeln.

Len Howard (1894-1973) verbrachte die zweite Hälfte ihres Lebens in einem kleinen, abgelegenen Haus in Sussex, Südengland. Sie veröffentlichte äußerst erfolgreiche Bücher über Kohlmeisen, Rotkehlchen, Sperlinge und andere Vögel, die sie in ihrer Umgebung beobachtete, und obwohl sie keine Biologin war, galt sie als Pionierin auf dem Gebiet der Tierforschung.

Die faszinierende Lebensgeschichte dieser zu Unrecht vergessenen Vogelkundlerin inspirierte die Philosophin und Schriftstellerin Eva Meijer zu einem außergewöhnlichen Roman über Mensch und Natur, der uns dazu bringt, herkömmliche Vorstellungen über das Leben in Frage zu stellen.

»Bezaubernd! Man will sofort in ein abgelegenes Cottage ziehen.«
Lady